Linux 内核安全模块深入剖析

李 志 编著

机械工业出版社

本书对 Linux 内核安全子系统做了系统而深入的分析，内容包括 Linux 内核的自主访问控制、强制访问控制、完整性保护、审计日志、密钥管理与密钥使用等。

本书可供希望深入了解 Linux 安全的读者参考，也可供计算机安全专业的学生和计算机安全领域的从业人员阅读，还可用作计算机安全高级课程的教材。

图书在版编目（CIP）数据

Linux 内核安全模块深入剖析 / 李志编著. —北京：机械工业出版社，2016.9（2021.1重印）

ISBN 978-7-111-54905-5

Ⅰ. ①L… Ⅱ. ①李… Ⅲ. ①Linux 操作系统－安全技术 Ⅳ. ①TP316.85

中国版本图书馆 CIP 数据核字（2016）第 226091 号

机械工业出版社（北京市百万庄大街 22 号　邮政编码 100037）
责任编辑：车　忱　　责任校对：张艳霞
责任印制：常天培
北京机工印刷厂印刷

2021 年 1 月第 1 版·第 2 次印刷
184mm×260mm·16.25 印张·393 千字
3001－3500 册
标准书号：ISBN 978-7-111-54905-5
定价：69.00 元

电话服务　　　　　　　　　　　网络服务
客服电话：010-88361066　　　　机　工　官　网：www.cmpbook.com
　　　　　010-88379833　　　　机　工　官　博：weibo.com/cmp1952
　　　　　010-68326294　　　　金　书　网：www.golden-book.com
封底无防伪标均为盗版　　　机工教育服务网：www.cmpedu.com

前　言

在很多数人眼中，操作系统内核是神秘的，安全是说不清的，内核安全则是子虚乌有的。如果说内核是一座险峻的高山，内核安全则是隐藏在高山之中的一个深不可测的洞窟。

即使对内核开发人员，内核安全也是陌生的。Linux 的创始人 Linus Torvalds 就曾说他不懂安全。内核开发人员不了解安全的原因主要有两个：其一，内核安全涉及领域太多了，Linux 是庞大的，很少有人能对所有领域都了解；其二，如 Linus Torvalds 所说，安全是"软"科学，没有一个简单的量化的指标去衡量安全，开发人员自然是重视实实在在的功能，而轻视"虚无缥缈"的安全。

我十二岁的儿子看到我整日为内核安全而忙碌，就问我什么是内核，什么是安全。经过我的解释，他对内核的印象就是隐藏在网络中的一个坚硬的"蛋"，内核安全就是"蛋"里面隐藏的"武林高手"。当不怀好意的攻击者攻击系统时，"蛋"中隐藏的"武林高手"就会跳出来保卫系统。基于这种理解，他画出了下面这幅画：

上面这幅童真的绘画表达了三个意思。其一是网络，在万物互联的今天，安全越来越难以忽视。其二是内核，处于底层的内核为上层的用户态应用提供支持和保障，其中也包含安全保障。其三是内核安全，今天的 Linux 内核已经拥有相当多的安全机制来应对各种安全威胁。但是 Linux 内核安全十分复杂，不易掌握。至本书成稿时，国内外还没有一本系统、全面地介绍 Linux 内核安全的书。

屈指算来，我从事内核安全相关工作已是第八个年头。当年的一个面试邀请电话让我在一个仲春的清晨伴着蒙蒙细雨步入了 Linux 内核安全领域。几年后，就在我对内核安全有了一点点理解，并沾沾自喜时，我亲耳聆听了 Linux 内核安全领域负责人 James Morris 的演讲。我突然发现他讲的大部分东西我都听不懂。好吧，不懂可以学。本书的提纲可以说是 James Morris 提供的。我将他演讲中提到的内核安全相关内容研究了一遍，呈现在这里。

本书的内容有相当一部分出自我对 Linux 内核源代码代码的分析。很多内核安全模块缺少文档，读代码是了解它们最直接、最准确的方式。代码面前，了无秘密。但是为了不让读者因为陷入代码的细节之中，而失去对软件框架的掌握，本书尽量避免简单罗列源代码，所列代码一般是关键代码，用省略号表示略去的不重要的部分。本书也列出了一些用户态工具的用例，讲解用户态工具的使用不是本书的目的，列出工具的用例是为了让读者对内核安全有些感性认识。

我很早就想写一本关于 Linux 内核安全的书，但真正提笔却源于一时兴起。兴起之时的 Linux 内核版本是 3.14-rc4，于是 3.14-rc4 就成了本书参考的 Linux 内核版本。读者可以浏览 http://lxr.linux.no/linux+v3.14-rc4/查阅此版本的内核代码。

本人才疏学浅，经验不足，书中错误在所难免，还望各位读者多多包涵。读者可以通过微博和微信同我交流，指出本书的错误与不足，我的微博昵称是"xiaoxiangfu12"，微信号也是"xiaoxiangfu12"。

作 者

目　　录

第二部分 强制访问控制

第六部分　其他

第1章 导　言

1.1　什么是安全

安全是一个很难说清楚的概念。我们很难说明白它到底是什么，它到底包含什么。众多国家科研项目以安全为题，其背后大半是某些开源软件，隐含的逻辑是开源等于自主可控，因为自主所以安全。国外开源界有些人的观点是，因为是开源，代码暴露给无数双眼睛，所以有安全问题一定会被早早发现。但是，近一两年来，开源代码频频曝光重大漏洞，追根溯源，一些问题代码已经存在了几年甚至十几年。在发展迅猛的计算机领域，十几年已可称作"古时候"了。还有些观点将安全与漏洞挂钩，且不说究竟什么是漏洞，漏洞和代码缺陷（bug）的区别究竟是什么。先回忆一下我们的手机，在不到十年之前，还是功能机满天飞的时代，我们并不担心手机安全。为什么到了智能机时代，手机安全反而让老百姓耳熟能详了呢？是原先的功能机漏洞或代码缺陷少吗？

尽管很难说清楚，国际上对计算机安全还是勉强概括了三个特性：私密性（Confidentiality）、完整性（Integrity）、可用性（Availability），简写为CIA。私密性概念比较直观，就是数据不被未授权的人看到，你肯定不希望你的电话号码、银行账户还有照片什么的让不认识的人看到。完整性是指存储或传输的信息不被篡改，你肯定不希望付款的时候输入100元，结果实际被划走了1000元。可用性是指，你的设备在你需要使用它的时候能够使用。你肯定不希望你的家人万分焦急之中因为拨不通你的电话而轻信了骗子的话，真的以为你发生了意外。

计算机系统应对安全挑战的办法大致有四种：隔离、控制、混淆、监视。计算机系统安全的设计者在系统的各个层级都发明了不同的技术来实现隔离，隔离的结果常常被称作"沙箱"。隔离是对外的，阻断内部和外部的交互。控制则是对内的，在计算机世界是通过系统代码内在的逻辑和安全策略来维护信息流动和信息改变。如用户A可不可以读取文件a，用户B能不能改变文件b的内容，等等。混淆要达到的效果是，明明你可以接触到数据却无法还原信息。隐藏一片树叶的最好地点是在一堆树叶中。在计算机世界中，加密就是一种混淆。最后是监视，监视的作用是间接的。遍布城市街道各个角落的监控摄像头并不能阻止违法和犯罪。它们不会在你闯红灯时，播放语音提示你；它们也不会在歹徒持刀抢劫时，发射激光、电流或者别的什么。但是你可能会因为它们的存在而接到交通罚单，警察也会在破案时查阅监控录像。计算机系统中的日志和审计就是在做监视工作。

1.2　计算机系统安全的历史

现代意义的计算机诞生于第二次世界大战。那时的计算机真的就是一个巨大的计算机器，或者可以不太恭敬地叫它"超级算盘"。你会担心一个"超级算盘"的安全问题吗？当然不会。后来，技术的进步和普及让计算机不仅仅是"计算的机器"，而且是"信息处理的机器"。那么，怎样保证计算机中的信息的私密性和完整性呢？走在信息革命前面的美国首先遇到这个问题，并试图解决它。在 1970 年前后，先后出现了两个安全模型：BLP 模型和 BIBA 模型。前者参考美国军方的保密原则，着力解决私密性；后者则着力解决完整性。BLP 模型可简化为两句话：禁止上读，禁止下写。数据被分级，下级部门不能读上级部门的数据，上级部门也不能把数据传递给下级部门。如此，某部门就只能读到本部门或级别低于本部门的数据，数据的私密性得到了保证。BIBA 模型也可简化为两句话：禁止上写，禁止下读。数据也是分级的。下级不能写上级的数据，上级不能读下级的数据。BIBA 模型是服务于完整性的。完整性的英文是 Integrity，朗文字典中的英文释义有两个：一、strength and firmness of character or principle；honesty；trustworthiness；二、a state of being whole and undivided; completeness。第一个意思更接近于汉语的"人品"，第二个意思是汉语的"完整性"。BIBA 模型反映的是 integrity 的第一个意思。怎么讲呢？禁止上写："低贱"的人不能玷污"高贵"的人的数据；禁止下读："高贵"的人也不要去读"低贱"的东西，降低自己的品味。这有点像印度古老的种姓制度。BLP 模型和 BIBA 模型本身都经过了数学证明，都是很严谨的，可惜的是它们的适应面有些窄，无法覆盖计算机系统信息处理的全部。

为了更有效地利用计算机，计算机操作系统步入分时多用户时代。许多人登录到一台主机（mainframe），张三是个程序员，李四是个文档管理员，王五是系统管理员。随之出现了基于角色的访问控制（Role-based Acess Control，RBAC），让用户分属于不同的角色，再基于角色赋予访问权限。当 PC 时代来临，计算机设备专属于某个人，系统中的所谓用户也背离了原有的含义。随便打开 Linux 系统上的/etc/passwd 文件，看看里面还有几个是真正的用户？因此，在 PC 中使用基于角色的访问控制就有些力不从心了。接下来诞生了另一个访问控制模型——类型增强（Type Enforcement，TE）。模型中控制的对象不再是人，或角色，而是进程。进程属于不同的类型，不同类型有不同的访问权限。

江湖中不仅有少林，还有武当。计算机系统安全的另一路人马在"可信"领域辛勤地耕耘着。他们希望计算机只做人预先定义好的工作，不会有意或无意地去做主人不希望的事情。如果做到了这一点，他们就认为计算机是"可信"的了。可信理论的背后是将人类社会的信任模型构建到计算机的世界中，甲信任乙，乙信任丙，于是甲信任丙；计算机固件信任加载器（boot loader），加载器信任操作系统，操作系统信任应用，于是应用是可信的。信任的度量是用完整性校验值和数字签名。这的确可以保证应用是由某个"正直"的人或公司开发的，但不能保证应用没有漏洞，不会被恶意利用。

1.3 计算机系统安全的现状

计算机系统安全的可悲之处在于，任何一个被用户广泛接受的操作系统在设计之初都没有把安全作为设计系统的目标，包括 UNIX。这一点可以从 UNIX 设计者之一 Dennis Ritchie 的论文⊖中看到。计算机系统安全的第二个可悲之处是，安全不仅仅是一个技术问题，它和管理维护紧密联系。在安全研究人员眼中，苹果的 iOS 并不比谷歌的 Android 安全，但是后者暴露的安全问题却多得多。计算机系统安全的第三个可悲之处在于，安全性和易用性总是矛盾的。没有哪个厂商会为了安全而牺牲市场份额，而用户在免费的诱惑下，也更愿意牺牲自己的隐私。

计算机在过去的几十年里迅猛发展，但是计算机安全并没有跟上时代的脚步。四十多年前

⊖ On the Security of Unix, Dennis M. Ritchie, ftp://ftp.club-ix.farlep.net/pub/doc/security/info/unix-security.ps.gz

的 BLP 模型是成功的，它达成了预定的目标——将美国军方的安全原则移植到信息处理系统中，但是在随后的日子里，没有一个好的安全模型能覆盖计算机应用的方方面面。这换来 BLP 的设计者之一 Bell 的一声叹息[⊖]。

病毒与反病毒，漏洞与漏洞补丁，头痛医头，脚痛医脚，乐此不疲！

1.4　Linux 内核安全概貌

内核对于系统的重要性是不言而喻的。Linux 内核安全的开发开始得还是比较早的，约始于 20 世纪 90 年代中后期。经过近二十年的开发，Linux 内核中安全相关的模块还是很全面的，有用于强制访问控制的 LSM（Linux Security Module），有用于完整性保护的 IMA（Integrity Measurement Architecture）和 EVM（Extended Verification Module），有用于加密的密钥管理模块和加密算法库，还有日志和审计模块，以及一些零碎的安全增强特性。

说起来安全功能是很多的。但是问题也有，其一是应用问题，这些安全功能还是没有被广泛地应用起来。最典型的是 Linux 内核中基于能力的特权机制，时至今日，广大应用程序的开发者不仅没用它，甚至根本不知道它的存在！其二是整合问题。攻与防的区别在于，攻击只求一点突破即可，防守则要保证整条防线。内核各个安全模块散布于内核多个子系统之中，如何整合各个安全子模块来整体加固系统的安全是一个不小的挑战。

⊖ Looking Back at the Bell-La Padula Model, David Elliott Bell, http://www.acsac.org/2005/papers/Bell.pdf

第一部分　自主访问控制

1. 访问

访问是什么？看一个例子，西游记第十七回的标题是："孙行者大闹黑风山　观世音收伏熊黑怪"。浓缩一下就是，孙行者闹黑风山，观世音收熊怪。由此可见访问包括三个要素，访问发起者——孙行者、观世音，访问动作——闹、收，被访问者——黑风山、熊怪。在计算机安全领域，访问发起者被称为主体，访问动作就是具体的操作，被访问者被称为客体。比如，进程 A 读文件 a，进程 A 是主体，读是操作，文件 a 是客体。

计算机是人发明出来的一种机器。它是为人服务的。但是计算机的世界里没有人，只有代表用户执行任务的进程。程序是静态的，进程是动态的，进程是程序的一次运行。用户甲和用户乙运行同一个程序能做的事情却可能不同，比如普通用户运行 vi /etc/passwd 不能修改文件内容，而 root 用户运行 vi /etc/passwd 就可以修改。这种区别就是访问控制造成的。

本书中提及的用户，在大部分语境下是指代表用户执行任务的进程。因为，在计算机的世界里没有作为实体的人存在。

2. 访问控制

访问控制就是对访问进行控制。比如，允许进程 A 读文件 a，不允许进程 B 读文件 b。要实现访问控制，需要两个东西，一个是标记，标记主体和客体，这样才有控制的对象；另一个是策略，允许某主体对某客体做什么。

3. 自主访问控制

自主访问控制的自主是指使用计算机的人可以决定访问策略，比如规定某文件只能读不能写，制造出一种"只读"文件，防止文件内容被不小心更改。再比如，张三有个 mp3 文件，规定李四可以读，但赵五不可以读。

自主访问控制的优点是设计简单。缺点是安全性相对较差，用户往往不清楚潜在的安全问题。在个人电脑和个人移动终端系统上，用户的含义被异化，不再表示使用计算机的人而是表示应用，这个问题很突出。允许应用读通信录，可以吗？允许应用通过 Internet 发送数据，可以吗？如果既允许读通信录，又允许通过 Internet 发送数据呢？有些软件显然在滥用自主访问控制，界面上总是弹出菜单，询问人们是否允许这个，是否允许那个，结果就是训练出不看内容快速点击确定的人。

4. UNIX 的自主访问控制

UNIX 的自主访问控制的设计是简单而有效的。它分为两个部分，第一部分可以概括为进程操作文件。操作分三种：读、写、执行。在进程操作文件时，内核会检查进程有没有对文件的相应操作许可。第二部分可以概括为：拥有特权的进程可以做任何事情，内核不限制。特权机制实际上包含了两类行为，一类是超越第一部分的操作许可控制，比如 root 用户可以读或写任何文件。另一类是无法纳入上述"进程操作文件"模型之内的行为，比如重启动系统。

5. Linux 的自主访问控制

在自主访问控制上，Linux 对 UNIX 的扩展主要有两处，一是提供了访问控制列表（Access Control List），使得能够规定某一个用户或某一个组的操作许可；二是对特权操作细化，将原有属于根用户的特权细化为互不相关的三十几个能力。有些遗憾的是这两个扩展的接受程度不够理想，广大应用程序开发者和系统维护者对它们还不熟悉，还没有频繁地使用它们。

本书对于 Linux 沿袭 UNIX 的部分会叙述作 UNIX 如何如何，对于 Linux 特有的部分会叙述作 Linux 如何如何。

第2章 主体标记与进程凭证

2.1 进程凭证

没有标记就谈不上区分，没有区分就无从实施控制。本章介绍进程的标记，下一章介绍文件等客体的标记。

UNIX 是诞生于 20 世纪 70 年代的分时多任务多用户操作系统。当时的场景是许多用户同时登录到一台主机，运行多个各自的进程。因此，很自然的，UNIX 系统中进程的标记是基于用户的。在人类的世界中，人的标记是名字。相比字符串而言，计算机更擅长处理数字，UNIX 使用一个整数来标记运行进程的用户，这个整数被称作 user id，简写为 uid。人通常被分组，比如这几个人做研发工作，被分到研发组，那几个人做销售工作，被分到销售组。UNIX 用另一个整数来标记用户组，这个整数被称作 group id，简写为 gid。uid 和 gid 是包括 Linux 在内的所有类 UNIX 操作系统的自主访问控制的基础。

下面看一下 uid 和 gid 是如何记录在内核的进程控制结构之中的：

```
include/linux/sched.h
struct task_struct {
...
/* objective and real subjective task credentials (COW) */
const struct cred  __rcu *real_cred;
/* effective (overridable) subjective task credentials (COW) */
const struct cred  __rcu *cred;
...
}
```

Credential 的中文意思为凭证或通行证，本书用凭证这个词。进程的凭证中存储有和访问控制相关的成员。从上面代码可见，进程的控制结构中有两个凭证，一个叫 real_cred，另一个叫 cred。在内核代码注释中将 real_cred 称为客体（objective）凭证，将 cred 称为主体（subjective）凭证。进程是主体，在某些场景下又是客体。典型的场景是进程间发信号，进程 A 向进程 B 发送信号，进程 A 是主体，进程 B 就是客体。在大多数情况下，主体凭证和客体凭证的值是相同的，但在某些情况下内核代码会修改当前进程的主体凭证，以获得某种访问权限，待执行完任务后再将主体凭证改回原值。

下面看一下凭证的数据结构：

```
include/linux/cred.h
struct cred {
...
  kuid_t uid;/* real UID of the task */
  kgid_t gid;/* real GID of the task */
  kuid_t suid;/* saved UID of the task */
```

```
        kgid_t sgid;/* saved GID of the task */
        kuid_t euid;/* effective UID of the task */
        kgid_t egid;/* effective GID of the task */
        kuid_t fsuid;/* UID for VFS ops */
        kgid_t fsgid;/* GID for VFS ops */

        /* SUID-less security management */
    unsigned securebits;
        /* caps our children can inherit */
    kernel_cap_t cap_inheritable;
        /* caps we're permitted */
    kernel_cap_t cap_permitted;
        /* caps we can actually use */
    kernel_cap_t cap_effective;
        /* capability bounding set */
    kernel_cap_t cap_bset;


    #ifdef CONFIG_KEYS
        /* default keyring to attach requested keys to */
    unsigned char   jit_keyring;
        /* keyring inherited over fork */
    struct key __rcu *session_keyring;
        /* keyring private to this process */
    struct key      *process_keyring;
        /* keyring private to this thread */
    struct key      *thread_keyring;
        /* assumed request_key authority */
    struct key      *request_key_auth;
    #endif


    #ifdef CONFIG_SECURITY
    void            *security;      /* subjective LSM security */
    #endif

    ...
    }
```

进程凭证中不止有 id 相关的成员，还有能力集相关的成员、密钥串相关的成员和强制访问控制相关的成员。能力集相关内容在第 6 章介绍，密钥串相关内容在第 16 章介绍，强制访问控制则在第二部分介绍。

2.2 详述

2.2.1 uid 和 gid

单纯的 user id 和 group id 都好理解。不好理解的是进程凭证中有不止一个 uid 和 gid。

（1）uid

这是最早出现的 user id。有时也被称为 real uid，实际的 uid，简写为(r)uid。这个 uid 在资源统计和资源分配中使用，比如限制某用户拥有的进程数量。

（2）euid

euid（effective uid）即有效 uid。在内核做特权判断时使用它。它的引入和提升权限有关[一]。此外，内核在做 ipc（进程间通信）和 key（密钥）的访问控制时也使用 euid。

（3）suid

suid 是 "saved set user id"。euid 和特权有关，当 euid 为 0 时，进程就具有了超级用户的权限[二]，拥有了全部特权，在系统中没有做不了的事情。这有些危险。我们需要锋利的刀，但不用的时候希望把刀放入刀鞘。为了让进程不要总是具有全部特权，总能为所欲为，系统的设计者引入了 suid，用于暂存 euid 的值。euid 为 0 时做需要特权的操作，执行完操作，将 0 赋予 suid，euid 恢复为非 0 值，做普通的不需要特权的操作，需要特权时再将 suid 的值传给 euid。

（4）fsuid

fsuid 是 "file system user id"。这个 uid 是 Linux 系统独有的。它用于在文件系统相关的访问控制中判断操作许可。

gid 和 uid 类似，也有(r)gid、egid、sgid、fsgid。此外，多出了一个补充组 id，Supplementary Group IDs。补充组 id 是一个数组，存有一组 group id，因为一个用户可以属于多个组。补充组 id 也用于访问控制权限检查。这点与 egid 相同。可以这样理解：在涉及权限的检查中，要判断 egid 和补充组 id 中的每一个 gid，涉及文件系统的操作还要加上 fsgid，只要有一个判断的结果是允许访问就允许访问。

gid 和 uid 的另一个区别是 group id 与特权无关。euid 为 0 的进程具备全部特权[三]。egid 或别的 gid 为 0，进程不会因此而具备特权。

2.2.2　系统调用

进程的控制结构和进程凭证都是内核中的数据结构，相应的数据对象都是被内核掌控的。用户态进程只能通过内核提供的接口来查看和修改进程凭证。Linux 内核提供了数个系统调用来查看和修改进程的凭证中的 uid 和 gid。这部分系统调用都要求进程只能修改自己的 uid 和 gid，不可以修改别的进程的。

先说和设置 user id 相关的系统调用：

```
int setuid(uid_t uid)
```

与字面意思相左，setuid 是用来设置 euid 的。如果调用进程具有 setuid 能力（一个特权），此调用会将(r)uid 和 suid 也一起设置，即(r)uid、euid、suid 的值将在系统调用后相同。

```
int seteuid(uid_t euid)
```

seteuid 也是用来设置 euid 的。seteuid 与 setuid 的区别在于 seteuid 不会设置(r)uid 和 suid。

```
int setreuid(uid_t ruid, uid_t euid)
```

一　参考第 6 章。

二　这只是一般情况，请参考第 6 章。

三　内核实际上判断的是 capabilities，不是 uid，请参考第 6 章。

setreuid 可以同时修改(r)uid 和 euid。提供 "-1" 作为参数表示维持原有值不变。在以下两个条件之一成立时，此系统调用也会修改 suid，让 suid 的值和系统调用后的 euid 值相同：

- 修改了(r)uid。
- 修改了 euid，并且 euid 的新值不等于系统调用前的(r)uid。

```
int setresuid(uid_t ruid, uid_t euid, uid_t suid)
```

setresuid 同时修改(r)uid、euid、suid。

```
int setfsuid(uid_t fsuid)
```

setfsuid 修改进程的 fsuid。在设置 euid 相关的系统调用中，内核代码会在设置 euid 的同时也设置 fsuid，让 fsuid 和 euid 的值相同。此系统调用专门设置 fsuid。

在设置 user id 的系统调用中，内核代码遵守了以下原则：

- 具备 setuid 特权的进程可以把(r)uid、euid、suid、fsuid 设置为任意值。
- 不具备 setuid 特权的进程只能将(r)uid、euid、suid 的值设置为现有的(r)uid、euid、或 suid 的值。以 euid 为例，euid 的新值只能是现在的(r)uid 的值、现在的 euid 的值或现在的 suid 的值。
- 不具备 setuid 特权的进程只能将 fsuid 的值置为现有的(r)uid、euid、suid、fsuid 的值之一。

组的 set 类系统调用和用户（user）类似，也有 setgid、setegid、setregid、setresgid、setfsgid。涉及的特权是 setgid。同 uid 类的调用非常类似，做个简单替换就可以了。比如 setgid 调用中，如果进程具有 setgid 特权，进程的(r)gid 和 egid 也被设置，隐含 fsgid 也会随着 egid 一起改变。

组 set 类系统调用还有一个：

```
int setgroups(size_t size, const gid_t *list)
```

此调用用于一次性赋值进程凭证中的补充组 id。因为补充组 id 是一个数组，而且其中的值不能限定只出现在(r)gid、egid、sgid 中，否则补充组 id 没有意义。所以这个系统调用需要特权 setgid。

与 set 类系统调用相对的是 get 类系统调用。

```
uid_t getuid(void)
```

总算和字面意思相符了，此系统调用取出进程的(r)uid。

```
uid_t geteuid(void)
```

取出进程的 euid。

```
int getresuid(uid_t *ruid, uid_t *euid, uid_t *suid)
```

取出进程的(r)uid、euid、suid。

有趣的是与 set 作比较，没有与 setreuid 和 setfsuid 相对应的 get 类系统调用。内核如此设计似乎没有什么特殊的理由。

组的 get 类系统调用与用户的 get 类系统调用类似，也有 getgid、getegid、getresgid，不同的是多一个 getgroups 用于取得进程的补充组 id。

2.3　proc 文件接口

除了系统调用外，内核还提供了 proc 文件/proc/[pid]/status 来反映进程凭证。下面看一个例子：

```
zhi@ubuntu-desktop:/work/latex$ cat /proc/self/status
Name:   cat
State:  R (running)
...

Uid:1000100010001000
Gid:1000100010001000
FDSize: 256
Groups: 4 20 24 29 46 105 119 122 1000
...
CapInh: 0000000000000000
CapPrm: 0000000000000000
CapEff: 0000000000000000
CapBnd: ffffffffffffffff
...
```

2.4　参考资料

在 Linux shell 中运行"man credentials"，可以看到关于进程凭证的说明。

习题

1. Linux 内核没有提供 getfsuid，用户态进程有没有方法得到自己的 fsuid?
2. 运行 man 2 setuid，可以得到下面这段描述：

```
...
DESCRIPTION
    setuid() sets the effective user ID of the calling process. If the effective
UID of the caller is root, the real UID and saved set-user-ID are also set.
    ...
```

思考一下，为什么内核这么设计？ ⊖
3. 内核没有提供系统调用 getreuid 和 getfsuid，这种设计好吗？

⊖ 提示：这和 UNIX 的发展历史以及后面第 4 章提到的设置位有关。

第3章 客体标记与文件属性

3.1 文件的标记

一个城市有多家图书馆,读者可以在多家图书馆办借书证,在多家图书馆借书。但是一本图书只会属于一家图书馆。类似地,UNIX 中进程有多个 uid 和多个 gid,但是文件只有一个 uid 和一个 gid,分别称为属主和属组。它们的含义是标记文件属于哪一个用户,属于哪一个用户组。

3.2 文件属性

在文件系统中一个文件不仅要包含文件的内容(数据),还要包含所谓的元数据(meta data)。元数据包括文件的存取访问方式、文件的创建日期、文件所在的设备、本章要叙述的属主和属组以及第 4 章要叙述的允许位等。在 UNIX 中,元数据存储在文件系统的 inode 中。有些文件系统,比如 ext4,在物理存储介质上存储 inode。有些非 UNIX/Linux 原生的文件系统没有 inode 概念。Linux 内核会在内存中临时创建 inode。对于那些内存文件系统,比如 tmpfs,Linux 内核也是在内存中创建临时的 inode。下面看一下内核中 inode 的定义:

```
include/linux/fs.h
struct inode {
  umode_t         i_mode;            允许位相关
  unsigned short  i_opflags;
  kuid_t                  i_uid;     属主和属组
  kgid_t                  i_gid;

  unsigned int            i_flags;

#ifdef CONFIG_FS_POSIX_ACL
  struct posix_acl        *i_acl;           acl 相关
  struct posix_acl        *i_default_acl;
#endif

  const struct inode_operations   *i_op;
  struct super_block      *i_sb;
  struct address_space    *i_mapping;

#ifdef CONFIG_SECURITY
  void *i_security;                     强制访问控制相关
#endif
}
```

本章要叙述的 inode 中的属主和属组，第 4 章讲述的允许位，以及第 5 章讲述的 ACL（访问控制列表），都称为文件属性，都存储在 inode 之中。第 5 章提到的访问控制列表、第 6 章提到的能力、第 7 章提到的 SELinux 安全五元组、第 8 章提到的 SMACK 安全标签以及第 12 章提到的完整性度量值都存储在文件的扩展属性之中。文件的扩展属性是一个和 inode 相关的结构。

3.3　系统调用

文件属性是内核控制的数据，只能由内核来修改。内核开放了几个系统调用供用户态进程使用，用户态进程可以请求内核修改文件属性。涉及属主和属组的系统调用是：

```
int chown(const char *path, uid_t owner, gid_t group);
int fchown(int fd, uid_t owner, gid_t group);
int lchown(const char *path, uid_t owner, gid_t group);
int fchownat(int dirfd, const char *pathname, uid_t owner, gid_t group, int flags);
```

chown 一族系统调用可以同时修改文件的属主和属组，参数分别对应 owner 和 group。如果给出的参数值为-1，表示维持原有值不变。更换文件的属主需要特权 chown。怎么理解呢？在人类社会中将别人的东西据为己有是不行的，除非你有特权，比如法院可以判决没收某人财产。但是，如果一个文件的属主和进程的 fsuid 相同，进程能不能将文件的属主改为别的 uid 呢？这就象人类社会的赠予行为，似乎应是允许的。据说在早期的 BSD 系统中这类赠予行为是允许的。后来发现有人钻空子，将自己的文件的属主改为别人，修改之前确保文件的允许位（内容见第 4 章）能保证本人对文件有必要的访问权限，在有硬盘配额（quota）控制的系统中，此文件就会占用别人的资源配额，而又不影响自己使用。

还有一点很有趣，进程凭证中有 4 个 uid，在进程的 fsuid 和文件的属主相等的情况下，能否让没有 chown 特权的进程将文件的属组改为进程的某个 uid 值呢？不行。这种设计一是简单，二是有这样一种考虑，进程凭证中多个 uid 机制的引入是为了在运行时暂时授权。比如进程的 (r)uid 是 1000，fsuid 是 1001，进程就具备了 1001 用户的访问文件的权限，但是仅仅是访问，不能将文件的属主修改为 1000。这就像你借了一本书，你可以读，甚至可以写，但是不能把这本书据为己有。概括为一句话，修改文件属主需要 chown 特权。

文件的属组 id 和属主 id 情况略有不同。在没有特权的情况下，进程可以将文件的属组 id 改为进程凭证中的某一个组 id。在有特权 chown 的情况下，进程可以将文件的属组 id 修改为任意值。

chown 和 lchown 的参数 path 用于规定文件的路径。如果路径是相对路径，就以进程的当前工作目录为路径起始点。lchown 的意思是当目标文件是符号链接时，对符号链接文件本身操作，chown 则是对符号链接所指向的文件操作。

fchown 和前面两个的不同之处是它根据已打开的文件描述符定位要操作的目标文件。在 fchownat 系统调用中，当 pathname 是相对路径时，dirfd 是一个已经打开的目录的描述符，用作相对路径查找的起始点。有趣的是，前面三个系统调用都可以由 fchownat 实现。fchownat 的参数 flags 是一个整数，在系统调用中内核将 flags 的若干位作为标志使用：

● 参数 flags 的 AT_EMPTY_PATH 位的值为 1 时，dirfd 对应的文件是目标文件，这和 fchown 功能相同。
● 参数 flags 的 AT_SYMLINK_NOFOLLOW 位的值为 1 时，若 pathname 指向符号链接文

件时，符号链接文件本身是目标文件。这覆盖了 lchown。

● 当 dirfd 是特殊值 "AT_FDCWD" 时，pathname 的相对路径起点是进程的当前工作目录。这覆盖了 chown。

上面说的是修改，下面看一下查看：

```
int stat(const char *path, struct stat *buf);
int fstat(int fd, struct stat *buf);
int lstat(const char *path, struct stat *buf);
```

stat 的定义是：

```
struct stat {
  dev_t    st_dev;     /* ID of device containing file */
  ino_t    st_ino;     /* inode number */

  mode_t   st_mode;    /* protection */          ┌──────────┐
                                                  │ 包含允许位 │
                                                  └──────────┘
  nlink_t  st_nlink;   /* number of hard links */

  uid_t    st_uid;     /* user ID of owner */     ┌──────────┐
  gid_t    st_gid;     /* group ID of owner */    │ 属主和属组 │
                                                   └──────────┘
  dev_t    st_rdev;    /* device ID (if special file) */
  off_t    st_size;    /* total size, in bytes */
  blksize_t st_blksize; /* blocksize for file system I/O */
  blkcnt_t st_blocks;  /* number of 512B blocks allocated */
  time_t   st_atime;   /* time of last access */
  time_t   st_mtime;   /* time of last modification */
  time_t   st_ctime;   /* time of last status change */
};
```

fstat 取文件描述符 fd 所指向的文件的文件属性。当目标文件是符号链接文件时，lstat 取出符号链接文件本身的文件属性，stat 取出符号链接文件所指向的文件的文件属性。

从上面的数据结构看，stat 一族系统调用并没有将所有的文件属性都取出来。

3.4 其他客体

文件是使用最普遍的一种客体类型，下面看看其他类型的客体。

（1）目录

目录就是一种特殊的文件。

（2）管道

Linux 内核将管道处理为存储在名为 "pipefs" 的文件系统中的文件，是文件就有 inode，inode 中自然有属主和属组。一句话，管道在内核中和文件没有差异。

（3）命名管道

命名管道，即 named pipe，也称为 FIFO。内核将它处理成一种特殊的文件。是文件就有 inode，

inode 中有属主和属组。命名管道和管道的区别在于命名管道有名字，命名管道文件存在于普通文件系统中。而管道没有名字，内核中的管道只存在于特殊的 pipefs 文件系统中。

（4）设备

与命名管道一样，内核将设备处理为特殊文件。

（5）套接字（socket）

在内核中，套接字没有任何标记可用于自主访问控制。或者可以这么说，内核的套接字数据结构中没有用于标记用户和组的成员。

有必要叙述一下套接字和套接字文件的关系了。套接字是通过系统调用 socket 来创建的：

```
int socket(int domain, int type, int protocol);
```

参数 domain 值为 AF_UNIX 或 AF_LOCAL（这两个常量名对应的值相同）时，被创建出来的套接字是一个属于 UNIX 本地域的套接字。之后针对此 socket 执行 bind 系统调用时，内核会根据传入的 addr 参数生成一个套接字文件。系统调用 bind 的原型是：

```
int bind(int sockfd, const struct sockaddr *addr, socklen_t addrlen);
```

系统调用 bind 是由作为服务器的进程来调用的。它的作用是将套接字和地址绑定在一起。绑定后，服务器进程就会等待客户端进程来"连接"。作为客户端的进程会调用 connect。系统调用 connect 的原型是：

```
int connect(int sockfd, const struct sockaddr *addr, socklen_t addrlen);
```

内核在系统调用 connect 的代码中会判断当前进程（客户端进程）能否写 addr 所表示的 socket 文件。

综上，套接字不等于套接字文件。内核中套接字本身没有用于访问控制的标记！

（6）IPC

IPC 是进程间通信（Inter-Process Communication）的缩写。虽然管道、命名管道和 UNIX 域套接字都可以用作进程间通信，但是 IPC 一般指共享内存（shared memory）、信号灯（semaphore）、消息队列（message queue）。在内核中，这三者的数据结构中都有一个类型为 kern_ipc_perm 的成员，在其中有 uid、gid、cuid、cgid。cuid 和 cgid 标记创建者，uid 和 gid 标记所有者。这两者的区别在于 uid 和 gid 可以通过 shmctl、semctl 或 msgctl 修改，而 cuid 和 cgid 在 IPC 对象创建之后不能被修改。下面看一下代码：

```
include/linux/ipc.h
struct kern_ipc_perm
{
spinlock_t      lock;
bool            deleted;
int             id;
key_t           key;

kuid_t          uid;
kgid_t          gid;
```

用户和用户组

```
    kuid_t          cuid;
    kgid_t          cgid;

    umode_t         mode;                    ┌──────────────┐
                                             │    允许位     │
                                             └──────────────┘
    unsigned long   seq;

    void            *security;               ┌──────────────┐
    };                                       │  强制访问控制相关  │
                                             └──────────────┘
```

（7）密钥（key）

在 Linux 内核中用 struct key 来表示密钥。此结构中有成员 uid 和 gid 代表密钥的属主和属组：

include/linux/key.h
```
struct key {
  ...
  void            *security;            ┌──────────────┐
  ...                                   │  强制访问控制相关  │
                                        └──────────────┘
  kuid_t          uid;                  ┌──────────────┐
  kgid_t          gid;                  │  用户和用户组    │
                                        └──────────────┘
  key_perm_t      perm;                 ┌──────────────┐
                                        │    允许位     │
                                        └──────────────┘
  ...
  };
```

3.5　其他客体的系统调用

和文件类似，3.4 节讲述的客体的属性也是由内核控制的，内核提供了几个系统调用作为接口让用户态进程可以查看和修改相关属性。

（1）IPC

IPC 有三种，关于 IPC 属性的系统调用也有三个：

```
    int shmctl(int shmid, int cmd, struct shmid_ds *buf);
    int semctl(int semid, int semnum, int cmd, ...);
    int msgctl(int msqid, int cmd, struct msqid_ds *buf);
```

当参数 cmd 为 IPC_STAT 时，上述系统调用用于查看 IPC 的属性；当参数 cmd 为 IPC_SET 时，上述系统调用用于设置 IPC 属性。此外，Linux 扩展了参数 cmd 的取值，当参数为 SHM_STAT（用于系统调用 shemctl）、SEM_STAT（用于系统调用 semctl）、MSG_STAT（用于 msgctl）时，内核也会通过参数返回 IPC 属性。

（2）密钥

密钥属性相关的系统调用为：

```
    long keyctl(int cmd, ...);
```

此系统调用的参数个数不确定，在第一个参数 cmd 之后的参数的类型和个数由 cmd 的具体取值决定。当 cmd 为 KEYCTL_CHOWN 时，此系统调用会更改密钥的属主和属组；当 cmd 为 KEYCTL_DESCRIBE 时，此系统调用会通过参数返回密钥的属性。

习题

既然 Linux 内核将管道处理为存储在 pipefs 文件系统上的文件，进程能否更改一个管道的属主和属组呢？编写一个程序试一下。

第4章 操作与操作许可

4.1 操作

访问的三要素是主体、操作和客体。主体是代表用户执行任务的进程。客体有很多种，包括文件、目录、管道、设备、IPC（进程间通信）、socket（套接字）、key（密钥）等。操作是什么呢？下面看一个小程序：

```
#include <unistd.h>
#include <sys/types.h>
#include <sys/stat.h>
#include <fcntl.h>

int main()
{
  char buf[1024];
  ssize_t n;
  int rfd;

  rfd = open("input.txt", O_RDONLY);
  if (rfd<0) return 1;

  while ((n=read(rfd, buf, 1024))>0)
    if (write(STDOUT_FILENO, buf, n) != n) break;

  close(rfd);
  return 0;
}
```

运行这个程序产生的进程会打开"input.txt"文件，读出内容，输出到进程的标准输出，最后关闭"input.txt"文件。上面程序所涉及的操作是打开文件、读文件、写文件、操作文件。

操作的本质是什么呢？操作其实就是系统调用！

4.2 操作许可与操作分类

对照访问的三个要素，有了主体标记和客体标记，只要有一种方法规定哪个主体可以对哪个客体进行何种操作就可以做到访问控制了。所以内核需要在系统调用中判断相应的操作许可。那么极端的设计就是为每一个系统调用规定一种或几种操作许可，专门在这个系统调用中判断。如此一来，几百个系统调用就要对应几百个甚至更多个操作许可。显然这种设计是不好的。

UNIX 的设计是简单而有效的。它对操作进行了合并，只定义出很少的操作许可。它的思路是，客体是用户的数据，主体是代表用户来执行任务的进程。人对数据的基本操作就是两个：读和写。因此，读和写是主体对客体的基本操作。此外，不同的客体还有自己的额外操作。

（1）文件

文件额外的操作是执行。执行的本质是进程替换自身的内存，拿什么替换呢？或是用文件的内容（二进制可执行文件），或是用文件中规定的另一个文件的内容（脚本语言）。进程执行"执行"操作后，进程 id 没有变，进程父子关系没有变，但进程内容变了。再深究其本质，文件"读"操作是将文件内容置入进程的数据空间，文件"执行"操作是将文件内容置入进程的代码空间和数据空间。所以有的访问控制模型将读和执行等价。

（2）目录

目录在文件系统中就是一种特殊的文件。对目录的读操作就是列出目录的内容；对目录的写操作就是自目录中删除文件/子目录或添加文件/子目录，这也可以看作是修改目录的内容。对目录的执行操作有些难理解，可以用一个词"通过"来概括其含义。比如访问文件"/usr/bin/bash"，内核根据路径名查找文件的过程是这样的：先找到根路径"/"，在"/"下查找"usr"，找到后，在"usr"下查找"bin"，最后在"bin"下查找"bash"。内核依次"通过"了三个目录："/"、"usr"、"bin"，内核要求发起请求的进程具有这三个目录的执行许可。目录的读操作和执行操作的区别可以用下面这个例子解释。键入命令"ls /usr/bin"，Linux 系统启动一个进程运行 ls，这个进程需要具有"/"和"usr"的执行许可，具有"bin"的读许可。

关于目录的写操作有一点需要指出，删除一个文件不需要文件本身的任何操作许可，需要的只是对文件所在目录的写操作许可。这一点常常让新用户迷惑，不能写文件，却可以把文件删掉！

（3）管道

（4）命名管道

（5）设备

在 Linux 内核中，管道是创建于 pipefs 文件系统上的匿名文件，命名管道和设备是特殊类型的文件。它们都是文件，也就都有执行操作许可，尽管执行对它们没有意义。

（6）IPC（进程间通信）

IPC（进程间通信）是指消息队列（Message Queue）、信号灯（Semaphore）、共享内存（Shared Memory）。IPC 在内核中不是作为特殊文件实现的，所以可以做得彻底些，IPC 只有两个操作许可：读和写。

（7）socket（套接字）

Linux 内核没有对套接字定义操作许可。

（8）key（密钥）

key 是密钥，keyring 是密钥环。key 可以类比文件，和文件一样，key 也有属性，比如类型和描述；文件有内容，key 的内容是 payload（负载），即实际的密钥数据。keyring 可以类比目录，目录包含文件和子目录，keyring 包含 key 和子 keyring。key 上的操作类型比较多，有六个。

1）read——读。对于 key 是允许读出 key 的 payload（负载，实际的密钥数据）；对于 keyring 是列出 keyring 上附着的 key 或子 keyring。

2）write——写。对于 key 是初始化或修改 payload；对于 keyring 是在其下增加或删除 key 或 keyring。

3）search——搜索。search 包含两层意思，一是搜索，二是被搜索。进程在某一个 keyring

上搜索一个 key，一般是通过 keyring 的 id 和 key 的描述进行，那么进程需要具有 keyring 上的 search 许可（搜索），还要具有 key 的 search 许可（被搜索）。

4）link——链接。将 key 链接到一个 keyring 上，既需要 keyring 的写操作许可，又需要 key 的 link 操作许可。

5）view——查看属性。查看 key 或 keyring 的属性，比如类型和描述。

6）setattr——设置属性。修改 key 的属主、属组、允许位。

通过和文件及目录的对比，我们可以发现，上面的 search 操作是在目录的执行操作基础上增加文件/子目录的被搜索语义。link 操作是为了弥补删除文件或添加文件的链接[⊖]，不需要文件本身的操作许可。view 和 setattr 是增加了对属性的操作控制。

4.3 允许位

UNIX 在诞生之初就采用了一种相对简单的方式来管理操作许可，这种方式被 Linux 继承，以文件为例：

（1）在每个文件的属性中存储文件所属的用户（属主）和所属的用户组（属组）。

（2）根据用户的属主和属组将所有用户分为三类：同主用户、同组用户、其他用户。

（3）在每个文件的属性中为三类用户分别存储访问许可。

下面举个例子：文件 a 的属主 id 为 1000，属组 id 为 10000，访问许可为：允许同主用户读写，允许同组用户读，不允许其他用户任何操作。进程 A 的 fsuid 为 1000，那么进程 A 可以读写文件 a。进程 B 的 fsuid 为 1001，fsgid 为 10000，那么进程 B 可以读文件 a。进程 C 的 fsuid 为 1002，fsgid 为 10001，supplementary group id 为 10003、10004[⊖]，那么进程 C 不能对文件 a 执行任何操作。

内核代码采用一个 bit 来表示一个操作许可，对于文件就需要 9 个 bit 来表示文件的操作许可：同主读、同主写、同主执行、同组读、同组写、同组执行、其他读、其他写、其他执行。这些表示操作许可的比特位合在一起就成为 permission bits，即允许位。

其他的客体也类似。IPC 只有两个操作许可，所以只需要 6 个比特位。在语义上 IPC 做了一点扩展，IPC 属性中有属主 id 和属组 id，还有创建者 id 和创建组 id。属主 id 相等和创建者 id 相等都被视为同主，属组 id 相等和创建组 id 相等都被视为同组。

举个例子，消息队列 m，属主 1000，属组 10000，创建者 2000，创建组 20000，同主允许写，同组允许读，其他不许读也不许写。进程 A 的 euid 为 1000，属于同主，允许写；进程 B 的 euid 为 2000，也属于同主，允许写；进程 C 的 euid 为 3000，egid 为 10000，属于同组，允许读；进程 D 的 euid 为 3000，egid 为 20000，也属于同组，允许读；进程 E 的 euid 为 3000，egid 为 30000，并且 supplementary group id 中没有 10000 和 20000，属于其他，不可读也不可写。

密钥的操作许可是 6 个，它的允许位需要 18 个比特位。密钥在操作许可的使用上有一点扩展。有一类进程被标记为拥有密钥的进程，这类进程会有额外的许可，作为正常获得的许可的补充。比如进程 A 是密钥 a 的同主进程，许可是可以读和写，同时进程 A 又是密钥 a 的拥有者，额外获得了 setattr 许可，那么进程 A 就可以对密钥 a 进行读、写、setattr 操作。

⊖ 这里的链接是所谓的硬链接，不是符号链接。

⊖ 还记得补充组 id 的作用吗？如果补充组中出现了 10000，那么进程 C 就有文件 a 的同组访问许可了。

4.4　设置位

4.4.1　文件

最初 UNIX 为文件分配了九个允许位，对应三类用户（同主、同组、其他），三种操作（读、写、执行）。后来，UNIX 又增加了三个允许位：set-user-bit（又称 set-user-id 或 setuid）、set-group-bit（又称 set-group-id 或 setgid）、set-other-bit（又称 sticky bit）。看起来似乎是为文件新增加了一种 set 操作，但实际上不是这样，这三个允许位与操作许可无关。

先说 setuid。进程调用 execve 执行了一个允许位 setuid 为 1 的文件后，进程的 euid，还有 Linux 特有的 fsuid，被改变为所执行文件的属主 id。效果就是进程执行文件不仅将文件的内容读入进程的代码区内存和数据区内存，还将文件属性中的部分数据读入进程凭证。于是，进程可以操作一些以前不能操作的客体。

引入 setuid 更深层的目的是特权提升！

UNIX 的设计是简单的，一些任务只能由特权用户来做，而特权用户只有一个，就是用户 id 为 0 的 root。如果普通用户需要做一些特权操作，那么正规的做法是请求管理员代劳，比如用户需要加载一块新硬盘。但是有的特权操作使用频繁，又不会对系统带来危害，比如探知网络实体存在的 ping 命令。总是请管理员做 ping 操作实在没有必要。怎么办呢？让任何人都可以执行 ping 命令，让运行 ping 的进程具有特权，就可以了。它实现起来是这样的：

1）ping 文件的属主是 root。

2）ping 文件的 setuid 位被置位。

3）ping 文件的允许位设置为所有人都可以执行。

就像这样：

```
zhi@ubuntu-desktop:/work/latex$ ls -l /bin/ping
-rwsr-xr-x 1 root root 35712 11 月  8  2011 /bin/ping
```

setuid 机制是由 UNIX 设计者之一，伟大的 Dennis Ritchie，在贝尔实验室发明的。贝尔实验室还为此申请了一项专利：US 4135240。不过此专利被贝尔实验室放入了公共领域，所有 UNIX 类操作系统不必担心侵权。

setgid 与 setuid 类似，不同的是进程凭证中 egid 和 fsgid 被设置为文件的属组 id。setgid 与特权无关，因为 UNIX 的特权只与 euid 是否为 0 相关，任何组 id 都和特权无关。

set-other-id 又叫 sticky bit，因为在 UNIX 系统 V 中曾引入这样的逻辑：当执行着 set-other-id 文件的进程终止时，进程的代码段仍被保留在磁盘交换区。这样的好处是，下次再执行同样的文件时，进程可以快速启动。现在此代码逻辑只残存于不多的 UNIX 类操作系统中，比如 HP-UX。在 Linux 中文件的 sticky bit 已无任何作用。

4.4.2　目录

在 Linux 系统中，目录上的 set-user-id 位没有任何作用；而目录的 set-group-id 的作用是，在此目录下创建的文件和子目录的属组自动初始化为目录的属组；目录的 set-other-id（sticky bit）的作用是在其下的文件/子目录只能被该文件/子目录的属主删除。典型的用法是将系统临时目录/tmp 的 sticky bit 置位。

4.5 其他操作的许可

UNIX 在操作许可上的设计是简单的。UNIX 在有些操作上没有自主访问控制，比如在套接字上的大部分操作；UNIX 对有些操作的控制依赖于固定的内核代码逻辑，用户无法配置，比如只有文件的属主才能够修改文件的允许位。

4.6 系统调用

第 3 章讲述的查看客体属性的系统调用可以查看客体的允许位，因为允许位也是一种客体属性。第 3 章讲述的 shmctl、semctl、msgctl 可以修改 IPC 上的允许位，keyctl 可以修改密钥上的允许位。通过系统调用 chmod 和 fchmod 可以修改文件和目录上的允许位。

```
int chmod(const char *path, mode_t mode);
int fchmod(int fd, mode_t mode);
```

习题

1. 查看文件的属性也是一种操作，内核在什么情况下允许这种操作？
2. 下面这段程序中对变量 "i" 的赋值能否算是一种操作？内核可以对此进行控制吗？

```
#include <stdio.h>

int main()
{
  int i;
  scanf("%d", &i);
  printf("i=%d\n", i);
  return 0;
}
```

3. 为什么没有改变符号链接文件允许位的 lchmod 系统调用？

第 5 章 访问控制列表

5.1 简介

从某个文件的角度看，UNIX 通过文件属性中的属主和属组，把系统中的进程分为三类：同主、同组、其他。UNIX 通过文件属性中允许位的九个比特，使这三类进程分别拥有自己的操作许可。这种设计真是精巧！

Linux 对此进行了扩展：

（1）从单个文件的角度看，系统中的进程可以不止三类。除了同主、同组、其他外，还可以有某用户的进程如何如何，研发组的进程如何如何。

（2）分类可以动态添加和删除。

这个扩展就是访问控制列表，Access Control List，简称 ACL。访问控制列表只作用于文件和目录。

5.2 扩展属性

访问控制列表存储在文件的扩展属性之中。下面先讲述一下文件的扩展属性。

文件属性出现得很早，可能自 UNIX 诞生之日起就有了。后来人们渐渐发现文件属性不够用，需要扩展。而且这种扩展最好是灵活的，可以让用户在系统运行时自行添加和修改。因此，简单地在内核代码中扩展 inode 数据结构是不能满足需求的。于是就产生了扩展属性。

在支持扩展属性的文件系统中，inode 和扩展属性在存储设备上是分开存储的，在 inode 中保留一个关联到扩展属性的索引。扩展属性本身则被实现为一个数组，数组项又分为属性名和属性值两部分。属性名是一个字符串，属性值可以是任意类型。属性名字符串本身也是有格式的，它由 "." 分割为若干域，比如 "system.posix_acl_access"。其中第一个域必须是下列四个之一：user、system、trusted、security，表示它们分别用于应用、系统、可信和安全。

和访问控制列表相关的扩展属性有两个，属性名分别是 system.posix_acl_access 和 system.posix_acl_default。

5.3 结构

访问控制列表被实现为一个变长的数组：

```
include/linux/posix_acl.h
struct posix_acl {
  union {
    atomic_t        a_refcount;
    struct rcu_head  a_rcu;
  };
```

```
unsigned int            a_count;
struct posix_acl_entry  a_entries[0];
};
```
变长数组

ACL entry 的格式为：tag id permission-bits。permission-bits 就是三个比特，分别表示读、写、执行。id 是用户 id 或组 id。

```
include/linux/posix_acl.h
struct posix_acl_entry {
  short                e_tag;
  unsigned short       e_perm;
  union {
    kuid_t            e_uid;
    kgid_t            e_gid;
  };
};
```

tag 有很多值：

（1）ACL_USER 为某一个用户规定操作许可。

id 存储的是用户 id，当进程 fsuid 与该项 id 相同时，进程对文件的操作许可由此项 ACL entry 中的 permission-bits 规定（后面会讲述操作许可还会受到 ACL_MASK 项影响）。

（2）ACL_GROUP 为某一个组规定操作许可。

id 存储的是组 id，当进程 fsgid 与该项 id 相同时，进程对文件的操作许可由此项 ACL entry 中的 permission-bits 规定（后面会讲述操作许可还会受到 ACL_MASK 项影响）。

上述两种 tag 可以在 ACL 中出现多次，也可以根本不出现。有了这两种 tag，ACL 就可以具体记录一个用户或一个组的操作许可。也就实现了所谓的细粒度访问控制。

（3）ACL_USER_OBJ 规定文件属主的操作许可。

（4）ACL_GROUP_OBJ 规定文件属组的操作许可。

（5）ACL_OTHER。

当一个进程的 fsuid 和任何一项 ACL_USER 中规定的 id 都不匹配，fsgid 和任何一个 ACL_GROUP 中规定的 id 都不匹配，fsuid 不等于文件的属主，且 fsgid 不等于文件的属组，此时进程对文件的操作许可由此项中的 permission-bits 规定。

（6）ACL_MASK。

从设计的角度，前面五种 ACL entry 已经可以完成细粒度访问控制的目的了。ACL_MASK 的引入是为了给规定的部分操作许可设置一个上限。进程从 ACL_USER、ACL_GROUP、ACL_GROUP_OBJ 项获得的操作许可如果不出现在 ACL_MASK 项的 permission-bits 中，该操作许可会被清除。ACL_GROUP_OBJ 和 ACL_USER_OBJ 逻辑上应该是联系在一起的，这里只限制 ACL_GROUP_OBJ 而不限制 ACL_USER_OBJ，有些怪。相关代码在 fs/posix_acl.c 的 posix_acl_permission 函数中。

ACL_USER 和 ACL_GROUP 项被称为长格式，这两项的 id 必须是有效值。长格式项可以出现 0 次或多次。其余四项被称为短格式，因为它们的 id 值无所谓，在文件系统具体实现中，为了节约存储空间，这些项的 id 可能被省略。ACL_USER_OBJ、ACL_GROUP_OBJ、ACL_OTHER 必须出现一次。当 ACL 中含有 ACL_USER 项和 ACL_GROUP 项时，ACL_MASK 必须出现一次；当 ACL 中没有 ACL_USER 项和 ACL_GROUP 项时，ACL_MASK 可以不出现。

5.4　操作许可

ACL 使管理的粒度变细，相应地，控制逻辑也变复杂了。

（1）如果进程的 fsuid 等于文件的属主，则判断进程申请的操作是否在 ACL_USER_OBJ 项的 permission-bits 中，若是，返回允许，否则返回拒绝。

（2）如果进程的 fsuid 等于文件的某一项 ACL_USER 中规定的 id，则判断进程申请的操作是否在该项的 permission-bits 和 ACL_MASK 项的 permission-bits 的交集中，若是，返回允许，否则返回拒绝。

（3）如果进程的 fsgid 或补充组中的任何一个 gid 等于文件的属组或某一项 ACL_GROUP 中规定的 id，则：

1）如果文件没有 ACL_MASK 项，则判断进程申请的操作是否在该项的 permission-bits 中，若是，返回允许，否则返回拒绝。

2）如果文件有 ACL_MASK 项，则判断进程申请的操作是否在该项的 permission-bits 和 ACL_MASK 项的 permission-bits 的交集中，若是，返回允许，否则返回拒绝。

（4）如果进程申请的操作出现在 ACL_OTHER 项的 permission-bits 中，返回允许，否则返回拒绝。

5.5　两种 ACL

ACL 有两种：

（1）ACCESS——对应扩展属性名"system.posix_acl_access"。

ACCESS 类型用于判断进程对文件或目录的操作许可。

（2）DEFAULT——对应扩展属性名"system.posix_acl_default"。

DEFAULT 类型出现在目录上，用于参与确定目录中新文件或新目录的初始 ACCESS 型 ACL。所谓参与是指它不是唯一的因素，比如 creat 系统调用的参数 mode 和进程的 umask$^{\ominus}$也参与确定新文件的 ACCESS 型 ACL。

5.6　与允许位的关系

允许位分为三部分：三个比特位表示同主进程的操作许可，三个比特位表示同组进程的操作许可，三个比特位表示其他进程的操作许可。这三部分很自然地和 ACL 中 ACL_USER_OBJ、ACL_GROUP_OBJ、ACL_OTHER 对应。改允许位，ACL 跟着变动；改 ACL，允许位跟着变动。属组部分的允许位有一个例外：当 ACCESS 型 ACL 有 ACL_MASK 项存在时，属组部分允许位和 ACL_MASK 项的 permission-bits 对应。反之，当 ACCESS 型 ACL 没有 ACL_MASK 项存在时，属组部分允许位和 ACL_GROUP_OBJ 项的 permission-bits 对应。

5.7　系统调用

访问控制列表本身没有系统调用，进程可以通过扩展属性相关的系统调用查看或设置访问控制列表。

　$\ominus$　内核中进程的 task_struct 有个成员 fs，fs 有个成员 umask。

设置扩展属性的系统调用是：

```
        int setxattr(const char *path, const char *name, const void *value, size_t
size, int flags);
        int lsetxattr(const char *path, const char *name, const void *value, size_t
size, int flags);
        int fsetxattr(int fd, const char *name, const void *value, size_t size, int flags);
```

lsetxattr 与 setxattr 的区别在于，若目标文件是符号链接，lsetxattr 设置符号链接本身，fsetxattr 通过文件描述符来查找目标文件。因为扩展属性的值可以是任意类型，所以系统调用参数需要有指示值大小的"size"。参数"flags"贡献两个比特位，一个是 XATTR_CREATE，置位表示纯粹的添加，若参数"name"表示的扩展属性存在，则失败。另一个是 XATTR_REPLACE，置位表示纯粹的替换，若参数"name"表示的扩展属性不存在，则失败。

获取扩展属性值的系统调用是：

```
        ssize_t getxattr(const char *path, const char *name, void *value, size_t size);
        ssize_t lgetxattr(const char *path, const char *name, void *value, size_t size);
        ssize_t fgetxattr(int fd, const char *name, void *value, size_t size);
```

参数"size"表示参数"value"所指向的缓冲区的大小。返回值代表读出的扩展属性值的长度。若"size"为 0，则返回实际的扩展属性值的长度。

获取扩展属性名的系统调用是：

```
        ssize_t listxattr(const char *path, char *list, size_t size);
        ssize_t llistxattr(const char *path, char *list, size_t size);
        ssize_t flistxattr(int fd, char *list, size_t size);
```

参数"size"表示参数"list"所指向的缓冲区的大小。返回值代表读出的扩展属性名的总长度。若"size"为 0，则返回实际的扩展属性名的总长度。所有的扩展属性名都是以"0"结尾的字符串，它们被依次存入"list"所指向的缓冲区之中。内核在系统调用的实现代码中会忽略进程无权查看的扩展属性。

最后是删除扩展属性的系统调用：

```
        int removexattr(const char *path, const char *name);
        int lremovexattr(const char *path, const char *name);
        int fremovexattr(int fd, const char *name);
```

5.8 参考资料

在 Linux shell 中运行"man acl"，可以得到关于文件的访问控制列表的说明。

习题

访问控制列表只作用于文件和目录，有没有方法能在别的客体上实现访问控制列表？如何实现？

第6章 能力（capabilities）

6.1 什么是能力

UNIX 的自主访问控制的设计是简单而高效的。前面几章讲述了自主访问控制的一部分，基于允许位及作为允许位扩展的访问控制列表（ACL）的访问控制逻辑。其基本思想就是，主体（进程）有若干 id，客体（文件、目录、管道、IPC、socket……）有属主 id 和属组 id，此外客体中还存储了允许位或访问控制列表（ACL）。当主体访问客体时，先比较 id，根据结果，取出允许位的一部分作为操作许可。但是，有些情况是上述逻辑无法覆盖的，例如设置系统时间，又如重启系统。这就涉及 UNIX 自主访问控制的另一部分：特权机制。

特权分为两类，一类是无法纳入允许位控制的任务，例如上述设置系统时间和重启系统；还有一类是超越允许位控制，就是在允许位不允许操作的情况下，仍然进行操作。UNIX 的特权机制设计得很简单，内核判断一个进程是否具有特权就是看进程凭证中的 euid 是否为 0。euid 为 0 的进程就是拥有特权的进程。特权进程可以执行任何任务，还不受允许位约束。

特权的英文是 privilege。能力的英文是 capability，是对特权的另一种称呼。在本书中，这两个词同义。

特权机制的设计是简单、高效、巧妙的。如果没有它，为了解决设置系统时间这类任务，势必引入新的客体类型，或者引入一种新的文件类型。第 7 章讲到的 SELinux 就引入了一堆奇怪的、难以理解的客体类型。但是凡事都有利弊，特权也是对系统安全的潜在威胁，因为拥有特权的进程可以不受任何限制。

在 Linux 还处于童年的时候，在众多 UNIX 类操作系统蓬勃发展的时候，各 UNIX 厂商就已经考虑如何缩小特权机制对安全的威胁。在 20 世纪 90 年代中期，UNIX 厂商酝酿了两个标准草案：IEEE 1003.1e 和 IEEE 1003.2c。其中提到了将特权分割为若干互不相干的小特权，命名为能力（capability）。这样进程就有可能不具有全部特权，而只拥有需要完成任务的几个能力，这也就实现了所谓的最小特权原则。可惜的是这两个草案没有最后称为标准。当年参与讨论的 IRIX、Solaris、HP-UX 等操作系统也先后淡出。斗转星移，Linux 势力渐长，成为 UNIX 类操作系统的主流。

Linux 很早就对能力方案感兴趣，经过几个版本的演进，Linux 参考 IEEE 1003.1e 和 IEEE 1003.2c 实现了自己的能力机制。

6.2 能力列举

下面先列出在 Linux 3.14 rc4 中出现的所有能力：

```
0.   chown
1.   dac_override
2.   dac_read_search
```

3. fowner
4. fsetid
5. kill
6. setgid
7. setuid
8. setpcap*
9. linux_immutable*
10. net_bind_service
11. net_broadcast
12. net_admin*
13. net_raw*
14. ipc_lock
15. ipc_owner
16. sys_module*
17. sys_rawio*
18. sys_chroot*
19. sys_ptrace
20. sys_pacct*
21. sys_admin*
22. sys_boot*
23. sys_nice
24. sys_resource*
25. sys_time*
26. sys_tty_config*
27. mknod
28. lease
29. audit_write*
30. audit_control*
31. setfcap*
32. mac_override*
33. mac_admin*
34. syslog*
35. wake_alarm*
36. block_suspend*

　　UNIX 对访问（或者叫操作）的控制分为三类。第一类由允许位控制，第二类由属主控制，如文件的属主可以修改文件的允许位，第三类由特权控制，如系统重启动。Linux 的能力可以分为两类，一类是超越允许位控制和属主控制，如拥有 dac_override 的进程可以读写任意文件，无论文件的允许位是否允许；第二类是关联了特权独有操作，即没有特权就不能执行某种操作，比如没有 sys_boot 就不能重启动系统。有些能力标注了"*"表示该能力关联特权独有操作。

　　下面简单按照能力关联的操作对象分类介绍 Linux 能力。

6.2.1　文件

　　（1）chown。改变文件的属主或属组。改变属主是一个特权独有操作，但是改变属组不是。fsuid 等于文件属主 id 的进程可以将文件的属组 id 改为进程的 egid、fsgid 或某一个补充组 id 的值。

（2）dac_override。不顾允许位限制对文件进行读、写、执行操作，对目录进行读、写、通过操作。也就是说，文件或目录的允许位限制不了拥有 dac_override 能力的进程。但是有一个例外，其他操作都是"自然"存在的，唯独文件的执行操作不是，它要求文件必须是一个可执行文件。内核判断文件是否可执行的标准是文件的允许位中的属主可执行位、属组可执行位、其他可执行位至少有一位被置位。内核的逻辑是拒绝拥有 dac_override 的进程执行一个不可执行文件（属主可执行位、属组可执行位、其他可执行位都被清零）。

（3）dac_read_search。不顾允许位限制读文件、读目录、通过目录。

（4）fowner。拥有此能力的进程被视为 fsuid 等于文件的属主 id。受此能力影响的操作一般是修改文件的属性和扩展属性的操作。如修改文件允许位、文件访问控制列表（ACL）等。

（5）fsetid。这个能力和文件的 set-group-id 有关。在两个场景下用到这个能力：一、当进程修改文件时，文件的 set-user-id 和 set-group-id 要被清零。拥有 fsetid 能力可以保留文件的 set-group-id 位。出于安全考虑，set-user-id 位总是要被清 0（因为 euid 和特权相关）。二、当进程修改文件属性导致文件的属组 id 不是进程的 fsgid 或任一个补充组 id 时，文件的 set-group-id 要被清零；如果进程拥有 fsetid 能力，文件的 set-group-id 可以被保留。

（6）linux_immutable。修改文件的 immutable 标志。immutable 是由具体文件系统实现的，拥有此标志的文件无法被删除。

（7）setfcap。设置文件能力，就是设置后面要提到的文件的允许能力集、可继承能力集、和有效能力位。

（8）lease。进程可以通过系统调用 fcntl 对文件建立读 lease 或写 lease。lease 的作用是，当别的进程对文件进行操作时，进程可以得到通知。lease 操作要求进程 fsuid 和文件属主相等。拥有 lease 能力可以无视这一限制。

6.2.2 进程

（1）kill。进程可以通过系统调用 kill 向另一个进程发送信号。内核要求发送进程的(r)uid 或 euid 等于接收进程的(r)uid 或 euid。拥有 kill 能力可以无视这一限制。

（2）setgid。修改进程凭证中的各种 gid。

（3）setuid。修改进程凭证中的各种 uid。

（4）setpcap。修改进程的能力集。拥有 setpcap 能力可以：一、将限制能力集中的能力加入可继承能力集；二、缩小限制能力集；三、修改进程凭证中六个和能力相关的比特。

（5）sys_chroot。改变进程的根目录。

（6）sys_ptrace。内核对跟踪进程有两个限制：一、跟踪进程的(r)uid 同时等于被跟踪进程的(r)uid、euid、suid，跟踪进程的(r)gid 同时等于被跟踪进程的(r)gid、egid、sgid。二、跟踪进程的允许能力集是被跟踪进程的允许能力集的超集。拥有 sys_ptrace 能力无视这两个限制。

总的原则是内核希望被跟踪者的权限比跟踪者的权限小。上面第一条暗示被跟踪进程的三个 uid 相同，三个 gid 相同。但是跟踪者和被跟踪者的补充组 id 不尽相同，也会导致被跟踪者拥有跟踪者不具备的访问权限，比如某些文件被跟踪进程可以访问，而跟踪进程不能访问。

（7）sys_nice。内核限制进程只能将自己的 nice 值增加。拥有此能力无视此限制。此外，拥有此能力还可以修改进程的调度算法，改变 CPU affinity 等。

6.2.3　网络

（1）net_bind_service。可以绑定系统特权端口（端口号小于 1024）。

（2）net_broadcast。此能力未被使用。

（3）net_admin。配置网络参数，如防火墙、路由表、TOS（type-of-service）等。

（4）net_raw。使用 RAW 型 socket。

6.2.4　ipc

（1）ipc_lock。此能力主要用于锁定内存，即阻止进程的部分或全部内存被交换到硬盘的交换分区。内核中每个进程有 rlimit 配额限制锁定内存的总量。拥有此能力可以不受此限制。

（2）ipc_owner。拥有此能力的进程在内核操作许可检查中被视为 euid 等于 IPC 客体的属主 id。

6.2.5　系统

（1）block_suspend。拥有此能力可以实施阻止系统挂起的操作。

（2）syslog。有两个用处，一个是系统调用 syslog 的有些参数的要求调用者拥有此能力，另一个是当/proc/sys/kernel/kptr_restrict 文件内容为"1"时，拥有此能力的进程可以查看到内核通过/proc 伪文件系统暴露的地址。

（3）sys_admin。这个能力就是一个缩小的"root"。其他能力没有覆盖的特权都属于这个能力。包括挂载磁盘、启动或停止 swap、设置命名空间（namespace）……今后如果再有新能力，多半是从此能力中分离出来的。

（4）sys_boot。启动系统。

（5）sys_module。加载内核模块。

（6）sys_pacct。拥有此能力的进程可以打开或关闭系统对进程进行统计的功能。

（7）sys_resource。此能力覆盖功能也比较多，涉及文件系统、IPC、进程等领域。包括调整文件系统的保留空间、设置文件系统的日志参数、设置进程内存布局等。

（8）sys_time。设置系统时间和硬件时间。

（9）sys_tty_config。调用系统调用 vhangup 需要此能力。

（10）wake_alarm。设置系统闹钟。

6.2.6　设备

（1）sys_rawio。操作 I/O 端口和读伪文件/proc/kcore 需要此能力。

（2）mknod。创建设备文件需要此能力。

6.2.7　审计

（1）audit_write。用于向内核写入或修改审计规则。

（2）audit_control。用于配置内核审计子系统的参数。

6.2.8　强制访问控制（MAC）

（1）mac_override。后面 LSM 部分要介绍 Linux 的 MAC 机制，有的 MAC 机制认定拥有

mac_override 能力的进程可以不受 MAC 机制控制。

（2）mac_admin。类似 mac_override，用于配置 MAC 机制参数。

6.3　UNIX 的特权机制

UNIX 的特权机制可以从三个方面来分析：

（1）判定

传统的 UNIX 中，只要进程的有效用户 id（euid）为 0，内核就认为该进程具备（全部）特权。

（2）系统调用

改变进程 euid 的系统调用都会影响到进程的特权：setuid、seteuid、setreuid、setresuid。

（3）从文件处获取特权

进程调用 execve 系统调用，如果参数指定的执行文件的属主 id 是 0，文件 set-user-id 位被设置，进程的 euid 被设置为文件的属主 id——0。这被视为进程从文件处获取了特权。

6.4　Linux 的能力集合和能力机制

6.4.1　能力集合

Linux 特权机制在进程和文件中分别增加了若干能力集合。下面分别介绍。

1. 进程的能力集合

Linux 内核在进程凭证中增加了若干能力集合。

（1）有效能力集

有效能力集可以类比进程凭证中的有效用户 id（euid）或有效组 id（egid）。内核在做特权判断时，判断的就是有效能力集中是否具备相应的能力。

（2）可继承能力集

继承的本意是指父子之间的特性和资源转让，在计算机世界中应是父进程和子进程之间。但这里的继承是指进程在执行系统调用 execve 之前和执行系统调用 execve 之后，部分进程的特性被保留。可继承能力集就是跨越 execve 不变的东西。

（3）允许能力集

允许能力集是有效能力集的超集[○]。打个比方，允许能力集是你在银行里存的钱，有效能力集是你钱包里的钱。你去买东西可能因钱包里钱不够而买不成，没关系，上银行取钱再买就行了。

在某些情况下，允许能力集还限制了可以向可继承能力集中添加的能力。这在后面系统调用部分细说。

（4）限制能力集（bounding set）

限制能力集有两个作用：

1）向可继承能力集中添加的能力必须来自限制能力集。

○ 超集和子集都包含集合相等的情况。

2）在执行系统调用 execve 时，进程从文件的允许能力集获得的能力必须也在进程的限制能力集中。这个在后面细说。

2. 文件的能力集合

文件也有能力集合。文件的能力集合存储在文件的扩展属性"security.capability"中。文件的能力集合是：

- 允许能力集
- 可继承能力集
- 有效能力位

这里和进程不同，有效能力位只是一个比特位，值为 1 或 0。

6.4.2　能力机制

与 6.3 节相呼应，下面还是从"判定""系统调用""从文件获取能力"三方面分析 Linux 的能力机制。

1. 判定

Linux 内核在做特权判断时，判断的是进程凭证中的有效能力集中是否具备所要求的能力。

2. 系统调用

能力机制为 Linux 内核引入了两个新的系统调用：capget 和 capset，扩展了一个系统调用 prctl。

（1）capset

```
int capset(cap_user_header_t hdrp, const cap_user_data_t datap);
```

cap_user_header_t 和 cap_user_data_t 的实际类型是指针。先看 cap_user_header_t：

```
typedef struct __user_cap_header_struct {
  __u32 version;
  int pid;
} *cap_user_header_t;
```

上面所列结构有两个成员：version 和 pid。出现 pid 似乎表示可以修改任意一个进程的能力。这有些可怕，想想看，有一种进程可以动态修改别的进程的能力。好在 Linux 内核自 2.6.24 后修改了语义，进程只能修改自己的能力。所以这里 pid 的取值只能是 0 或者当前进程的 pid。

version 的取值为：

```
#define _LINUX_CAPABILITY_VERSION_1  0x19980330
#define _LINUX_CAPABILITY_VERSION_2  0x20071026  /* deprecated - use v3 */
#define _LINUX_CAPABILITY_VERSION_3  0x20080522
```

从"0x19980330"这个值看，Linux 内核能力机制的开发开始得相当早。

再看 cap_user_data_t：

```
typedef struct __user_cap_data_struct {
```

第 6 章　能力（capabilities）

```
    __u32 effective;
    __u32 permitted;
    __u32 inheritable;
} __user *cap_user_data_t;
```

　　C 语言的参数传递不区分指针和数组。这里实际传递的是一个包含两个子成员的数组，因为当前能力的个数超过了 32，一个 "__u32" 类型的变量只能表示 32 个能力。

　　在 capset 系统调用中有四条规则，必须同时满足：

　　1）新的可继承能力集必须是旧的可继承能力集和旧的限制能力集的合集的子集。解释一下，如果新的可继承能力集是旧的可继承能力集的子集，没有问题。如果新的可继承能力集有旧的可继承能力集没有的能力，那么这部分能力必须是旧的限制能力集的子集。

　　2）在进程的有效能力集包含 cap_setpcap 的情况下，新的可继承能力集必须是旧的可继承能力集和旧的允许能力集的合集的子集。换句话说，若有新增，新增必须来自允许能力集。

　　3）新的允许能力集必须是旧的允许能力集的子集。

　　4）新的有效能力集必须是新的允许能力集的子集。

　　上述规则决定了，通过 capset 不可能增加允许能力集，通过 capset 有效能力集总是允许能力集的子集。但是，可继承能力集却有可能超出允许能力集和限制能力集，因为可以构造 capset 调用参数，在减少允许能力集或限制能力集的同时，不变或增加可继承能力集。

　　（2）capget

```
    int capget(cap_user_header_t hdrp, cap_user_data_t datap);
```

　　capget 可以读取任意进程的能力。

　　（3）prctl

　　不知读者是否注意到，capget 和 capset 不涉及限制能力集。限制能力集的查看和修改是通过系统调用 prctl 来实现的。系统调用 prctl 有多个参数，限制能力集用到了头两个参数：

```
    int prctl(int option, unsigned long arg2, unsigned long arg3, unsigned long arg4, unsigned long arg5);
```

　　限制能力集在参数 option 中扩展了两个值：

　　（1）PR_CAPSET_READ

　　arg2 表示一个能力集，整数（unsigned long）的每一个比特表示一个能力，如果这个能力集是限制能力集的子集，返回 1；否则返回 0。

　　（2）PR_CAPSET_DROP

　　将 arg2 代表的能力集从限制能力集中去掉。这个操作要求进程具有 cap_setpcap 能力。

　　还好，现在的能力个数没有达到 64，否则就不止要用到 prctl 的头两个参数了。用 PR_CAPSET_READ 来读取限制能力集显然不如查阅 /proc/[pid]/status 方便。而 PR_CAPSET_DROP 的设计又指出，进程的限制能力集只能越来越小。

3. 从文件获取能力

　　同 UNIX 基于 id 的特权机制一样，在 Linux 基于能力集合的特权机制中，Linux 进程也可以通过系统调用 execve 从被执行的文件处获取能力。下面看 execve 前后能力的变化公式：

31

```
P'(permitted) = (P(inheritable) & F(inheritable)) | (F(permitted) & P(cap_bset))

P'(effective) = F(effective) ? P'(permitted) : 0

P'(inheritable) = P(inheritable)     [i.e., unchanged]

P'(cap_bset) = P(cap_bset) [i.e., unchanged]
```

P 表示进程在 execve 前的能力集，P'表示进程在 execve 后的能力集，F 表示文件的能力集。permitted 代表允许能力集，inheritable 代表可继承能力集，effective 代表有效能力集或有效能力位。

进程在 execve 后的允许能力集有两个来源，一个是进程的可继承能力集和文件的可继承能力集的交集，另一个是文件的允许能力集和进程的限制能力集的交集。由此可推导出进程的允许能力集有可能不是进程的限制能力集的子集。当文件的有效能力位为 1，进程在 execve 后的有效能力集等于其在 execve 后的允许能力集。进程的可继承能力集和限制能力集保持不变。

6.5　向后兼容

Linux 内核能力机制的开发者希望应用程序能够平稳地从基于 id 的特权机制过渡到基于能力的特权机制，为此 Linux 内核提供了能力机制到 id 机制的兼容，让旧有的应用在新的内核上能够正常运行。这个兼容机制是成功的，成功到时至今日，使用能力机制的应用仍然是少数。

下面还是从"判定""系统调用""从文件获取"三个方面来分析这个兼容机制。

（1）判定

Linux 内核没有为了向后兼容而在判定中添加逻辑，Linux 内核判断进程是否进行特权操作的唯一标准就是相关的能力是否在进程的有效能力集中。Linux 内核中没有任何依据用户 id 进行授权的逻辑。

（2）系统调用

为了做到向后兼容，内核在涉及用户 id 变化的系统调用中（setuid、seteuid、setreuid、setresuid、setfsuid）增加了调整进程的能力集的逻辑。

1）如果系统调用前(r)uid、euid、suid 中有一个或多个为 0，系统调用后这三个用户 id 都不是 0，那么进程的允许能力集和有效能力集被清空。

2）如果 euid 从 0 变为非 0，那么有效能力集被清空。

3）如果 euid 从非 0 变为 0，那么将允许能力集赋值给有效能力集。

4）下述能力是与文件相关的能力：cap_chown、cap_mknod、cap_dac_override、cap_dac_read_search、cap_fowner、cap_fsetid、cap_mac_override、cap_linux_immutable。如果 fsuid 从 0 变为非 0，那么从有效能力集中清除与文件相关的能力。反之，从允许能力集中将文件相关的能力赋值给有效能力集。

（3）从文件获取

1）进程执行 execve 后，如果(r)uid 或 euid 为 0，内核认为文件的允许能力集和可继承能力集具有全部的能力。这样，前面的 execve 前后能力变化公式就变为：

```
P'(permitted) = P(inheritable) | cap_bset
```

当进程的限制能力集 cap_bset 具有全部能力时，执行 set-user-ID-root 文件的效果就是进程的有效能力集中包含全部能力。

2）进程执行 execve 后，如果 euid 为 0，内核认为文件的有效能力位为 1。公式变为：

```
P'(effective) = P'(permitted)
```

3）进程的可继承能力集和限制能力集不受影响，还是原来的公式：

```
P'(inheritable) = P(inheritable)   [i.e., unchanged]
P'(cap_bset) = P(cap_bset) [i.e., unchanged]
```

6.6　打破向后兼容

有了向后兼容，应用既可以通过设置用户 id 来调整能力，又可以直接设置能力。内核能力机制的设计者希望能帮助应用切换到纯粹使用能力的轨道上。为此内核在进程凭证中增加了三个比特位。

（1）SECBIT_KEEP_CAPS

如果这个比特位被置位，那么 6.5 节讲到的系统调用的第一条规则不起作用。效果就是，如果系统调用前(r)uid、euid、suid 中有一个或多个为 0，系统调用后这三个用户 id 都不是 0，那么进程的允许能力集和有效能力集不变。

（2）SECBIT_NO_SETUID_FIXUP

如果这个比特位被置位，那么 6.5 节讲到的系统调用的第二、三、四条规则不起作用。效果就是，进程的 euid 和 fsuid 的改变不会引发进程有效能力集变化。

（3）SECBIT_NOROOT

如果这个比特位被置位，那么 6.5 节讲到的"从文件获取"部分的两条规则不起作用。效果就是，进程 execve 一个 set-user-ID-root 文件[⊖]，或一个(r)uid 为 0 的进程执行 execve，内核都不会暂时调整文件的能力集或能力位。

上述三个比特位各自"破坏"了一部分向后兼容，合在一起使用就可以营造出一个纯粹的只使用能力机制的环境。内核能力机制的设计者还为这三个比特位分别对应了三个"锁"比特位：SECBIT_KEEP_CAPS_LOCKED、SECBIT_NO_SETUID_FIXUP_LOCKED、SECBIT_NOROOT_LOCKED，锁比特若被置位，相应的比特位就不能被修改了。设置和查看这六个比特位的方式是通过系统调用 prctl。这里也是只使用 prctl 的两个参数，第一个参数是 option，相关的值有四个：

1）PR_GET_KEEPCAPS

返回 SECBIT_KEEP_CAPS 的状态，1 为置位，0 为清位。

⊖ 属主为 0（root），并且 set-user-id 位为 1 的文件称为 set-user-ID-root 文件。

2）PR_SET_KEEPCAPS

arg2 为 1 置 SECBIT_KEEP_CAPS 位，为 0 清 SECBIT_KEEP_CAPS 位。

3）PR_GET_SECUREBITS

通过返回值获取全部六个比特位状态。

4）PR_SET_SECUREBITS

通过 arg2 设置除 SECBIT_KEEP_CAPS 外五个比特位的值。

PR_GET_KEEPCAPS 和 PR_SET_KEEPCAPS 在 Linux 2.2.18 就进入内核了。PR_GET_SECUREBITS 和 PR_SET_SECUREBITS 则直到 Linux 2.6.26 才进入内核。显然在最初的设计中，内核能力机制的设计者没有想到总共会引入六个比特位。最初的名字 KEEPCAPS 语义上不好扩展，就增加了 SECUREBITS，SECUREBITS 的语义完全可以设置全部六个比特位，但是为了照顾历史遗产，并未这么做。结果就造成了现在这个奇怪的逻辑。SET 操作，KEEPCAPS 管一个比特位，SECUREBITS 管其余五个比特位；GET 操作，KEEPCAPS 管一个比特位，SEUREBITS 管全部六个比特位。

6.7 总结

Linux 内核的能力机制是为了解决传统的 UNIX 内核的特权判定过于简单而产生的。Linux 内核的能力机制将传统的特权进行了分割，使得最小特权原则有可能实现。这是一个进步。但是，由于能力机制的复杂和能力机制与原有基于用户标识机制的不兼容，能力机制没有被广泛使用。而且由于能力机制的后向兼容可以做到让旧有的应用不需修改即可使用，广大的应用开发者甚至根本不知道 Linux 内核能力机制的存在。

6.8 参考资料

在 Linux shell 中运行"man capabilities"，可以读到关于 Linux 能力机制的说明。

习题

1．试试通过/proc/[pid]/status 文件查看进程的四个能力集。提示，需要参考 Linux 内核源代码的 include/uapi/linux/capability.h 才能得到文件中能力集部分内容的确切含义。

2．文件的能力集数据存储在文件的扩展属性中，能力集数据对应的扩展属性的属性名为"security.capability"。编写一个程序读写文件的能力集。写文件的能力集需要特权吗？什么特权？

第二部分　强制访问控制

LSM——Linux Security Module，字面意思为 Linux 安全模块，在内核中体现为一组安全相关的函数。这些安全函数在系统调用的执行路径中会被调用，所以 LSM 的目的是对用户态进程进行强制访问控制。至于这些安全函数要实施什么样的访问控制，这是由安全模块决定的。截止到 2014 年，Linux 内核主线上有 5 个安全模块：SELinux、SMACK、Tomoyo、AppArmor 和 Yama。用户可以选择哪些安全模块被编译入内核。可以同时有多个安全模块存在于内核中，但是在运行时只能有一个安全模块处在工作状态⊖。

虽然还叫模块，但是自 2.6.x⊖之后，Linux 就强制 LSM 各个模块必须被编译在内核中，不能再以模块的形式存在了。这意味着在运行时，不能再随意加载一个所谓的安全模块作为访问控制机制了，也不能随意卸载一个安全模块了。Tomoyo 自己还保留了一个没有进主线的发布，在那个发布里，Tomoyo 可以以模块形式存在。

在当前的 5 个安全模块中，SELinux 进入内核最早，事实上 LSM 机制是伴随着 SELinux 而进入内核的。SELinux 是 5 个安全模块中功能最全最复杂的一个。第二个进入内核主线的是 SMACK，SMACK 标榜的是简单，它在安全功能上和安全机制上没有突破。第三个是 Tomoyo，Tomoyo 的长处是易用性，相关管理工具和文档都很完备。第四个是 AppArmor，AppArmor 开发得很早，但开发时断时续，结果很晚才进入内核主线。AppArmor 也在易用性上下工夫，它的长处是很容易对单个应用进行安全加固并且不影响到系统其他部分。最后一个是 Yama，Yama 的有趣之处是它只针对某一个安全问题点（ptrace）做工作，其余不管。回顾历史可以看到，SELinux 之后的模块在系统性安全上没有突破，只在简单性和易用性上下功夫，而且有从系统性全功能安全防护向单个应用安全和单一功能防护上发展的趋势。

SELinux 的开发引入了 LSM。在 2001 年，Linus Torvalds 拒绝了 SELinux 直接进入内核主线。Linus Torvalds 要求把 SELinux 做成一个相对独立的模块。于是 Linux 内核安全子领域的开发者实现了 LSM 机制。LSM 机制带来了两个可能，一个是内核代码中多个安全模块并存，另一个是用户或管理员可以在内核编译和系统启动时选择安全模块。

到 2012 年时，Linux 主线上已经有 5 个安全模块了。但是除了 Yama，各个安全模块是运行时互斥的。如果系统中 SELinux 在工作，SMACK 就一定不能工作。这时就有人想，能不能让安全模块可以同时工作呢？SMACK 的负责人 Casey Schaufler 承担了这项工作。两年过去了，虽然 Casey Schaufler 提交了多个 patch，但终因安全模块的差异性和系统的复杂性而没有成功。

以下不展开对 LSM 架构的分析，有兴趣的读者可以参阅附录。

⊖ Yama 特殊，它可以和别的安全模块共存，同时起作用。

⊖ 确切历史已经很难追溯，作者只能确定自 2.6.12 之后，LSM 模块就必须被编译进内核。至于之前何时发生的变化，作者无法确定。

第 7 章　SELinux

7.1　简介

7.1.1　历史

在 Linux 内核安全领域，SELinux 可谓鼎鼎大名。几乎所有接触过 Linux 安全和试图接触 Linux 安全的人都或多或少了解过 SELinux。了解的结果是大部分人对 SELinux 望而却步，小部分人略知一二后对 SELinux 敬而远之。作者怀疑是否有人在了解 SELinux 之后还会对 SELinux 推崇备至。

SELinux 的全称是 Security Enhanced Linux，中文直译为安全增强的 Linux。美国国家安全局（National Security Agency——NSA）主导了 SELinux 的开发工作。

SELinux 的历史可以追溯到 NSA 的三次开发安全操作系统的努力。第一次是在 1992 年到 1993 年间，NSA 与安全计算公司（Secure Computing Corporation——SCC）合作开发了以 Mach 操作系统为载体的 DTMach，那时的 DTMach 就已经实现了类型增强（Type Enforcement——TE），后来类型增强成为 SELinux 最主要的访问控制机制。第二次是 NSA 和 SCC 在 DTMach 基础上开发的 DTOS（Distributed Trusted Operating System）。第三次是 NSA、SCC 和犹他大学合作的 Flux 项目，将 DTOS 安全架构移植到一个名为 Fluke 的科研操作系统上，Flux 项目最大的成果是实现了一个能支持动态管理的安全策略架构——Flask（Flux Advanced Security Kernel）[⊖]。随后 Flask 衍生出众多后代，包括 Linux 之上的 SELinux、OpenSolaris 上的 FMAC、BSD 上的 TrustedBSD、Darwin 上的 SEDarwin、Xen 上的 XSM（Xen Security Modules），以及在用户态应用领域的 SEPostgreSQL、SE-DBUS、XACE（X Access Control Extension）[⊖]。

在科研领域取得突破后，NSA 进而希望安全操作系统能够被广大用户接受并使用。因此以 Linux 为载体的 SELinux 就诞生了。SELinux 的第一个开放源代码版本以内核补丁的方式发布于 2000 年 12 月 22 日。随后，NSA 进行了近三年不懈的努力，终于在 2003 年 8 月 8 日使 SELinux 并入 Linux 2.6.0-test3 主线。

7.1.2　工作原理

也许是因为开发工作开始得比较早而让 SELinux 背负了历史包袱，也许是因为 SELinux 的设计者想要面面俱到，SELinux 的安全机制不止一种。SELinux 的安全机制包含：基于角色的访问控制（Role Based Access Control，RBAC）、类型增强（Type Enforcement，TE）和多级安

⊖　http://www.cs.utah.edu/flux/flask/

⊖　https://www.nsa.gov/research/selinux/index.shtml

全（Multi Level Security，MLS）。

1．基于角色的访问控制

首先要明白什么是角色（Role）。举个例子，一个公司有研发人员、市场人员、保安、会计等，这些分工就是角色。不同的角色可以做不同的事情，接触不同的资源，比如研发人员可以接触研发文档，会计可以查看财务报表。所谓基于角色的访问控制就是将用户映射到角色，不同的角色有不同的操作许可。基于角色的访问控制的应用背景是一个大型组织，组织里有很多分工不同的人。在遥远的大型机时代，许多人登录到同一台计算机，每个人有自己的账号。或者在一个大型企业中，每个员工的计算机都联入企业内部网，访问企业内部不同的数据库，也是如此的场景。在上述两种场景下，基于角色的访问控制很容易实行。但是在单个个人电脑中，或者在智能手机中，基于角色的访问控制就有些勉强了。

其实除了基于角色的访问控制，SELinux 还有一个基于用户的访问控制（User Based Access Control——UBAC）。SELinux 提供了一个 SELinux 用户的概念，SELinux 用户作为 Linux 用户和 SELinux 角色的中介。用户登录系统，SELinux 先将 Linux 用户映射为 SELinux 用户，然后再将 SELinux 用户映射为 SELinux 角色。SELinux 用户是不是必须的呢？作者认为不是，SELinux 用户和 SELinux 角色可以合并在一起。

2．类型增强

上一节用人类社会的分工来类比 SELinux 中的角色。这一节用生物的物种来类比 SELinux 中的类型。生物分属不同的物种，不同的物种有不同的特征。老虎的天性是吃山羊，不吃苜蓿；山羊的天性是吃苜蓿，躲避老虎。这是自然法则。但是，在生物的进化过程中，有些生物的天性也会发生变化，例如熊猫就从肉食动物变成了植食动物。

在 SELinux 的类型增强机制下，进程和文件都有一个类型。比如进程 A 是本地管理类型，进程 B 是网络服务类型；文件 a 是本地管理类型，文件 b 是网络服务类型。系统管理员制定策略规定本地管理类型的进程可以读网络服务类型的文件，而反过来不行。于是进程 A 可以读文件 a 和文件 b，进程 B 只能读文件 b。

3．多级安全

多级安全，英文是 Multi-level Security，简称 MLS。多级安全来源于 BLP（Bell-Lapadula）模型。BLP 中的 B 指的是 Bell，LP 指的是 Lapadula[○]。20 世纪 70 年代初，Bell 和 Lapadula 两人受命参考美国军方的保密制度，在计算机上创建一个安全的信息处理系统。一番辛苦之后，二人创建了经典的 BLP 模型。BLP 模型大致是这样的：进程和文件都有安全标签。标签有两项，一项是敏感度，另一项是组别。BLP 模型下进程对文件的操作方式有两种：读和写。BLP 模型规定：

（1）低敏感度进程不能读高敏感度文件，高敏感度进程不能写低敏感度文件。

（2）当进程的组别包含或等于文件的组别时，进程可以操作文件。

BLP 模型的目的是防止信息泄漏。第一条规定可概括为"禁上读，禁下写"。"上读"是下级读了上级的文件，"下写"是上级写了下级的文件，有可能把秘密泄漏给下级。第二条规则是按组区分进程和文件，进程不能接触组外的文件。

SELinux 的 MLS 机制基于两个因素：敏感度（sensitivities）和组别（categories）。敏感度以一个整数表示，组别以一个整数的集合表示。敏感度之间的关系是小于、等于、大于。组别

○ http://en.wikipedia.org/wiki/Bell-LaPadula_model

之间的关系是包含、被包含、相等、不相关。由这两种关系又推导出一种新关系，新关系有 4 个值：支配（Dominate）、被支配（DominatedBy）、相等（equal）、不相关（incompatible），见表 7-1。

表 7-1　SELinux 多级安全

	小于	等于	大于
包含	不相关	支配	支配
被包含	被支配	被支配	不相关
相等	被支配	相等	支配
不相关	不相关	不相关	不相关

表 7-1 的含义是用进程的敏感度和组别与文件的敏感度和组别相比较[⊖]，导出新的关系。

第一行：当进程的组别包含文件的组别时，如果进程的敏感度大于或等于文件的敏感度，进程支配文件；如果进程的敏感度小于文件的敏感度，进程和文件不相关。

第二行：当进程的组别被文件的组别包含时，如果进程的敏感度小于或等于文件的敏感度，进程被文件支配；如果进程的敏感度大于文件的敏感度，进程和文件不相关。

第三行：当进程的组别和文件的组别相同时，如果进程的敏感度小于文件的敏感度，进程被文件支配；如果进程的敏感度等于文件的敏感度，进程和文件相等；如果进程的敏感度大于文件的敏感度，进程支配文件。

第四行：当进程的组别和文件的组别不相关时，无论进程的敏感度和文件的敏感度关系如何，进程和文件都不相关。

表 7-1 的逻辑是由 SELinux 代码实现的，是固定的，不能由用户配置的策略调整。用户可以通过配置策略在表 7-1 所导出的新关系的基础上定义操作许可，配置出安全模型。比如 BLP 模型，见表 7-2。

表 7-2　BLP 模型

	读	写
支配	✓	✗
相等	✓	✓
被支配	✗	✓
不相关	✗	✗

进程可以读它所支配的文件，可以写支配它的文件，对于处于相等关系的文件可读可写。

下面看一个 BLP 模型的例子。在某个应用场景下有两个敏感度：普通和秘密，有三个部门：研发、财务、销售。进程 A 的敏感度是普通，部门是研发；进程 B 的敏感度是秘密，部门是研发和财务；进程 C 的敏感度是秘密，部门是销售。文件 a 的敏感度是秘密，部门是研发和财务。先导出支配关系，进程 A 被文件 a 支配，进程 B 相等于文件 a，进程 C 与文件 a 不相关。再看 BLP 模型，进程 A 可以写文件 a，进程 B 可以读写文件 a，进程 C 对文件 a 不可读也不可写。如图 7-1 所示。

⊖　确切地说是主体和客体之间的比较，这里做了简化。

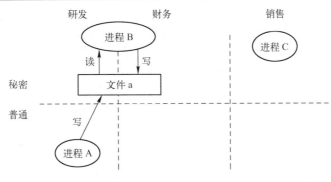

图 7-1　BLP 模型举例

多级安全又衍生出多组安全——MCS（Multi-category Security）。当敏感度总是一个值时，起作用的就只有组别了，这时就是 MCS。实践中，MCS 用于隔离，配置策略阻断不同组之间的信息流动。比如用 SELinux 保护虚拟机实例是这样工作的，每次启动一个新的虚拟机，虚拟机控制器就从 1024 个组别中选择 2 个组别分配给新的虚拟机实例。配套的策略是只在多级安全的关系为相等的情况下，SELinux 才允许进程操作文件。

7.1.3　SELinux 眼中的世界

UNIX 的世界是基于用户标识的，进程代表用户执行任务，文件从属于用户。当进程访问文件时，背后的逻辑是进程代表用户 A 访问用户 B 的文件。所以访问控制是"允许用户 A 对用户 B 进行什么样的操作"。

SELinux 虽然有基于角色的访问控制和多级安全，但在实际的访问控制中起作用的是类型增强。SELinux 的世界是基于类型的，进程属于不同的类型，比如 ftp 服务类型、http 服务类型、本机管理类型。文件也属于不同的类型，比如 ftp 服务类型、http 服务类型、本机管理类型。管理员制定策略规定，比如 ftp 服务类型的进程可以读写 ftp 服务类型的文件，对其他类型文件没有任何操作许可。这样，即使 ftp 守护进程和 http 守护进程都以 root 身份运行，即使 ftp 的配置文件和 http 的配置文件都属于 root 用户，也能保证 ftp 守护进程只能操作 ftp 相关的文件，http 守护进程只能操作 http 相关的文件。

7.2　机制

7.2.1　安全上下文

访问的三要素是主体、操作、客体。访问控制首先要做的事是标记主体和客体。

主体就是进程，进程的安全上下文被记录在内核中进程的 task_struct 之中。具体来说，就是进程的 task_struct 有一个成员叫 cred，cred 中有一个指针成员叫 security，security 是一个"void *"指针，SELinux 会申请内存，将安全上下文相关的数据记录在这里。

```
include/linux/sched.h
struct task_struct {
…
/* process credentials */
```

```
        const struct cred __rcu *real_cred; /* objective and real subjective task
                                  * credentials (COW) */
        const struct cred __rcu *cred;  /* effective (overridable) subjective task
                                  * credentials (COW) */
…
}
include/linux/cred.h
struct cred {
…
#ifdef CONFIG_SECURITY
        void             *security;       /* subjective LSM security */
#endif
…
}
```

客体有很多种，最常用的是文件。文件的安全上下文的基本来源是文件的扩展属性。具体来说，就是存储在文件的名为"security.selinux"的扩展属性之中。

SELinux 中对主体和客体的标记称作安全上下文（Security Contexts），也称为安全标签，或干脆简称标签。SELinux 的安全上下文的构成是一个四元组，包含：SELinux User、Role、Type、MLS。MLS 包含敏感度和组别，有时敏感度和组别分开各算一元，所以也称 SELinux 的安全上下文为五元组。

尽管 SELinux 的工作机制中包括基于角色的访问控制，但是在 SELinux 代码中，SELinux 角色的作用只是映射为类型，实际的访问控制是基于类型的，如图 7-2 所示。

Linux 用户 → SELinux 用户 → SELinux 角色 → SELinux 类型

图 7-2　SELinux 角色的作用

这一系列的转换是在用户登录（login）或者用户改变身份（shell 命令 su）时完成的。暂且不去争论这种设计是否必要，是否可以省略中间环节——SELinux 用户和 SELinux 角色，这种使用场景多半来自遥远的大型机时代。

多级安全的作用是在访问控制中为类型增强定义额外的限制，它不能单独工作。如果类型增强相关的策略允许主体对客体的访问，那么在多级安全生效的情况下，SELinux 代码会判断多级安全相关的策略有没有限制此次主体对客体的访问，如果没有，那么允许访问。

三个安全机制中真正能独立起作用的是类型增强，四元组中最重要的是类型。类型增强机制包含两个方面：

（1）类型 A 的主体可以对类型 B 的客体进行哪些操作。

（2）主体或客体的类型在什么情况下可以发生变化，可以变为什么值。

7.2.2　客体类别和操作

不同的客体类别有不同的操作。回顾一下自主访问控制，文件上的操作是读、写和执行，进程间通信上的操作是读和写，密钥上的操作是读、写、搜索、链接、查看属性和设置属性。为了和 SELinux 类型增强机制中的类型相区别，本节用"客体类别"这个词汇来指代不同的客体种类，如文件、进程间通信、密钥等。总的来说，自主访问控制中的操作类型不多，易于掌握。

SELinux 设计的操作极为复杂。首先，SELinux 设计了比自主访问控制多得多的客体类别；其次，SELinux 在每个客体类别上一般又定义了几十种此客体类别专有的操作。SELinux 这么做的本意是因为传统 UNIX 在操作类型的设计上过于简单，无法区分细微的语义差别。但是过犹不及，如此细密的操作分类实在是让人难以掌握。

本节所列举的客体类别和客体类别上的操作来自 SELinux 策略文件 "access_vectors"。在阅读代码后，作者发现 access_vectors 中的内容和内核 SELinux 代码并不完全符合。文件 access_vectors 中多了一些没有用到的定义，而且作者判断这些多余的定义未来也不会用到。这是 SELinux 复杂的另一个来源——不合乎逻辑的、冗余的、无用的定义！

下面逐一列举 SELinux 在不同客体类别上的操作。

1.　进程

简单地说，进程就是程序的一次执行。与之相关的第一个操作就是执行，除了执行代码段里的代码外，还可能执行堆上、栈上、甚至匿名映射内存中的代码。其次，进程是操作系统的调度单位。进程可以"繁殖"，所以有父子关系，子进程可以和父进程共享某些信息；进程之间可以收发信号，可以跟踪或被跟踪；为了完成这些复杂的操作，进程还是一个资源的集合，进程有进程号、进程组号、进程会话号、调度优先级等等。最后，SELinux 在进程中增加了安全上下文，这部分信息的存取也是进程操作的一部分。

（1）执行

● execheap　在堆上执行

● execmem　在匿名内存映射上或在私有文件映射上执行

● execstack　在栈上执行

● ptrace　跟踪进程的执行

● noatsecure　关闭参数 ATSECURE 的设置

内核在 exec 系统调用中可能会设置一个参数 ATSECURE 传递到用户态，由 libc(loader)执行一些安全操作。

（2）繁殖

● fork　通过 fork()或 clone()创建新进程

● share　允许父子进程共享一些进程数据，比如文件系统

当调用 clone()时，如带有 CLONE_FS 标志，父子进程共享同样的文件系统信息，包括根、当前工作目录、umask。父或子进程调用 chroot、chdir、umask 时就会影响到另外的进程。

（3）资源

● getcap　读取进程的能力集合

● setcap　设置进程（自己）的能力集合

● getpgid　读取进程的组 id

● setpgid　设置进程的组 id

● getsession　读取进程的会话 id

● getsched　读取进程的调度信息

● setsched　设置进程的调度信息

● rlimitinh　可以从父进程继承 rlimit 信息

- setrlimit 修改进程的 rlimit 信息

（4）信号

- siginh 可以从父进程继承信号状态信息
- sigchld 允许发送 SIGCHLD 信号
- sigkill 允许发送 SIGKILL 信号
- sigstop 允许发送 SIGSTOP 信号
- signal 允许发送其他信号
- signull 允许探知进程的存在

（5）SELinux

下面要讲述的操作和进程的安全上下文有关。SELinux 为了精细地区分不同场景，为主体（进程）设计了多个安全上下文。所以在介绍具体操作之前，有必要先介绍一下进程上不同的安全上下文。

```
security/selinux/include/objsec.h
struct task_security_struct {
    u32 osid;                    /* SID prior to last execve */
    u32 sid;                     /* current SID */
    u32 exec_sid;                /* exec SID */
    u32 create_sid;              /* fscreate SID */
    u32 keycreate_sid;           /* keycreate SID */
    u32 sockcreate_sid;          /* fscreate SID */
};
```

下面先解释一下进程的各安全上下文的含义：

1）以前的安全上下文（osid）

变化之前的进程安全上下文。

2）进程安全上下文（sid）

这是进程最基本的安全上下文，标记了进程的安全属性。

3）执行安全上下文（exec_sid）

当进程执行 execve 系统调用时，进程的安全上下文可能会发生变化。一种情况是，进程的新安全上下文来自进程的旧安全上下文和被执行文件的安全上下文进行运算后的结果。另一种情况是，来自进程的"执行安全上下文"。此项操作用于设置进程的执行安全上下文。

```
security/selinux/hooks.c
static int selinux_bprm_set_creds(struct linux_binprm *bprm)
{
    …
    old_tsec = current_security();
    new_tsec = bprm->cred->security;
    …
    if (old_tsec->exec_sid) {
        new_tsec->sid = old_tsec->exec_sid;
        /* Reset exec SID on execve. */
        new_tsec->exec_sid = 0;
```

```
...
} else {
  /* Check for a default transition on this program. */
  rc = security_transition_sid(old_tsec->sid, isec->sid,
                               SECCLASS_PROCESS, NULL,
&new_tsec->sid);
  if (rc)
    return rc;
}
...
}
```

4）文件安全上下文（create_sid）

当进程创建文件时，文件的安全上下文是：

i）如果进程的文件系统安全上下文不为空，那么文件的安全上下文的值就是进程的文件系统安全上下文。

ii）如果进程的文件系统安全上下文为空，那么文件的安全上下文就是用进程的安全上下文和文件所在目录的安全上下文进行计算的结果。

security/selinux/hooks.c
```
static int may_create(struct inode *dir, struct dentry *dentry, u16 tclass)
{
  const struct task_security_struct *tsec = current_security();
  struct inode_security_struct *dsec;
  ...
  dsec = dir->i_security;
  sid = tsec->sid;
  newsid = tsec->create_sid;
  ...
  if (!newsid || !(sbsec->flags & SBLABEL_MNT)) {
    rc = security_transition_sid(sid, dsec->sid, tclass, &dentry->d_name, &newsid);
    if (rc)
      return rc;
  }
  ...
}
```

5）密钥安全上下文（keycreate_sid）

创建密钥时，如果进程有密钥上下文，新密钥的安全上下文就用进程的密钥上下文；否则，新密钥的安全上下文就用进程的安全上下文。

security/selinux/hooks.c
```
static int selinux_key_alloc(struct key *k, const struct cred *cred, unsigned
long flags)
{
  const struct task_security_struct *tsec;
  struct key_security_struct *ksec;
```

```
ksec = kzalloc(sizeof(struct key_security_struct), GFP_KERNEL);
if (!ksec)
  return -ENOMEM;

tsec = cred->security;
if (tsec->keycreate_sid)
  ksec->sid = tsec->keycreate_sid;
else
  ksec->sid = tsec->sid;

k->security = ksec;
  return 0;
}
```

6）套接字安全上下文（sockcreate_sid）

进程创建套接字时，如果进程有套接字安全上下文，新套接字的安全上下文就用进程的套接字安全上下文；否则，新套接字安全上下文来自运算的结果。

```
security/selinux/hooks.c
static int socket_sockcreate_sid(const struct task_security_struct *tsec,
                      u16 secclass, u32 *socksid)
{
  if (tsec->sockcreate_sid > SECSID_NULL) {
    *socksid = tsec->sockcreate_sid;
    return 0;
  }
  return security_transition_sid(tsec->sid, tsec->sid, secclass, NULL, socksid);
}
```

这些安全上下文可以通过/proc/[pid]/attr 目录下的若干伪文件接口设置和查看。

```
zhi@ubuntu-desktop:~/git/linux-3.14-rc4/security/selinux/include$    ls
/proc/self/attr
  current exec fscreate keycreate prev sockcreate
```

现在终于可以介绍进程上的和 SELinux 相关的操作了。进程查看/proc/[pid]/attr 下各个伪文件需要 getattr 操作许可。进程设置/proc/[pid]/attr 下的伪文件，则视文件不同，需要不同的操作许可。

● getattr 获取进程的安全上下文

对/proc/[pid]/attr 下所有文件的读取都需要此项权限。

● setcurrent 通过修改/proc/self/attr/current 文件内容更改当前进程安全上下文

动态改变一个进程的安全上下文必须同时满足下面 3 个条件：

a）只能改自己的。

b）有策略允许进程具有 setcurrent 操作许可。

c）有策略允许进程的安全上下文改变为新的值。

- setexec 设置进程执行安全上下文
- setfscreate 设置进程文件系统安全上下文
- setkeycreate 设置进程密钥安全上下文
- setsockcreate 设置进程套接字安全上下文
- dyntransition 动态转化到一个新域

dyntransition 影响的是进程以 setcurrent 方式（写/proc/self/attr/current）得到的新的安全上下文。

- transition 在执行 exec()时，转化到一个新安全上下文

transition 影响的是进程调用 execve 后的安全上下文。

2．文件

UNIX 的哲学是万物皆文件。文件的类别有：普通文件、设备文件、socket 文件、链接文件、管道文件等。

首先，文件是信息的载体，所以文件可以被创建、读、写、添加；其次，文件不仅包含存储于其中的数据，还关联一些所谓的元数据，比如创建时间、属主、数据大小等。这些元数据存储在文件属性中，读写元数据的操作就是 getattr 和 setattr；当有多个进程需要同时操作一个文件时，就有了同步的需求，因此有了 lock；文件还可能关联特殊的操作，那些特殊的操作都被归于 ioctl；文件都关联到某个目录之下，相关的操作就有删除、改名、移动；文件可以被执行，一个不常见的用法是执行的同时改变文件内容。

（1）文件的共有操作

1）基本操作

- open 打开文件。
- create 创建文件。
- ioctl 在文件上运行 ioctl 系统调用。
- lock 在文件上设置或删除锁。

2）数据操作

- read 读取文件内容。
- write 写入文件内容。
- append 在文件尾添加数据。

3）元数据操作

- getattr 读取文件属性。
- setattr 设置文件属性。

4）目录相关

- unlink 删除文件（实际上删除的是 hard link）。
- link 创建硬链接（hard link）。
- rename 文件改名。

5）执行操作

- execute 执行文件。
- execmod 执行文件，同时修改文件。

6）SELinux 相关操作

- relabelfrom 改变文件的安全上下文，使其不再是现在的值。

● relabelto 改变文件的安全上下文，使其改变到新的值。

7）其他操作

● swapon[*]：把文件用作操作系统 swap 区。这个操作似乎没有用到。在 SELinux 代码中没有看到这个操作许可起任何作用，但是它还存在，可能是在 SELinux 的演进过程中，它的功能被别的操作许可替代了，但是它本身又没有被删除干净。下面还有很多类似的操作许可，作者一律在操作后面加注 "[*]"。

● quotaon：设置 quota。

● mounton[*]：把文件作为一个挂载点。

（2）不同的文件子类别

SELinux 将文件分成不同的子类别：

● 普通文件。

● 目录文件。

● 字符设备文件。

● 块设备文件。

● 套接字文件。

● 链接文件。

● 管道文件。

从逻辑上讲，上一节所列出的应该是在所有文件子类别上都可以进行的操作，但是显然不是这样的，像 quotaon 这种操作对套接字文件是没有意义的。SELinux 在文件操作上的这种设计有些奇怪，分出了许多文件子类别，但又没有将文件操作随之细分。如果都不细分，也可以，但是 SELinux 又偏偏在普通文件和目录文件上增加了专有的操作，下面看一下。

1）普通文件

普通文件增加的操作类型都和执行有关。

● execute_no_trans：执行（exec）文件后进程的安全上下文不变。execute 负责的是文件打开时的许可，execute_no_trans 和 entrypoint 负责的是进程执行文件后进程的安全上下文的值。

● entrypoint：执行（exec）文件后进程安全上下文中的类型部分转换为新值。

2）目录

目录额外操作是：

● add_name：在目录中增加文件或子目录。

● remove_name：在目录中删除文件或子目录。

● reparent：更改父目录。

● search：搜索目录。Linux 系统中全路径名又被称为路径（path）。经过的各级目录就涉及这个操作许可。把 search 理解为通过就清楚了。

● rmdir：删除目录。

（3）文件相关的其他客体

1）文件描述符

在某些情况下，进程间可以传递文件描述符。SELinux 定义了一个客体类别——文件描述符，其上只有一个操作——"use"。

2）文件系统

文件系统的操作如下所示。

以下三个操作和挂载文件系统相关：

● mount：挂载文件系统。

● remount：重新挂载文件系统。

● unmount：卸载文件系统。

以下两个操作和文件系统的配额（quota）相关：

● quotamod：修改配额数据。

● quotaget：读取配额数据。

以下操作和文件系统属性相关：

● getattr：读取文件系统属性数据。

以下四个操作和 SELinux 相关：

● relabelfrom：文件系统的安全上下文不再是现在的值。

● relabelto：文件系统的安全上下文改变到新的值。

● transition*

● associate：限定文件系统中文件可用的安全上下文的值。

3. 套接字（socket）

UNIX 的哲学是"万物皆文件"。但是起源于 BSD 的套接字打破了这个哲学。等到 UNIX 的捍卫者想要将套接字统一进文件时，为时已晚⊖，程序员已经熟悉了套接字，改不回来了。

从安全的角度考虑，UNIX 上原生的套接字确实有些问题。UNIX 在套接字上几乎没有访问控制。作者只能查到两处：一处是只允许代表 root 用户的进程绑定（bind）特权端口，即 tcp 和 udp 的端口号在 1024 以下的端口；另一处是发生在 UNIX 本地域的套接字操作中，服务器端 bind 操作会创建一个套接字文件，在客户端 connect 操作中会判断客户进程对此套接字文件是否有写许可。但是此处的套接字文件只是一种文件，并不是套接字。

SELinux 虽然弥补了这一缺失，却矫枉过正了。它定义的套接字子类别过多，各类别上的操作也过细。

和文件一样，套接字也有很多种，它们有一些共有的操作许可，其中有一些和文件的一样，如：ioctl、read、write、create、getattr、setattr、lock、relabelfrom、relabelto、append，还有一些是套接字特有的，如：bind、connect、listen、accept、getopt、setopt、shutdown、recvfrom、sendto、recv_msg、send_msg、name_bind。

（1）套接字与文件共有的操作许可

UNIX 的哲学"万物皆文件"，并非凭空刻意为之。套接字中有很多和文件相同的操作类型。SELinux 让套接字和文件共享一些操作类型，但是做得有些生硬，一些对套接字没有意义的操作类型也混了进来。

以下是套接字的基本操作：

● create 创建套接字

● ioctl*

● lock*

以下操作与数据收发相关：

⊖ http://en.wikipedia.org/wiki/Plan_9_from_Bell_Labs

- read 自套接字读取消息。
- write 向套接字发送消息。
- append*。

以下操作与套接字的地址相关：

- getattr 读取套接字当前绑定地址（getsockname），或者读取连接端套接字地址（getpeername）。
- setattr*。

以下操作与 SELinux 相关：

- relabelfrom 改变套接字的安全上下文，使其不再是现在的值。只在 tun_socket 中用到。
- relabelto 改变套接字的安全上下文，使其变为新值。

（2）套接字特有操作许可

以下操作与连接相关：

- bind 对套接字执行系统调用 bind
- name_bind 绑定套接字到特权端口

Linux 系统为网络服务进程定义了一个端口范围，绑定范围外端口需要此项操作许可，关于端口范围可以查询/proc/sys/{ipv4,ipv6}/ip_local_port_range 文件。

- listen 对套接字执行系统调用 listen
- accept 对套接字执行系统调用 accept
- connect 对套接字执行系统调用 connect

以下操作与套接字属性相关：

- getopt 对套接字执行系统调用 getsockopt
- setopt 对套接字执行系统调用 setsockopt

以下操作与套接字的数据收发相关：

- recvfrom 自套接字读取数据包。只被 udp_socket、tcp_socket、rawip_socket 使用，即仅适用于主机间通信。
- sendto 向套接字发送数据包。只被 UNIX 套接字使用，即仅适用于同一主机内进程间通信。
- recv_msg*
- send_msg*

以下为其他操作：

- shutdown 对套接字执行系统调用 shutdown

（3）不同的套接字类型上的特有操作

1）tcp_socket

在客体类别"tcp_socket"上的操作包含上面列出的所有套接字与文件共有的操作和所有套接字的特有操作，此外，tcp_socket 还包含如下操作：

- connectto*
- newconn*
- acceptfrom*
- node_bind 将套接字绑定到某个网络地址上

主机可以有多个网络地址，如 127.0.0.1 是回送地址，192.168.1.1 是内部局域网地址。这个操作限定绑定到某个地址之上。

- name_connect socket 连接到某个网络端口上

赋予端口安全上下文，限制对端口的连接操作。

2）udp_socket

客体类别 udp_socket 的操作既包含所有套接字的共有操作，还包含如下操作：

- node_bind　将 socket 绑定到某个网络地址上

3）rawip_socket

客体类别 rawip_socket 的特有操作如下：

- node_bind　将 socket 绑定到某个网络地址上

4）netlink_socket

此套接字类别没有特有操作。

5）netlink_route_socket

客体类别 netlink_route_socket 的特有操作如下：

- nlmsg_read　读取信息
- nlmsg_write　写入信息

6）netlink_firewall_socket

客体类别 netlink_firewall_socket 的特有操作如下：

- nlmsg_read　读取信息
- nlmsg_write　写入信息

7）netlink_tcpdiag_socket

客体类别 netlink_tcpdiag_socket 的特有操作如下：

- nlmsg_read　读取信息
- nlmsg_write　写入信息

8）netlink_nflog_socket

此套接字类别没有特有操作。

9）netlink_xfrm_socket

客体类别 netlink_xfrm_socket 的特有操作如下：

- nlmsg_read　读取信息
- nlmsg_write　写入信息

10）netlink_selinux_socket

此套接字类别没有特有操作。

11）netlink_audit_socket

客体类别 netlink_audit_socket 的特有操作如下：

- nlmsg_read　读取信息
- nlmsg_write　写入信息
- nlmsg_relay　将用户态 audit 消息转发给 audit 服务
- nlmsg_readpriv　列出 audit 配置规则
- nlmsg_tty_audit　控制 tty 审计信息

12）netlink_ip6fw_socket

客体类别 netlink_ip6fw_socket 的特有操作如下：

- nlmsg_read 读取信息
- nlmsg_write 写入信息

13）netlink_dnrt_socket

此套接字类别没有特有操作。

14）netlink_kobject_uevent_socket

此套接字类别没有特有操作。

15）packet_socket

此套接字类别没有特有操作。

16）key_socket

此套接字类别没有特有操作。

17）unix_stream_socket

客体类别"unix_stream_socket"的特有操作如下：

- connectto 连接到服务 socket
- newconn[*]
- acceptfrom[*]

18）unix_dgream_socket

此套接字类别没有特有操作。

19）appletalk_socket

此套接字类别没有特有操作。

20）dccp_socket

客体类别 dccp_socket 的特有操作如下：

- node_bind 将 socket 绑定到某个网络地址上
- name_connect 连接 socket 到某个地址

21）tun_socket

客体类别"tun_socket"的特有操作如下：

- attach_queue 附加一个新队列

SELinux 不厌其烦地在套接字上细分出子类别，其实有些过犹不及。

4. 进程间通信

进程间通信（Inter-Process Communication，IPC）包括信号灯（Semaphore）、消息队列（Message Queue）、共享内存（Shared Memory）。它们具有一些共同的操作许可：

（1）进程间通信的共有操作

- create 创建
- destroy 删除
- getattr 读取属性
- setattr 设置属性
- associate 获取 IPC 对象 ID

在系统调用 semget、msgget、shmget 中，在获取 IPC 对象前，SELinux 会判断 associate 操作许可。

- read 读取消息/内容
- write 写入消息/内容

- unix_read　读取
- unix_write　写入

unix_read 和 unix_write 是指传统的 UNIX 中规定的读写操作。它们和打开一个进程间通信对象时给出的操作模式相联系，是只读、只写或读写方式。read 和 write 的功能也是读和写，其实与 unix_read 和 unix_write 是有重合的。下面看代码：

```
ipc/shm.c
long do_shmat(int shmid, char __user *shmaddr, int shmflg, ulong *raddr,
           unsigned long shmlba)
{
…
  err = -EACCES;
  if (ipcperms(ns, &shp->shm_perm, acc_mode))
    goto out_unlock;

  err = security_shm_shmat(shp, shmaddr, shmflg);
  if (err)
    goto out_unlock;
…
  }
```

上面的代码首先调了进程间通信通用的 ipcperms，然后调了共享内存专有的 security_shm_shmat。先来看 ipcperms。

```
ipc/util.c
int ipcperms(struct ipc_namespace *ns, struct kern_ipc_perm *ipcp, short flag)
{
…
  return security_ipc_permission(ipcp, flag);
}
```

security_ipc_permission 会调用 SELinux 的钩子函数 selinux_ipc_permission。

```
security/selinux/hooks.c
static int selinux_ipc_permission(struct kern_ipc_perm *ipcp, short flag)
{
  u32 av = 0;
  av = 0;

  if (flag & S_IRUGO)
    av |= IPC__UNIX_READ;
  if (flag & S_IWUGO)
    av |= IPC__UNIX_WRITE;

  if (av == 0)
    return 0;
```

```
  return ipc_has_perm(ipcp, av);
}
```

总结一下，ipcperms 会间接调用 ipc_has_perm 来判断 unix_read 和 unix_write 操作许可。
下面看 security_shm_shmat，它会调用 SELinux 的钩子函数 selinux_shm_shmat：

```
security/selinux/hooks.c
static int selinux_shm_shmat(struct shmid_kernel *shp,
                      char __user *shmaddr, int shmflg)
{
  u32 perms;

  if (shmflg & SHM_RDONLY)
    perms = SHM__READ;
  else
    perms = SHM__READ | SHM__WRITE;

  return ipc_has_perm(&shp->shm_perm, perms);
}
```

总结一下，security_shm_shmat 会间接调用 ipc_has_perm 来判断 read 和 write 操作许可。

在 SELinux 代码中，有些暗含读语义或写语义的系统调用中也会判断 read 和 write 操作，例如在系统调用 semctl 中，当参数 cmd 是 GETVAL 或 GETALL 时，SELinux 会判断 read 操作许可。

```
security/selinux/hooks.c
static int selinux_sem_semctl(struct sem_array *sma, int cmd)
{
  int err;
  u32 perms;

  switch (cmd) {
…
  case GETVAL:
  case GETALL:
  perms = SEM__READ;
    break;
  case SETVAL:
  case SETALL:
    perms = SEM__WRITE;
    break;
…
  default:
    return 0;
  }

  err = ipc_has_perm(&sma->sem_perm, perms);
```

```
        return err;
    }
```

（2）各种进程间通信上的特有操作

在信号灯上无特有操作；在消息队列上有一个特有操作 enqueue，含义是发送消息到消息队列；在共享内存上的特有操作是 lock，含义是加锁或解锁共享内存。

（3）消息队列中的消息

在消息队列的消息本身也带有安全上下文。

对消息队列中的消息，SELinux 提供了额外的操作许可。

● receive 从队列读取消息

● send 向队列写入消息

细分析 SELinux 代码你会发现，它在有的地方实在是罗嗦。以消息队列为例，为了获得消息队列对象，应用程序要调用系统调用 msgget，SELinux 会根据传入参数 msgflg 检查 unix_read 和 unix_write，还会判断 associate。然后应用程序调用 msgrcv 或 msgsnd 时，SELinux 会先判断 unix_read 和 unix_write，然后判断 read 和 write，最后还要在消息上判断 receive 和 send。下面看一下代码。

```
ipc/msg.c
SYSCALL_DEFINE2(msgget, key_t, key, int, msgflg)
{
        struct ipc_namespace *ns;
        struct ipc_ops msg_ops;
        struct ipc_params msg_params;

        ns = current->nsproxy->ipc_ns;

        msg_ops.getnew = newque;
        msg_ops.associate = msg_security;
        msg_ops.more_checks = NULL;

        msg_params.key = key;
        msg_params.flg = msgflg;

        return ipcget(ns, &msg_ids(ns), &msg_ops, &msg_params);
}
ipc/util.c
int ipcget(struct ipc_namespace *ns, struct ipc_ids *ids,
                   struct ipc_ops *ops, struct ipc_params *params)
{
        if (params->key == IPC_PRIVATE)
                return ipcget_new(ns, ids, ops, params);
        else
                return ipcget_public(ns, ids, ops, params);
}
ipc/util.c
static int ipcget_public(struct ipc_namespace *ns, struct ipc_ids *ids,
```

```
                        struct ipc_ops *ops, struct ipc_params *params)
{
…
        err = ipc_check_perms(ns, ipcp, ops, params);
…
}
```

ipc/util.c
```
static int ipc_check_perms(struct ipc_namespace *ns,
                        struct kern_ipc_perm *ipcp,
                        struct ipc_ops *ops,
                        struct ipc_params *params)
{
        int err;

        if (ipcperms(ns, ipcp, params->flg))
                err = -EACCES;
        else {
                err = ops->associate(ipcp, params->flg);
                if (!err)
                        err = ipcp->id;
        }

        return err;
}
```

这里的 associate 函数指针指向函数 msg_security。

ipc/msg.c
```
static inline int msg_security(struct kern_ipc_perm *ipcp, int msgflg)
{
        struct msg_queue *msq = container_of(ipcp, struct msg_queue, q_perm);

        return security_msg_queue_associate(msq, msgflg);
}
```

security_msg_queue_associate 会调用 SELinux 的钩子函数。

security/selinux/hooks.c
```
static int selinux_msg_queue_associate(struct msg_queue *msq, int msqflg)
{
        struct ipc_security_struct *isec;
        struct common_audit_data ad;
        u32 sid = current_sid();

        isec = msq->q_perm.security;

        ad.type = LSM_AUDIT_DATA_IPC;
        ad.u.ipc_id = msq->q_perm.key;
```

```
    return avc_has_perm(sid, isec->sid, SECCLASS_MSGQ,
                MSGQ__ASSOCIATE, &ad);
}
```

以发送为例:

ipc/msg.c
```
SYSCALL_DEFINE4(msgsnd, int, msqid, struct msgbuf __user *, msgp, size_t, msgsz,
            int, msgflg)
{
    long mtype;

    if (get_user(mtype, &msgp->mtype))
        return -EFAULT;
    return do_msgsnd(msqid, mtype, msgp->mtext, msgsz, msgflg);
}
```
ipc/msg.c
```
long do_msgsnd(int msqid, long mtype, void __user *mtext,
            size_t msgsz, int msgflg)
{
…
  for (;;) {
    struct msg_sender s;

    err = -EACCES;
    if (ipcperms(ns, &msq->q_perm, S_IWUGO))
      goto out_unlock0;
…
    err = security_msg_queue_msgsnd(msq, msg, msgflg);
    if (err)
      goto out_unlock0;
…
  }
…
}
```

security_msg_queue_msgsnd 会调用 SELinux 的钩子函数 selinux_msg_queue_msgsnd:

security/selinux/hooks.c
```
static int selinux_msg_queue_msgsnd(struct msg_queue *msq, struct msg_msg
*msg, int msqflg)
{
…
  rc = avc_has_perm(sid, isec->sid, SECCLASS_MSGQ, MSGQ__WRITE, &ad);
  if (!rc)
    /* Can this process send the message */
    rc = avc_has_perm(sid, msec->sid, SECCLASS_MSG, MSG__SEND, &ad);
```

```
if (!rc)
   /* Can the message be put in the queue? */
   rc = avc_has_perm(msec->sid, isec->sid, SECCLASS_MSGQ, MSGQ__ENQUEUE, &ad);

   return rc;
}
```

5. 网络

SELinux 对网络对象的标记比较复杂，目前大概有 4 套体系共存：通过 SELinux 网络策略标记、通过标签化的 IP 协议头（CIPSO）标记⊖、通过 IPSEC 标记、通过 iptable 的 secmark 标记。其中，标签化网络形式又支持在 IP 协议头没有标记的情况下，根据环境信息（IP 地址、端口号）标记网络，这又和通过 SELinux 网络策略标记重合。

为什么 SELinux 中会有这么多套体系同时作用于网络类的客体呢？作者认为原因是 SELinux 在如何为网络类客体设计安全上下文上还不成熟。

为了便于理解，下面只介绍第一个方案。先思考一下网络对象是由什么组成的？首先是节点（node），节点由 IP 地址限定。其次，在节点上有一个进程在收发网络包，这被定义为"peer"。然后，当网络包到达本地端时，它要经过网卡，这被定义为网络接口"netif"。最后，当我们将控制的粒度细化时，对每一个网络包都可以实施不同的访问控制，网络包就被定义为"packet"。

（1）网络节点（node）

客体类别"node"上有以下操作。这些操作不是同时加入的。在"recvfrom"和"sendto"两个操作加入内核后，其他的操作就不再使用了。

- dccp_recv[*]
- dccp_send[*]
- tcp_recv[*]
- tcp_send[*]
- udp_recv[*]
- udp_send[*]
- rawip_recv[*]
- rawip_send[*]
- enforce_dest[*]
- recvfrom 接收来自网络节点的数据包
- sendto 发送数据包到网络节点

（2）网络接口（netif）

客体类别"netif"上有以下操作。这些操作不是同时加入的。在"ingress"和"egress"两个操作加入内核后，其他的操作就不再使用了。

- tcp_recv[*]
- tcp_send[*]
- udp_recv[*]
- udp_send[*]
- rawip_recv[*]

⊖ http://lwn.net/Articles/204905/

- rawip_send[*]
- dccp_recv[*]
- dccp_send[*]
- ingress　通过网络接口接收数据包
- egress　通过网络接口发送数据包

（3）peer

客体类别"peer"的引入简化了 SELinux 的逻辑[⊖]。其上有一个操作：

- recv　接收消息

（4）packet

客体类别"packet"指网络上传输的数据包。其上有五个操作，可分为两类。

1）基本

- send　发送
- recv　接收
- forward_in　向内转发
- forward_out　向外转发

2）SELinux 相关

- relabelto

标记 SELinux 的安全上下文。奇怪的是，没有 relabelfrom。

6. 系统（system）

文件可以有多个，套接字也可以有多个，但系统类别的客体实例是全局性的，只有一个。system 类型之上的操作有获取 ipc 信息（ipc_info）、syslog 相关操作（syslog_console、syslog_mod、syslog_read）和内核模块相关操作（module_request）。虽然叫系统，却只涉及寥寥几个操作许可，让人感到有些奇怪。

（1）进程间通信

- ipc_info　读取系统 ipc 信息

具体来说，当系统调用 msgctl 的 cmd 参数为 IPC_INFO 或 MSG_INFO 时，或当系统调用 semctl 的 cmd 参数为 IPC_INFO 或 SEM_INFO 时，或当系统调用 shmctl 的 cmd 参数为 IPC_INFO 或 SHM_INFO 时，SELinux 会判断此操作许可。

（2）syslog

以下几个操作都和系统调用 syslog 相关。

- syslog_read：读取 kernel 日志消息。
- syslog_mod：清空 kernel 消息缓冲区。
- syslog_console：控制 kernel 日志打印到控制台。

（3）module

- module_request：加载内核模块。

7. 安全（security）

SELinux 的设计者希望设计出一个完备的系统，对于自身的管理也要纳入到 SELinux 的管理体系中。所以 SELinux 引入了新的客体类别——安全。在安全类别上的操作都和 SELinux 自

⊖ http://paulmoore.livejournal.com/1863.html

身管理有关。

这里有一个问题：SELinux 是如何管理自身的呢？因为 Linux 内核对增加系统调用非常慎重，所以 SELinux 没有引入新的系统调用，而是构建了一个文件系统——selinuxfs。在 Linux 上增加文件系统是很容易的。用户态进程通过读写 selinuxfs 上的文件来实现对 SELinux 的管理。相应地，SELinux 规定了以下操作：

- check_context：查看安全上下文是否合法。
- compute_av：根据源安全上下文、目的安全上下文、客体类型计算访问许可。
- compute_create：输入源安全上下文、目的安全上下文、客体类型，根据 type_transition 策略计算新安全上下文。
- compute_member：输入源安全上下文、目的安全上下文、客体类型，根据 type_member 策略计算新安全上下文。
- compute_relabel：输入源安全上下文、目的安全上下文、客体类型，根据 type_change 策略计算新安全上下文。
- compute_user：输入安全上下文和用户名，计算新的安全上下文。
- load_policy：加载安全策略。
- setbool：改变 SELinux 布尔变量值。
- setcheckreqprot：修改 SELinux 变量 checkreqprot 值。在执行 mmap 和 mprotect 系统调用时，若值为 0，执行来自内核的检验方法，若值为 1，执行来自应用的检验模式。内核的检查方法是将 read 和 exec 联系起来。
- setenforce：改变 SELinux 的 enforcement 状态（permissive 或 enforcing）。
- setsecparam：改变 AVC 参数。

8．能力

能力是进程的特权。从逻辑上讲，能力是进程的一种资源。如果能力可以是一种客体，那么进程的内存大小、进程的描述符数量、文件占用的磁盘块数量、用户同时拥有的进程数量都可以是客体。

如果把能力作为一种客体，那么对能力的操作应该是添加、删除、查看。但是这样设计没有任何意义。因为在 execve 系统调用中不会区分添加和删除；在 capset 系统调用中只允许删除能力，而删除能力本身不应被限制；查看进程的能力也没有什么安全问题，没有限制的必要。

SELinux 要套用它的标准逻辑"主体操作客体"。所以 SELinux 将能力定义为一种客体类别，将能力上的操作定义为具体的能力，如 cap_chown。这种设计带来了三个问题：

（1）具体的能力怎么能成为能力的操作呢？这不合逻辑。

（2）进程是主体，能力是客体，能力本身就是进程的一个属性，主体和客体的安全上下文总是一样的。

（3）SELinux 为能力设计了两个客体类别：capability 和 capability2。capability 对应前 32 个能力，capability2 对应后 32 个能力。

SELinux 内部用一个比特表示一个操作，用一个 32 位整数表示在某个客体类别上的全部操作类型。如进程上的操作一共有 30 个，目录上的操作一共有 25 个，都没有超过 32。但是在能力上，原有代码的数据结构无法表示，为了解决这个问题，SELinux 就多引入了一个能力相关的客体类别 capability2。

能力只有一个，capability 和 capability2 在语义上没有区别，这种设计实在算不上优雅。

9．用户态客体

Linux 系统中还有一些客体存在于用户态。如数据库，在内核眼里只有文件，没有表（table）、记录（record）之类。所以对数据库的控制自然就应该由用户态服务进程来实施。但是，相关的策略仍然被内核掌控，整个系统只有一个策略库，这个策略库存储在内核内存之中，由内核的安全服务器负责管理。那些用户态服务进程所做的工作就是查询策略库确定对用户态客体的操作是否允许。

SELinux 的用户态客体包括数据库类型（db_database、db_table、db_procedure、db_column、db_tuple……）、X-Window 相关类型（x_drawable、x_screen、x_gc、x_font、x_colormap……）、dbus 等。

10．其他

SELinux 中还有一些很少用到的客体，这里就不列举了。

7.2.3　安全上下文的生成和变化

7.2.1 节介绍了安全上下文，7.2.2 节介绍了客体类别和客体上的操作。有了安全上下文，有了操作，再加上 7.3 节要介绍的 SELinux 策略，系统管理员就可以规定安全上下文为 A 的进程可以对安全上下文为 B 的文件进行 C 操作。这样就完成了 SELinux 的强制访问控制。

但是，主体和客体的安全上下文的值是怎么设置的？主体和客体的安全上下文能不能改变？如果能，可以改变成什么值？

1．安全上下文的初始值

进程的安全上下文的初始值有两个来源：

（1）创建进程时，子进程的安全上下文是父进程的安全上下文的副本。

```
security/selinux/hooks.c
static int selinux_cred_prepare(struct cred *new, const struct cred *old,
                    gfp_t gfp)
{
  const struct task_security_struct *old_tsec;
  struct task_security_struct *tsec;

  old_tsec = old->security;

  tsec = kmemdup(old_tsec, sizeof(struct task_security_struct), gfp);
  if (!tsec)
    return -ENOMEM;

  new->security = tsec;
  return 0;
}
```

（2）Linux 系统中第一个进程的安全上下文是 SECINITSID_KERNEL 所对应的安全上下文。

```
security/selinux/hooks.c
static void cred_init_security(void)
```

```
{
  struct cred *cred = (struct cred *) current->real_cred;
  struct task_security_struct *tsec;

  tsec = kzalloc(sizeof(struct task_security_struct), GFP_KERNEL);
  if (!tsec)
    panic("SELinux:  Failed to initialize initial task.\n");

  tsec->osid = tsec->sid = SECINITSID_KERNEL;
  cred->security = tsec;
}
```

    SELinux 代码将所有的安全上下文存储在一个数组中，为了提高效率，SELinux 代码用数组项的序号来代表安全上下文。这个序号被称作 sid。上面代码中的 SECINITSID_KERNEL 就是一个 sid。

    cred_init_security 函数被 SELinux 的初始化函数调用，它所设置的进程正是系统的第一个进程：

```
security/selinux/hooks.c
static __init int selinux_init(void)
{
  if (!security_module_enable(&selinux_ops)) {
    selinux_enabled = 0;
    return 0;
  }

  if (!selinux_enabled) {
    printk(KERN_INFO "SELinux:  Disabled at boot.\n");
    return 0;
  }

  printk(KERN_INFO "SELinux:  Initializing.\n");

  /* Set the security state for the initial task. */
  cred_init_security();

  default_noexec = !(VM_DATA_DEFAULT_FLAGS & VM_EXEC);

  sel_inode_cache = kmem_cache_create("selinux_inode_security",
                                      sizeof(struct inode_security_struct),
                                      0, SLAB_PANIC, NULL);
  avc_init();

  if (register_security(&selinux_ops))
    panic("SELinux: Unable to register with kernel.\n");

  if (selinux_enforcing)
```

```
    printk(KERN_DEBUG "SELinux:  Starting in enforcing mode\n");
  else
    printk(KERN_DEBUG "SELinux:  Starting in permissive mode\n");

    return 0;
  }
```

2. 安全上下文的改变

不是所有的主体和客体都需要改变安全上下文，进程间通信类客体就没有必要改变安全上下文。下面列出改变进程和文件的安全上下文的逻辑。

（1）进程

SELinux 提供了两种方式改变进程的安全上下文。第一种方式是进程调用 execve 系统调用，第二种方式是通过写/proc/self/attr/current 文件。这两种方式在前面已经列举。

（2）文件

文件的安全上下文记录在文件的扩展属性 security.selinux 中，修改扩展属性 security.selinux 的值就是修改文件的安全上下文。

```
security/selinux/hooks.c
static int selinux_inode_setxattr(struct dentry *dentry, const char *name,
                                const void *value, size_t size, int flags)
{
  struct inode *inode = dentry->d_inode;
  struct inode_security_struct *isec = inode->i_security;
  struct superblock_security_struct *sbsec;
  struct common_audit_data ad;
  u32 newsid, sid = current_sid();
  int rc = 0;

  if (strcmp(name, XATTR_NAME_SELINUX))
    return selinux_inode_setotherxattr(dentry, name);

  sbsec = inode->i_sb->s_security;
  if (!(sbsec->flags & SBLABEL_MNT))
    return -EOPNOTSUPP;

  if (!inode_owner_or_capable(inode))
    return -EPERM;

  ad.type = LSM_AUDIT_DATA_DENTRY;
  ad.u.dentry = dentry;

  rc = avc_has_perm(sid, isec->sid, isec->sclass,
                  FILE__RELABELFROM, &ad);
  if (rc)
    return rc;
```

```
        rc = security_context_to_sid(value, size, &newsid);
…
    if (rc)
        return rc;
    rc = avc_has_perm(sid, newsid, isec->sclass,
                    FILE__RELABELTO, &ad);
    if (rc)
        return rc;

    rc = security_validate_transition(isec->sid, newsid, sid,
                                    isec->sclass);
    if (rc)
        return rc;

    return avc_has_perm(newsid,
                    sbsec->sid,
                    SECCLASS_FILESYSTEM,
                    FILESYSTEM__ASSOCIATE,
    &ad);
    }
```

上述代码判断的操作许可较多，主要的有三个：

1）文件的安全上下文不再是现在的值（RELABELFROM）。

2）文件的安全上下文可以是新的值（RELABELTO）。

3）文件所在的文件系统允许文件新的安全上下文（ASSOCIATE）。

7.3　安全策略

UNIX/Linux 的设计传统是机制和策略分离。SELinux 遵循了这一传统。7.2 节介绍的 SELinux 机制是：

1）主体是进程，客体细分为若干类别。

2）在每个客体类别上定义若干操作。

3）每一个主体和客体的实例都关联安全上下文。

4）主体操作客体时，SELinux 会根据策略判断操作是否允许。

本节集中讲述一下 SELinux 的策略。下面看一个策略的例子：

策略语句	策略含义
allow init sshd_exec_t:file { getattr open read execute };	允许执行
allow init sshd:process transition;	允许域转换
allow sshd sshd_exec_t:file { entrypoint read execute };	允许作为入口点
allow sshd init:process sigchild;	允许发 sigchild
allow init sshd:process { siginh rlimitinh };	允许发 siginh
type_transition init sshd_exec_t:process sshd;	让域转换成为缺省操作

简单来说，上述语句就是让 init 进程可以执行 sshd 文件，并且新的 sshd 进程的安全上下文是sshd。

策略是用策略语言编写的。用户态策略语言文件一般有多个，其格式是适合用户阅读的文本格式。要让策略起作用，管理员需要用 SELinux 用户态工具将策略文件编译成一个二进制文件，然后通过 selinuxfs 接口，将这个二进制文件所表示的策略输入到内核存储空间的策略库中，即图 7-3 中的 Security Server（安全服务器）。最终使用策略的是 SELinux 的钩子函数（hooks），为了提高效率，SELinux 的设计者在安全服务器和钩子函数之间放置了一个缓存——Access Vector Cache。内核代码在系统调用函数中嵌入了对内核安全模块钩子函数的调用，SELinux 的钩子函数会根据策略返回结果。这个返回值会影响系统调用成功与否。图 7-3 简单描述了SELinux 的架构。

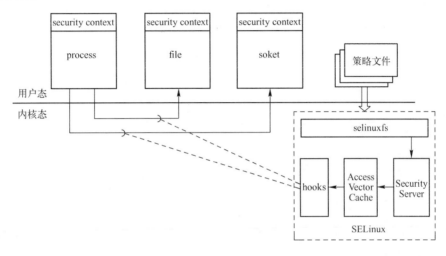

图 7-3 SELinux 架构

强调一下，SELinux 的策略是允许策略，访问控制是白名单机制，没有在策略中定义的操作都是被禁止的，即"法无允许即禁止"。

7.3.1 基本定义

1. 客体类别和操作

这部分策略是内核代码逻辑的重复。按照机制和策略分离的原则，内核代码实现机制，用户编写策略。但是 SELinux 策略语言中偏偏有一部分是在重复内核代码的逻辑。这部分重新定义了客体类别和操作，有些不伦不类，因为用户不可能多定义或少定义一个客体类别，也不可能修改客体之上的操作。

语法是：

```
class class_id [ inherits common_set ] [ { perm_set } ]
```

举例：

```
class unix_stream_socket
inherits socket
{
```

```
        connectto
        newconn
        acceptfrom
    }
```

上述语句表示客体类 unix_stream_socket 自通用操作集合 socket 中继承了全部操作，并且自己有 3 个额外的操作：connectto、newconn、acceptfrom。

下面再给出通用操作集合的语法：

```
    common common_id { perm_set }
```

举例：

```
    common socket
    {
    # inherited from file
      ioctl
      read
      write
      create
      getattr
      setattr
      lock
      relabelfrom
      relabelto
      append
    # socket-specific
      bind
      connect
      listen
      accept
      getopt
      setopt
      shutdown
      recvfrom
      sendto
      recv_msg
      send_msg
      name_bind
    }
```

上述语句中的注释表明，套接字操作的前半部分和文件相同，后半部分是套接字上特有的操作。

2. SELinux 用户

SELinux 用户是 SELinux 安全上下文四元组中的第一个成员。SELinux 的机制是先将 Linux 用户映射为 SELinux 用户，再将 SELinux 用户映射为 SELinux 角色。

语法：

```
user seuser_id roles role_id;
```

举例：

```
user sysadm_u roles { sysadm_r };
```

SElinux 用户"sysadm_u"可以映射为 SElinux 角色"sysadm_r"。

3．角色

SELinux 安全上下文四元组的第二个成员是角色。SELinux 机制会将 SELinux 角色映射为 SELinux 类型。

语法：

```
role role_id;
```

或者，定义角色的同时给出关联的类型：

```
role role_id types type_id;
```

举例：

```
role system_r;
role sysadm_r;
role user_r;
role user_r types user_t;
role user_r types chfn_t;
```

上述语句定义了 3 个角色：system_r、sysadm_r、user_r。其中，user_r 可映射为类型 user_t 和 chfn_t。

一个一个地定义角色有些麻烦，可以定义一个共同的角色属性，将角色关联到角色属性，在后续需要角色的策略中使用角色属性就可以了。

语法：

```
attribute_role attribute_id;
```

有了角色属性，就可以将以前定义的角色关联到角色属性上。

```
roleattribute role_id attribute_id [ ,attribute_id ];
```

举例：

```
attribute_role admin;
attribute_role net;
role net_admin;
role sys_admin;
role common_user;
roleattribute net_admin admin, net;
```

```
roleattribute sys_admin admin;
```

上述语句定义了 3 个角色：网络管理员、系统管理员、普通用户，2 个角色属性：管理和网络。将网络管理员关联到管理和网络，系统管理员关联到管理。

4．类型

SELinux 安全上下文四元组中的第三个成员是类型。类型相关的定义有 type、attribute、typeattribute、typealias。

（1）type

在类型上有类型名字，类型属性，可能还有类型别名。语法：

```
type type_id;
```

或者：

```
type type_id, attribute_id;
```

或者：

```
type type_id alias alias_id;
```

或者：

```
type type_id alias alias_id, attribute_id;
```

举例：

```
type bin_t;
type bin_t alias { usr_bin sbin };
attribute exec_t;
type bin_t, exec_t;
attribute can_relabelto;
type setf_t alias restorecon_t, can_relabelto;
attribute packet_t;
attribute serv_packet_t;
type ssh_serv_packet_t, packet_t, serv_packet_t;
```

上述语句定义了一个类型"bin_t"，再为它关联两个别名"usr_bin"和"sbin"，再定义一个属性"exec_t"，关联到"bin_t"。定义属性"can_relabelto"，在定义类型"setf_t"的时候关联上别名"restorecon_t"和属性"can_relabelto"。最后，在定义类型"ssh_serv_packet_t"时赋予类型多个属性："packet_t"和"serv_packet_t"。

（2）attribute

语法：

```
attribute attribute_id;
```

attribute 就是"类型的类型"。

（3）typeattribute

语法：

```
typeattribute type_id attribute_id [ ,attribute_id ];
```

typeattribute 的作用是为一个以前定义的类型关联属性。

举例：

```
type daemon_t;
attribute domain;
typeattribute daemon_t domain;
```

上述语句定义了一个类型"daemon_t"和一个属性"domain"，然后将它们关联起来。

（4）typealias

语法：

```
typealias type_id alias alias_id;
```

typealias 的作用是定义一个类型的别名。

5. 多级安全

多级安全包含两个元素：敏感度（sensitivity）和组别(category)。

（1）sensitivity

语法：

```
sensitivity identifier;
```

或者：

```
sensitivity sens_id alias alias_id [ alias_id ];
```

举例：

```
sensitivity s0 alias common no_secret;
sensitivity s1 alias secret;
sensitivity s2;
```

上述语句定义了 3 个级别：s0、s1、s2。s0 的别名是 common（普通）和 no_secret（无秘密）；s1 的别名是 secret（秘密）；s2 无别名。

（2）dominance

dominance 用于定义级别之间的"高低"关系。

语法：

```
dominance { sens_id ... };
```

举例：

```
dominance { s0 s1 s2 };
```

s0 级别最低，s2 级别最高。

（3）category

语法：

```
category cat_id;
```

或者：

```
category cat_id alias alias_id;
```

举例：

```
category c0;
category c1;
category c0 alias planning r_d;
category c1 alias business;
```

上述语句定义了两个组别：c0 和 c1，c0 的别名是 planning（规划部）和 r_d （研发部）；c1 的别名是 business（市场部）。

（4）level

级别（level）定义将前面的敏感度（sensitivity）和组别（category）组合起来。多级安全（Multi-Level Security）中的级别就是下面要介绍的级别。

语法：

```
level sens_id [ :category_id ];
```

其中 category_id 可以是用 "." 连接的两个组，如 c0.c16，表示一个闭合集合；也可以是用 "," 连接的两个 category，如 c21,c36，表示不连续的列表；还可以将这两种情况组合，如 c0.c16,c21,c36,c45。

举例：

```
level s0:c0.c1;
level s1:c0.c1;
level s2:c0.c2;
```

上述语句表示敏感度 s0 和组别 c0、c1 关联，敏感度 s1 和组别 c0、c1 关联，敏感度 s2 和组别 c0、c1、c2 关联。

7.3.2 安全上下文定义

SELinux 的机制要求系统中所有的主体和客体都关联安全上下文。系统中的主体和客体可以分为两类，一类是静态的，能跨越系统重新启动而保持一致，比如磁盘上的文件；另一类是动态的，每次启动后创建，比如进程。对于前者，SELinux 将安全上下文存储在存储介质——文件的扩展属性中。对于后者，SELinux 定义初始/缺省安全上下文作为主体或客体的安全上下文的初始值。

1. 初始安全上下文

SELinux 在策略语言中引入了 sid。安全上下文是一个字符串，在内核 SELinux 代码中被存储在一个表里，为了提高代码执行效率，就用表中记录的序号来代表一个安全上下文。这个记录序号就是 sid。

SELinux 代码在那个存储安全上下文的表中预留了若干项，这些项就是某些主体和客体的初始/缺省安全上下文。目前 SELinux 预留了 27 项初始安全上下文。在代码中，它们的名字是：

```
kernel
security
unlabeled
fs
file
file_labels
init
any_socket
port
netif
netmsg
node
igmp_packet
icmp_socket
tcp_socket
sysctl_modprobe
sysctl
sysctl_fs
sysctl_kernel
sysctl_net
sysctl_net_unix
sysctl_vm
sysctl_dev
kmod
policy
scmp_packet
devnull
```

回到策略语言，sid 策略有两种格式：带安全上下文的和不带安全上下文的。
语法：

```
sid sid_id
sid sid_id context
```

举例：

```
sid kernel
sid kernel u:r:kernel:s0
```

sid 为 kernel 的安全上下文，内容为"u:r:kernel:s0"。

不带安全上下文的 sid 定义，实际上又是在重复代码的逻辑，27 个初始/缺省安全上下文，不能多也不能少。带 context 的 sid 定义有些意义，就是能给出这些预留 sid 对应的安全上下文，也就是填充内核那个安全上下文表中预留记录的内容。

2. 文件

这部分策略规定了一个文件系统上的文件的安全上下文来自哪里，共有四个来源：扩展属性、主体（进程）、主体和文件系统运算、策略规定值。

需要注意的是，这里的文件的范畴比一般意义要大，还包括管道和套接字。因为在内核的代码逻辑中，管道是在特殊的文件系统 pipefs 上的文件，而套接字也有一个特殊的文件系统 sockfs 与之关联。

（1）fs_use_xattr

语法：

```
fs_use_xattr fs_name fs_context;
```

这种策略有两个作用：一是规定文件系统上的文件使用扩展属性作为文件的安全上下文；二是规定文件系统本身的安全上下文。

举例：

```
fs_use_xattr encfs system_u:object_r:fs_t;
fs_use_xattr ext2 system_u:object_r:fs_t;
fs_use_xattr ext3 system_u:object_r:fs_t;
```

上述语句规定 encfs、ext2、ext3 文件系统的安全上下文是"system_u:object_r:fs_t"，其上的文件使用扩展属性 security.selinux 的值作为安全上下文。

（2）fs_use_task

语法：

```
fs_use_task fs_name fs_context;
```

这种策略有两个作用：一是规定文件系统⊖使用创建文件的进程的安全上下文作为其上的文件的安全上下文；二是规定了文件系统本身的安全上下文。

举例：

```
fs_use_task eventpollfs system_u:object_r:fs_t;
fs_use_task pipefs system_u:object_r:fs_t;
fs_use_task sockfs system_u:object_r:fs_t;
```

上述语句规定 eventpollfs、pipefs、sockfs 文件系统的安全上下文是"system_u:object_r:fs_t"，其上的文件的安全上下文来自创建进程的安全上下文。

（3）fs_use_trans

⊖ 这里的文件系统与我们日常使用的文件系统有一点儿差别，多出了一些只在内核内部使用的文件系统，比如 sockfs。在 /proc/filesystems 中列出了内核支持的全部文件系统。

　　fs_use_trans 与 fs_use_task 类似，区别在于文件的安全上下文不单单来自创建文件的进程的安全上下文，还有一个影响因素是文件系统本身的安全上下文，最终结果是二者的运算结果。

```
fs_use_trans fs_name fs_context;
```

举例：

```
fs_use_trans devpts system_u:object_r:devpts_t;
```

　　上述语句规定 devpts 文件系统的安全上下文是 system_u:object_r:devpts_t，其上文件的安全上下文来自创建进程的安全上下文和文件系统安全上下文的运算。

　　下面列出和运算相关的语句：

```
type rssh_devpts_t, fs_type;
type_transition rssh_t devpts_t:chr_file rssh_devpts_t;
```

　　上述语句规定类型为 rssh_t 的进程在其上创建的字符设备文件的安全上下文的类型为 rssh_devpts_t。

　　（4）genfscon

　　当上面这些策略都不能用时，还有最后这个 genfscon。

```
genfscon fs_name partial_path fs_context
```

　　文件系统和其上的所有文件都使用同样的安全上下文，这里有一个特例，如果 fs_name 是 proc 的话，partial_path 起作用，其上部分文件可以有不同的安全上下文。

　　举例：

```
genfscon msdos / system_u:object_r:dosfs_t
genfscon iso9660 / system_u:object_r:iso9660_t

genfscon proc / system_u:object_r:proc_t
genfscon proc /sysvipc system_u:object_r:sysvipc_proc_t
```

　　上述语句说明：msdos 文件系统及其上所有文件的安全上下文是 system_u:object_r:dosfs_t。iso9660 文件系统及其上所有文件的安全上下文是 system_u:object_r:iso9660_t。proc 文件系统本身的安全上下文是 system_u:object_r:proc_t；proc 文件系统中的 sysvipc 目录和 sysvipc 目录之下的文件和目录的安全上下文是 system_u:object_r:sysvipc_proc_t；proc 文件系统中其余的文件和目录的安全上下文是 system_u:object_r:proc_t。

　　3．网络

　　网络的基本构成是节点、端口和网卡。

　　（1）节点

　　nodecon 用来标记一个 IPv4 或 IPv6 节点。

```
nodecon subnet netmask node_context
```

举例：

```
nodecon 127.0.0.1 255.255.255.255 system_u:object_r:lo_node_t
nodecon ff00:: ff00:: system_u:object_r:multicast_node_t
```

IPv4 本地地址 127.0.0.1 被赋予安全上下文 system_u:object_r:lo_node_t，IPv6 广播地址 ff00::ff00::被赋予安全上下文 system_u:object_r:multicast_node_t。

（2）端口

portcon 用来标记一个端口。

```
portcon protocol port_number port_context
```

举例：

```
portcon tcp 20 system_u:object_r:ftp_data_port_t
```

tcp 端口 20 被赋予安全上下文 system_u:object_r:ftp_data_port_t。

（3）网卡

netifcon 被用来标记网卡及通过网卡的网络包的安全上下文。

```
netifcon netif_id netif_context packet_context
```

举例：

```
netifcon eth0 system_u:object_r:netif_t system_u:object_r:packet_t
```

规定 eth0 的安全上下文是 system_u:object_r:netif_t，通过 eth0 的网络包的安全上下文是 system_u:object_r:packet_t。

7.3.3 安全上下文转换

如果只有初始/缺省安全上下文，则安全上下文不能变换，那么 SELinux 的世界是静止的，SELinux 的安全作用就很有限。所以 SELinux 的主体和客体的安全上下文一定是可以变换的。因为 SELinux 的机制有三个：基于角色的访问控制、类型增强、多级安全，下面分机制介绍安全上下文的转换。

1. 角色的转换

SELinux 用户的转换没有对应的策略语句。

角色转换的语法：

```
allow from_role_id to_role_id;
```

举例：

```
allow sysadm_r secadm_r;
```

上述语句表示允许系统管理员转换为安全管理员。

角色转换的语法：

```
role_transition current_role_id type_id new_role_id;
```

或者

```
role_transition current_role_id type_id : class new_role_id;
```

举例：

```
allow unconfined_r msg_filter_r;
role_transition unconfined_r sec_serv_exec_t msg_filter_r;
```

上述语句表示，当进程执行类型为 sec_serv_exec_t 的文件时，进程的角色由 unconfined_r 转化为 msg_filter_r。

2．类型

类型转换略复杂。包含三种语法：

（1）type_transition

```
type_transition source_type target_type : class default_type;
```

type_transition 定义了当条件满足时的新类型。这种策略既用于生成主体（进程）新安全上下文，又用于生成客体新安全上下文。

下面分别举例。先是主体：

```
type_transition initrc_t acct_exec_t:process acct_t;
allow initrc_t acct_exec_t:file execute;
allow acct_t acct_exec_t:file entrypoint;
allow initrc_t acct_t:process transition;
```

上述语句表示，类型 initrc_t 的进程执行类型为 acct_exec_t 的文件时，执行后进程的类型变为 acct_t。后三条 allow 语句是为了保证执行动作能够发生，不会被内核拒绝。

再看一个客体的例子：

```
type_transition acct_t var_log_t:file wtmp_t;
allow acct_t var_log_t:dir { read getattr lock search ioctl add_name
remove_name write };
allow acct_t wtmp_t:file { create open getattr setattr read write append
rename link unlink ioctl lock };
```

上述语句表示，类型为 acct_t 的进程在类型为 var_log_t 的目录中创建文件时，文件的安全上下文的类型为 wtmp_t。第一条 allow 保证了进程可以在类型为 var_log_t 的目录中创建文件，第二条 allow 保证进程可以访问类型为 wtmp_t 的文件。

（2）type_change

安全上下文中类型还可以改变，改变成什么值由 type_change 策略规定：

```
type_change source_type target_type : class change_type;
```

举例：

```
type_change auditadm_t sysadm_devpts_t:chr_file auditadm_devpts_t;
```

上述语句表示，类型为 auditadm_t 的进程可以将类型为 sysadm_devpts_t 的字符设备文件的类型改变为 auditadm_devpts_t。

type_change 语句用于规定主体和客体的类型可以改变为什么值。进程在运行过程中可以将进程自身或某一客体的类型改变，改变成什么必须满足 type_change 语句的规定。type_transition 语句作用于两种场景。第一个场景是进程创建新客体时，新客体的类型来自 type_transition 的规定。第二个场景是进程执行 execve 系统调用后，进程的新类型来自 type_transition 的定义。

（3）type_member

type_member 的常用场景是在用户登录时，登录服务根据用户类型给予用户家目录（/home/user）不同的类型。

语法：

```
type_member source_type target_type : class member_type;
```

举例：

```
type_member sysadm_t user_home_dir_t:dir adm_home_dir_t;
```

上述语句表示，类型为"sysadm_t"的进程的家目录的类型为"adm_home_dir_t"。

3．多级安全

在叙述多级安全转换策略之前先要描述一下 MLS 的 range 定义。

语法：

```
low_level
```

或者

```
low_level - high_level
```

range_transition 策略的定义如下：

```
range_transition source_type target_type new_range;
```

或者

```
range_transition source_type target_type : class new_range;
```

这种命令主要被 init 进程或别的管理进程使用，以保证它繁衍的子进程工作的安全上下文中的 MLS 处在正确的范围内。举例：

```
range_transition initrc_t auditd_exec_t:process s15:c0.c255;
```

上述语句表示，init 进程生成 audit 服务进程时，audit 进程的安全上下文中的多级安全级别处于系统最高级别。

7.3.4　访问控制

访问控制是 SELinux 最基本的功能。SELinux 的客体类别、操作、安全上下文、安全上下文转换都是为访问控制服务的。

SELinux 的访问控制策略又叫存取向量规则（Access Vector Rules）。这类策略在 SELinux 策略文件中使用得最为频繁。语法为：

```
rule_name source_type target_type : class perm_set;
```

可以看到，这类策略定义只和类型相关。所以在 SELinux 的三种机制（基于角色的访问控制、类型增强、多级安全）中类型增强最重要。

访问控制策略中的 rule_name 有以下 4 个值：

（1）allow

允许源域（source_type）对目的域（target_type）上的类（class）进行操作（perm_set）。举例：

```
allow initrc_t acct_exec_t:file { getattr read execute }
```

（2）dontaudit

停止将拒绝访问消息写入审计日志。缺省情况下，拒绝访问会被写入审计日志，允许访问消息则不会。举例：

```
dontaudit traceroute_t { port_type -port_t }:tcp_socket name_bind;
```

（3）auditallow

将允许访问消息写入审计日志。举例：

```
auditallow kernel self:capability { sys_rawio mknod };
```

（4）neverallow

指定不能产生什么样的 allow 策略。neverallow 只在策略编译过程中有效，并不在运行中生效。举例：

```
neverallow { domain -mmap_low_domain_type } self:memprotect mmap_zero;
```

其中策略文件出现最多的是 allow。SELinux 是基于"白名单"的，像 neverallow 这种黑名单策略只在编译过程中生效，用于策略检查。

7.3.5　访问控制的限制和条件

有了前面介绍的访问控制策略，SELinux 已经可以完成访问控制工作了。但 SELinux 的设计者觉得还不够，又引入了限制语句和条件语句。在限制语句和条件语句中，四元组中的类型之外的三个成员也可以起作用。

1．限制

限制（Constrain）的语法是：

```
constrain class perm_set expression;
```

其中 expression 的语法是：

```
expression : ( expression )
           | not expression
           | expression and expression
           | expression or expression
           | u1 op u2
           | r1 role_op r2
           | t1 op t2
           | u1 op names
           | u2 op names
           | r1 op names
           | r2 op names
           | t1 op names
           | t2 op names
```

其中 u1、r1、t1 指源端（主体）的 SELinux 用户、角色、类型，u2、r2、t2 指目的端（客体）的 SELinux 用户、角色、类型。op 包含两个值 "=="和 "!="。role_op 包含 "=="和 "!="。names 就是一个或多个名字。

```
names : name | { name_list }
name_list : name | name_list name
```

举例：

```
constrain process transition (u1 == u2
                     or
          (t1 == can_change_process_identity and t2 == process_user_target )
                     or
          (t1 == cron_source_domain and ( t2 == cron_job_domain or u2 == system_u ))
                     or
          ( t1 == can_system_change and u2 == system_u )
                     or
          ( t1 == process_uncond_exempt ) );
```

2．条件

为了进一步增加灵活性，SELinux 在策略中引入了布尔变量和条件分支。这也增加了复杂性。

（1）bool

语法很简单：

```
bool bool_id default_value;
```

举例：

```
bool allow_execheap false;
```

（2）if

通过 if 语句内核可以根据布尔变量关闭或启用部分策略。语法如下：

```
if (conditional_expression) { true_list } [ else{ false_list } ]
```

其中 conditional_expression 可以包含布尔常量（true 或 false）、一个或多个已定义的布尔变量，可以使用的布尔运算符包括 **&&**、||、^、!、==、!=。

举例：

```
bool allow_execmem false;
if(allow_execmem) {
    allow sysadm_t self:process execmem;
}
```

3．多级安全限制

SELinux 安全上下文四元组中的 SELinux 用户和角色有两条途径为 SELinux 访问控制做贡献。第一条路径是 SELinux 用户映射为角色，角色映射为类型；第二条路径是在限制策略中起作用。多级安全为访问控制做贡献只有一条路径，就是多级安全限制策略。

多级安全限制策略语句是 mlsconstrain。mlsconstrain 和 constrain 类似，也是对客体对象施加额外的检查。语法如下：

```
mlsconstrain class perm_set expression;
```

其中 expression 的语法是：

```
expression : ( expression )
    | not expression
    | expression and expression
    | expression or expression
    | u1 op u2
    | r1 role_mls_op r2
    | t1 op t2
    | l1 role_mls_op l2
    | l1 role_mls_op h2
    | h1 role_mls_op l2
    | h1 role_mls_op h2
    | l1 role_mls_op h1
    | l2 role_mls_op h2
    | u1 op names
    | u2 op names
```

```
       | r1 op names
       | r2 op names
       | t1 op names
       | t2 op names
```

其中 u1、r1、t1、l1、h1 指源端（主体）安全上下文中的 SELinux 用户、角色、类型、多级安全中的低级别、多级安全中的高级别。u2、r2、t2、l2、h2 指目的端（客体）安全上下文中的 SELinux 用户、角色、类型、多级安全中的低级别、多级安全中的高级别。op 包含==和!=。role_mls_op 包含==、!=、eq、dom、domby、incomp。names 的定义为：

```
       names : name | { name_list }
       name_list : name | name_list name
```

举例：

```
mlsconstrain dir search
          (( l1 dom l2 ) or
          (( t1 == mlsfilereadtoclr ) and ( h1 dom l2 )) or
          ( t1 == mlsfileread ) or
          ( t2 == mlstrustedobject ));
```

7.4 伪文件系统的含义

UNIX/Linux 系统中的文件本来是用来存储数据的，文件本来都对应着一块存储区域。后来随着系统开发的深入，UNIX/Linux 内核开发人员引入了一种特殊的文件，这种文件和内核中的某个或某些变量相关联。内核为这种文件提供特殊的读写函数。用户态进程读这种文件时，内核向进程返回内核中变量的值；用户态进程写这种文件时，内核会根据进程的输入改变内核中变量的值。

这种文件的存在不是为了存储数据，而是为了提供一个内核和用户态进程之间的便捷接口。有些书称这种文件为虚拟文件，称这种文件所在的文件系统为虚拟文件系统。虚拟文件系统的英文是"Virtual File System"，它和 Linux 文件系统中一个现有的术语冲突，因此本书使用伪文件和伪文件系统这两个术语。伪文件系统的例子有 proc 文件系统和 sys 文件系统。

7.5 SELinux 相关的伪文件系统

SELinux 选择伪文件接口作为内核和用户态进程的接口。SELinux 使用了两种伪文件系统，一种是 SELinux 创造的 selinuxfs，另一种是 proc 文件系统。

7.5.1 selinuxfs

在 Linux 系统中创造一种新的文件系统是一件相对容易的事。而类似 proc 和 sys 这样的伪文件系统的基本作用就是作为内核和用户态进程的接口，由于它们的存在，Linux 的系统调用数量没有呈现爆炸式的增长。SELinux 创造的伪文件系统 selinuxfs 的作用是让用户态进程管理内核中的 SELinux。普通开发人员一般不用关心 selinuxfs，因为 SELinux 提供的库函数封装了对 selinuxfs 的使用。下面简单看看 selinuxfs 中的内容和作用。

当用户态进程打开（系统调用 open）selinuxfs 之上的文件时，SELinux 会判断进程对文件客体是否有读/写操作许可。当进程读（系统调用 read）或写（系统调用 write）文件时，如果这个文件和 SELinux 安全客体有关联的话，SELinux 会判断进程是否有安全客体上的相关操作许可。

selinuxfs 中包含的文件见表 7-3。

表 7-3　selinuxfs 文件

文 件 名	描 述
access	用于计算访问决策，写入源安全上下文、目的安全上下文、目的（客体）类别，读出允许的操作等信息。读写此文件要求 security {compute_av} 操作许可，即进程对"安全"客体具备 compute_av 操作许可，下同
checkreqprot	在执行 mmap 和 mprotect 系统调用时，值为 0 时执行来自内核的检验模式，值为 1 时执行来自应用的检验模式。写此文件需要 security {setcheckreqprot} 操作许可。内核检验模式的含义是内核在某些情况下，将读操作和执行操作联系起来，用户申请了读操作，内核会判断是否同时允许读操作和执行操作
commit_pending_bools	文件内容为非 0 整数时，将新的 SELinux 布尔值（通过 boolean 目录中的伪文件设置）设置到内核的策略库之中。写此文件要求 security {setbool} 操作许可
context	用来检查安全上下文的合法性。写入一个安全上下文的字符串，如果是非法的，write 操作返回错误。写此文件需要 security {check_context} 操作许可
create	用于计算新的安全上下文，写入源安全上下文、目的安全上下文、目的（客体）类别和文件名（可选），读回内核根据策略库计算而得到的新安全上下文。写文件要求 security {compute_create} 操作许可
deny_unknown reject_unknown	用于让用户态应用读出内核策略库中 reject_unknown 和 deny_unknown 的值。deny_unknown 为假时，内核策略允许对不认识的客体类别的访问请求，deny_unknown 为真时，内核策略拒绝对不认识的客体类别的任何访问请求。reject_unknown 为真时，内核根本不允许加载包含它不认识的客体类别的策略进入内核策略库
disable	写入非 0 整数，关闭 SELinux 功能。关闭 SELinux 必须在 SELinux 策略加载前。一旦 SELinux 策略加载完成，就不能关闭 SELinux 了
enforce	读取或改变 SELinux enforcing 状态，0 对应 permissive 状态，非 0 对应 enforcing 状态。写文件要求 security {setenforce} 操作许可
load	写入内核策略库，写此文件要求 security {load_policy} 操作许可
member	用于计算一个新的安全上下文。写入源安全上下文、目的安全上下文、目的（客体）类别，读回新的安全上下文。写入需要 security {compute_member} 操作许可
mls	读取当前 mls 状态，1 表示 mls 生效，0 表示 mls 无效
policy	读出内核策略库中的全部策略（以二进制形式），要求 security {read_policy} 操作许可
policyvers	读取当前内核 SELinux 版本号
relabel	用于计算一个新的安全上下文。写入源安全上下文、目的安全上下文、目的（客体）类别，读回新的安全上下文。写入需要 security {compute_relabel} 操作许可
user	写入安全上下文和用户名，读回若干个相关联的安全上下文。写入要求 security {compute_user} 操作许可
status	读出 SELinux 若干信息，比如版本号、enforcing 状态、deny_unknown 值等，不过这些信息是二进制表示的

值得仔细分析的是 create、member 和 relabel 这三个文件。这三个文件的用法相同，都是写入源安全上下文、目的安全上下文、客体类别，读回新的安全上下文。实际上它们和 7.3.3 节讲述的转换策略有关。create 文件对应的是 type_transition 策略规则，member 对应的是 type_member 策略规则，relabel 对应的是 type_change 策略规则。

create 文件的一种用法是用来参与制定进程的安全上下文的。进程先利用 create 文件得到新的安全上下文，再利用 7.5.2 节将讲述的/proc 文件接口修改进程的某个安全上下文。

member 文件的用法比较罕见。在管理用户登录的 pam 软件中，可能会为不同的用户分配不同的/tmp 目录，这些/tmp 目录存在于不同的文件系统命名空间中，因为它们为不同的用户服务，所以也会有不同的安全上下文。看起来所有这些/tmp 目录都是一类，实际又有所不同。pam 软件会利用 selinuxfs 的 member 文件去查询某个/tmp 的安全上下文。

relabel 文件的使用例子是 tty，用户登录后，系统会改变用户所使用的 tty 的安全上下文。

此外，selinuxfs 中还有几个目录，见表 7-4。

表 7-4　selinuxfs 目录

目 录 名	描 述
avc	放置一些关于 AVC（Access Vector Rule，SELinux 的访问控制策略）的统计信息
booleans	其中每个文件代表一个 SELinux 布尔变量。改写文件不需要特殊操作许可，因为布尔值起作用，即进入内核策略库，需要通过 commit_pending_bools 接口
class	其中每个子目录代表一个客体类型，每个子目录下又有一个文件 index，值为该类型在策略库中的编号；一个子目录 perms，其中每个文件是允许的操作
initial_contexts	其中每个文件代表一个初始安全上下文
policy_capabilities	其中每个文件代表一个 SELinux 可选模块的状态

7.5.2　proc

SELinux 为每个进程在 proc 文件系统下增加了一个目录"attr"。它的主要使用者仍然是 SELinux 在用户态空间的库函数。目录中的文件见表 7-5。

表 7-5　SELinux 在/proc/[pid]/attr 中增加的文件

文 件 名	描 述
current	进程当前的安全上下文
exec	进程用于 exec 的安全上下文
fscreate	进程用于创建文件的安全上下文
keycreate	进程用于创建内核密钥的安全上下文
prev	进程的前一个安全上下文
sockcreate	进程用于创建 socket 的安全上下文

除了文件 prev 之外，这些文件都是可读可写的。当然，写文件操作需要 SELinux 策略的允许。

7.6　总结

提到 SELinux，作者想到的是两个词：权威和复杂。SELinux 的理想是让 SELinux 的安全机制可以覆盖 Linux 系统的方方面面，这个理想实现了。SELinux 之后的 4 个安全模块都没有做到全系统覆盖。

SELinux 的第二个理想是让 Linux 系统中所有的开发人员、管理人员和使用人员都自觉地学习 SELinux，使用 SELinux。这个理想没有实现。因为大家都在抱怨 SELinux 太复杂了。

SELinux 的开发者认为自己努力地开发了一个完美的安全系统，但是发现大家不用，而且随着时间的推移，使用率并没有增加。SELinux 的一个开发者 Dan Walsh 为此制作了一个网站（http://stopdisablingselinux.com/）鼓励人们使用 SELinux。

作者认为 SELinux 的复杂正来源于它的理想。SELinux 太想从根本上解决 Linux 的安全问题，它引入了一套机制，但这套机制和 UNIX/Linux 原有的概念和机制完全不同。这无疑增加了 SELinux 的学习难度。

SELinux 的设计理念似乎是大而全，它的机制包含：基于角色的访问控制、类型增强、多级安全。而 UNIX/Linux 的理念是一个模块只做一件事。像 SELinux 这样的设计，在 UNIX/Linux 中是不多的。

7.7　参考资料

读者可参考以下资料。

Richard Haines. The SELinux Notebook-The Foundations, 2014. http://freecomputerbooks.com/books/The_SELinux_Notebook-4th_Edition.pdf

http://selinuxproject.org/page/Main_Page

习题

1. selinuxfs 中的 disable 文件似乎没有对应安全相关的操作。SELinux 对于关闭自身这个操作没有做额外的保护？

2. 查看代码，列出写文件/proc/[pid]/attr/exec 所需的所有条件。提示：包括自主访问控制的约束，比如进程的 euid 为 0；也包括本章讲述的 SELinux 的约束。

3. 使用 SELinux 策略语言表达允许类型为 A 的进程执行文件 b，执行后进程的类型变为 B，需要至少几条策略语句？

4. SELinux 现有机制包括基于角色的访问控制、类型增强和多级安全。如果去掉基于角色的访问控制和多级安全，只保留类型增强，那么可以删除哪些类策略语言？如果只保留基于角色的访问控制，那么又该删除哪些类策略语言，调整哪些类策略语言？

5. SELinux 为了控制进程的能力引入了两个客体类别：capability 和 capability2。这么做的原因是什么？如果要改进，可以怎么改？

第 8 章　SMACK

8.1　历史

SMACK 是 "Simplified Mandatory Access Control Kernel" 的缩写。它的作者是 Casey Schaufler，目前在 Intel 从事手机操作系统 Tizen 的安全开发工作。SMACK 于 2008 年 4 月 16 日进入了 Linux 2.6.25，是继 SELinux 之后第二个进入 Linux 内核主线的安全模块。

SMACK 的出现在 Linux 内核社区引发了很大的争论。争论的背景是 SELinux 在 2003 年进入了 Linux 内核主线之后并未能如预想的那样为广大系统管理员和应用开发者理解和接受。管理员在发现系统因 SELinux 策略配置问题而不能正常运行时，往往是简单地关闭 SELinux 功能，而不是去调试和修改 SELinux 策略。应用开发者的开发工作只包括开发应用的功能，不包括开发应用相关的 SELinux 策略。Linux 发行版，比如 RedHat，面对众多的应用只能为一部分核心应用开发 SELinux 策略。这就造成了 SELinux 安全策略滞后于应用，用户在运行应用时，SELinux 常常阻碍应用的正常运行。

面对复杂的系统，系统管理员没有能力为系统中各个应用调整 SELinux 策略。几乎没有管理员能够完全理解 SELinux 系统的各方面。应用开发者没有精力，也没有意愿开发应用相关的 SELinux 策略。他们通常的抱怨是 SELinux 太复杂了，无法掌握。普通用户呢？普通用户面对 SELinux 引起的 "故障"，通常是束手无策。指望普通用户读懂 SELinux 的错误日志是不现实的。怎么办？一种解决办法是强制推行，在内核中彻底去除 LSM 机制，让 SELinux 机制无法回避地成为内核中不可删除的一部分。让所有的 Linux 内核开发人员、Linux 应用开发人员、Linux 系统管理员以及 Linux 用户都必须去适应 SELinux，学习它，掌握它。Linux 内核安全子系统负责人 James Morris 的观点很有代表性[⊖]。他认为，内核安全开发人员要想成为内核开发队伍的一等公民，就要消灭 LSM 机制，让 SELinux 不可替代，让内核安全代码不能被忽视。

第二种解决方法是既然 LSM 机制的目的是允许多个安全模块并存，既然 SELinux 的主要问题是复杂难用（至少表面上看起来是），那就设计出一种简单的安全模块来作为 SELinux 的替代品。SMACK 就是循着这个思路而产生的。

SMACK 的出现让 SELinux 的开发者和拥护者备受打击。它不仅动摇了 SELinux 的地位，而且让 SELinux 开发团队的理想更加难以实现。有了 SMACK，内核安全开发人员还要继续作 Linux 内核开发社区的二等公民，Linux 应用的开发者会继续忽视 SELinux，而不是学习 SELinux。面对 SMACK，SELinux 开发者的自然反应就是阻挠 SMACK 进入 Linux 内核主线。而 SMACK 的开发者 Casey Schaufler 偏偏是一个不屈不挠的人，他一次又一次地提交自己的作品。这时两个重量级人物站出来支持 SMACK，第一个是 Andrew Morton，他说：

"我不是很懂安全。在读过你提交的代码后，我的观点是代码本身的质量很好，但是似乎

⊖ http://lwn.net/Articles/252562/

SELinux 可以有相同的功能。将上面那个'但是'作为不接受 SMACK 的理由对我而言有些困难。我更倾向于接受 SMACK，然后看大家是否用它。"

Andrew Morton 虽然表示 SMACK 在功能上并没有超越 SELinux，但是明确表示倾向于将 SMACK 纳入 Linux 内核主线。

这还不够。第二个重量级人物站了出来，这个人是 Linux 的"仁慈的独裁者"——Linus Torvalds。这次的邮件要"刺激"得多⊖。邮件大意是调度算法是"硬科学"，而安全不是"硬科学"，因为安全无法定量地度量。尽管 Stephen Smalley 争辩说 SMACK 能做的事只是 SELinux 的一个子集。但是 Linus Torvalds 关心的根本不是具体的安全功能，他要用 SMACK 的进入主线来保留 LSM 机制，改变 SELinux 一家独大的局面。大佬一锤定音，SMACK 进入 Linux 内核主线！

8.2　概述

SMACK 的强制访问控制机制是类型增强（Type Enforcement）。与 SELinux 不同，SMACK 的工作机制只有类型增强，没有基于角色的访问控制和多级安全。因此它更简单。

类型在 SMACK 中的体现是标签。SMACK 的策略语句形式是：

```
subjectlabel objectlabel access
```

这条语句规定主体可以对客体进行什么样的操作。主体指的是进程，主体标签就在内核管理进程的数据结构 task_struct 中：

```
include/linux/sched.h
struct task_struct {
…
/* process credentials */
  const struct cred __rcu *real_cred; /* objective and real subjective task
                                * credentials (COW) */
  const struct cred __rcu *cred;  /* effective (overridable) subjective task
                                * credentials (COW) */
…
}
include/linux/cred.h
struct cred {
…
#ifdef CONFIG_SECURITY
        void         *security;     /* subjective LSM security */
#endif
…
  }
```

结构 cred 中的 security 指针会指向 SMACK 定义的结构 task_smack 的实例。

在 SMACK 中，客体包含进程、文件、进程间通信、套接字、密钥等。进程的标签、进程

⊖ http://lwn.net/Articles/252589/

间通信的标签和密钥的标签都来自创建它们的进程的标签。文件的标签和套接字的标签来自扩展属性。

SMACK 的操作种类比 SELinux 少很多。SMACK 的操作不区分客体类型，所有客体的操作都一样，只有 6 种：读（r）、写（w）、执行（x）、追加（a）、变形（t）、锁（l）。这 6 种访问方式的原始语义来自文件，读、写、执行、锁都很好理解。变形（transmute）是 SMACK 的创造，它的来源是由一个问题引来的：创建一个新文件时，新文件的安全标签来自哪里？有三个选择，一、由安全策略规定；二、来自创建文件的进程；三、来自新文件所在的目录。SMACK 的做法是混合这三个选择。当新文件被创建时，新文件的安全标签是：

（1）如果新文件/目录所在目录的扩展属性 SMACK64TRANSMUTE 的值为"TRUE"，并且有策略允许当前进程对目录的"w"和"t"操作，那么新文件/目录的安全标签的值是目录的安全标签。如果创建的是目录，那么此新目录的 SMACK64TRANSMUTE 值也为 TRUE。

（2）如果新文件/目录所在目录没有扩展属性 SMACK64TRANSMUTE，或者 SMACK64TRANSMUTE 值不为"TRUE"，那么新文件/目录的安全标签的值是当前进程的安全标签。

（3）如果没有策略允许当前进程对目录的"w"和"t"操作，那么新文件/目录的安全标签的值是当前进程的安全标签。

对于非文件客体，读和写操作大多很容易映射。但也有不那么直观的，比如网络通信，通信双方交换数据包是双向的，谁是读谁是写呢？SMACK 的解决方法是：对于 TCP，在客户端链接时检查客户端是否有对服务器端的写操作许可；对于 UDP，在客户端每次发包时判断客户端是否有对服务器端的写操作许可。

8.3 工作机制

"类型增强"的核心问题有两个：一个是类型内的操作许可，在 SMACK 中就是允许带有 X 标签的主体对带有 Y 标签的客体进行 Z 操作；另一个是类型转换，在 SMACK 中就是标签的初始值是什么，在什么情况下可以改变成什么值。

8.3.1 操作许可

前面提到 SMACK 的操作许可很简单，只有 6 种。它们对应的文件操作很直观，对于其他客体操作也是简单映射，这里不多赘述。

8.3.2 类型转换

前面说过，类型体现在安全标签上，所以类型转换就是安全标签的赋值操作。

先说主体，即进程的安全标签。进程的安全标签的值有三个来源：

（1）进程复制时，子进程获得父进程的安全标签值。

（2）进程执行系统调用 execve() 时，如果被执行文件有扩展属性"security.SMACK64EXEC"，则执行 execve() 后，进程安全标签为被执行文件的扩展属性"security.SMACK64EXEC"的值。

（3）通过伪文件接口/proc/[pid]/attr/current 改变进程的安全标签，不过有三个条件：

1）只能改变进程自己的安全标签。

2）进程具备 CAP_MAC_ADMIN 能力。

3）进程的安全标签等于 SMACK 内部变量 smack_onlycap，或者 smack_onlycap 为空。

再说客体，SMACK 中文件的安全标签来自创建它的进程或文件所在的目录，存储在文件的扩展属性 "security.SMACK64" 中。

SMACK 中套接字的安全标签来自创建它的进程，进程可以通过假的扩展属性 "security.SMACK64IPIN" 和 "security.SMACK64IPOUT" 来修改。套接字本身没有扩展属性，用户态进程针对套接字调用设置和查看扩展属性的系统调用本来是不会成功的。但是 SMACK 提供了相关的函数让这些系统调用可以成功。

在用户态代码中：

```
len = strlen("Zhi");
rc = fsetxattr(fd,"security.SMACK64IPOUT","Zhi", len, 0);
```

在内核代码中：

security/smack/smack_lsm.c

```
static int smack_inode_setsecurity(struct inode *inode, const char *name,
                            const void *value, size_t size, int flags)
{
…
 skp = smk_import_entry(value, size);
 if (skp == NULL)
   return -EINVAL;

 if (strcmp(name, XATTR_SMACK_SUFFIX) == 0) {          处理文件的扩展属性
   nsp->smk_inode = skp->smk_known;
   nsp->smk_flags |= SMK_INODE_INSTANT;
   return 0;
 }
 /*
  * The rest of the Smack xattrs are only on sockets.
  */
 if (inode->i_sb->s_magic != SOCKFS_MAGIC)
   return -EOPNOTSUPP;

 sock = SOCKET_I(inode);
 if (sock == NULL || sock->sk == NULL)
   return -EOPNOTSUPP;

 ssp = sock->sk->sk_security;

 if (strcmp(name, XATTR_SMACK_IPIN) == 0)          处理套接字的扩展属性
   ssp->smk_in = skp->smk_known;
 else if (strcmp(name, XATTR_SMACK_IPOUT) == 0) {
   ssp->smk_out = skp;
…
 } else
```

```
    return -EOPNOTSUPP;
…
    return 0;
}
```

8.4　扩展属性

简单是有代价的！相比于 SELinux 只用到一个扩展属性"security.selinux"，SMACK 用到的扩展属性非常多。原因是 SMACK 的策略过于简单了，简单的策略难以应付复杂的系统。为了应对层出不穷的挑战，SMACK 引入了多个扩展属性：

（1）SMACK64

这是最基本的扩展属性，文件客体的安全标签来自此属性。

（2）SMACK64EXEC

当进程执行 exec 系统调用时，进程的新安全标签来自被执行文件的"security. SMACK64EXEC"属性。

（3）SMACK64TRANSMUTE

这个属性作用于目录，当其值为"TRUE"时，在此目录下新建的文件/目录的安全标签（扩展属性 SMACK64）值来自此目录的安全标签（扩展属性 SMACK64）。

（4）SMACK64MMAP

这个扩展属性针对的是共享库（shared library）。通过这个标签为文件赋予了一个新的安全标签——作为共享库的安全标签。当进程通过 mmap 系统调用载入共享库文件时，文件的共享库标签不能拥有超越进程标签的操作许可。

举个例子，进程标签为 normal，一个共享库文件的共享库标签为 high。进程要访问的一个文件的标签为 secret。系统策略为：

```
normal secret wa
high   secret rwa
```

当进程加载共享库时就会失败，因为共享库 high 对 secret 的操作许可 rwa 超越了进程对"secret"的操作许可 wa。

SMACK 的这种设计不好理解，而且有两个潜在的问题。首先，文件成了某种意义上的主体，这在理论上不好解释；其次，mmap 系统调用不止用于加载共享库文件。

（5）SMACK64IPIN

（6）SMACK64IPOUT

这两个扩展属性是套接字专有的扩展属性，SMACK64IPIN 用于访问控制，比如判断当前进程能不能发送数据包到某个套接字。SMACK64IPOUT 用于给发出的包（packet）赋安全标签。

8.5　伪文件系统

SMACK 利用伪文件系统作为用户态应用和内核的接口。SMACK 也用到了/proc/[pid]/attr目录下的文件，不过它只允许操作其中一个文件：current。除此之外，SMACK 还自创了一个名为 smackfs 的文件系统。文件系统 smackfs 中的文件按照功能可以分为两类,一类和策略相关,另一类和网络标签相关。

8.5.1　策略相关文件

（1）load

SMACK 访问控制的核心是策略。策略有两部分,一部分是所谓的系统策略,是不可更改的;另一部分是用户可配置的策略。下面首先简单介绍一下系统策略。

SMACK 预先定义了 5 个标签:?、^、*、_和@,见表 8-1。

表 8-1　SMACK 系统标签

名称	字符串
Huh	?
Hat	^
Star	*
floor	_
Web	@

SMACK 预先定义了以下 7 条策略:

1）标签为"*"的主体（进程）不能对任何客体进行任何操作。

2）标签为"^"的主体（进程）可以对任何客体进行读（r）或执行（x）操作。

3）任何主体（进程）可以对标签为"_"的客体进行读（r）或执行（x）操作。

4）任何主体（进程）可以对标签为"*"的客体进行任何操作。

5）任何主体（进程）可以对标签相同的客体进行任何操作。

6）用户定义的策略所允许的操作都被允许。

7）其他操作都不被允许。

文件 load 是用来存取用户定义的策略的接口。对此文件的写操作的要求是,一次写入一行,每行的格式是:

```
%24s%24s%6s
```

第一个字符串表示主体安全标签,第二个字符串表示客体安全标签,第三个字符串是操作方式,全部操作方式是"rwxatl",表示读、写、执行、添加、变形、锁。如果相应的操作不被允许,就在相应的位置上填"-"。

（2）load-self

这个文件提供了一个接口,用来为进程提供额外的访问控制策略。与很多安全机制一样,通过这个接口只能减少允许的操作。

（3）logging

这个文件接口用于控制 SMACK 的日志策略:记录失败、记录成功、都记录、都不记录。这个文件的内容是一个整数。代码实现是:

```
/*
 * logging functions
```

```
    */
#define SMACK_AUDIT_DENIED 0x1
#define SMACK_AUDIT_ACCEPT 0x2
extern int log_policy;
```

变量 log_policy 的比特位 0 对应是否记录失败事件，比特位 1 对应是否记录成功事件。

（4）access

这个伪文件接口用于检查规则的合法性。向这个文件写入一条规则，比如：

```
secret normal                    rw
```

然后再读取文件内容，如果内容是 ascii 字符'1'，则前面写入的规则被内核允许，如果是 ascii 字符'0'，则前面写入的规则不被内核允许。

（5）onlycap

简单是有代价的，SMACK 策略中的存取方式没有覆盖的东西太多了，比如什么情况下可以修改安全策略。SMACK 策略中客体也有缺失，比如：安全策略本身是不是客体，它的标签又是什么？为了解决这些问题，SMACK 的方式是引入超级标签，拥有超级标签的主体可以做诸如修改策略这样的特殊工作。

在 Linux 能力机制中有两个能力 CAP_MAC_ADMIN 和 CAP_MAC_OVERRIDE。CAP_MAC_ADMIN 的语义是：拥有它可以对强制访问控制（MAC）进行管理，CAP_MAC_OVERRIDE 的语义是：拥有它可以不受强制访问控制机制的限制。这两个能力的引入有些不合逻辑，能力机制本质上属于自主访问控制（DAC），DAC 不应该超越 MAC。

SMACK 的问题是机制过于简单，它需要引入一个类似于超级用户的角色来弥补机制的不足。SMACK 引入了一个特殊的标签 smack_onlycap。让这个标签和前述两个能力配合起来工作。具备 smack_onlycap 标签的进程，如果拥有了 CAP_MAC_ADMIN 能力，它就可以进行 SMACK 策略管理工作。具备 smack_onlycap 标签的进程，如果拥有了 CAP_MAC_OVERRIDE 能力，就不受 SMACK 限制。

onlycap 文件提供对 smack_onlycap 标签进行管理的接口，写标签字符串可以修改 smack_onlycap 值，写入 "-" 清空 smack_onlycap。若 smack_onlycap 为空，进程只要拥有 CAP_MAC_ADMIN 就可以进行 SMACK 策略管理工作，只要拥有 CAP_MAC_OVERRIDE 就可以不受 SMACK 限制。

（6）revoke-subject

通过这个文件接口写入一个标签，系统中具备这个标签的进程对所有客体都无法进行任何存取操作。

（7）change-rule

通过这个文件接口对系统现存策略进行修改。格式为：

%s %s %s %s

前两个字符串分别是主体标签和客体标签，第三个字符串是允许的操作，第四个字符串是不允许的操作。如果要修改的策略不存在，就创建新的策略。

（8）syslog

syslog 文件用来修改和查看变量 smack_syslog_label。这个变量标示一个特殊的标签，拥有这个标签可以进行 syslog 相关的操作。

8.5.2　网络标签相关文件

（1）ambient

这个文件反映的是无标签网络包的安全标签。SMACK 依靠 IP 协议中一个未能成为标准的选项 CIPSO⊖来将安全标签附着于 IP 包包头之中。这就带来一个小问题：当收到一个没有 CIPSO 数据的 IP 包时，此 IP 包的安全标签是什么呢？总得有什么方式来规定缺省值吧。这个缺省值的规定接口就是这个 ambient 文件。ambient 文件的内容是一个字符串，规定了网络包的缺省标签。

（2）cipso

CIPSO 的标准⊖规定网络数据包携带敏感级别和敏感类别，敏感级别是一个整数，敏感类别是一个整数的集合。看起来 CIPSO 中敏感级别和敏感类别的设计来自 Bell-Lapadula 模型。而 SMACK 安全标签是一个字符串。这就需要用一种方式将二者联系起来。cipso 文件就是做这件事的。先说对 cipso 文件的写操作，一次写入一行，每行的格式是：

```
%24s%4d%4d[%4d]...
```

第一个参数是字符串，表示 SMACK 安全标签，第二个参数是整数，为 CIPSO 的敏感级别值，第三个参数是整数，表示后续还有几个整数，这些整数是 CIPSO 的敏感类别值。举个例子：

```
level-3-cats-5-19        3  2  5  19
```

（3）direct

上面的 cipso 文件只是沟通 cipso 标签和 SMACK 标签的一座桥，如果它是唯一的映射方式，那么为每一个 cipso 标签和 SMACK 标签都做出规定是一件很麻烦的事。在 SMACK 系统中还有更加直接的方式。

前面提到 CIPSO 标签包含级别和类别，级别是一个整数，类别是整数的集合。在实际的网络包中，每个类别是一个比特，整个类别的集合就是一个字符串。SMACK 就直接用这个字符串来携带 SMACK 安全标签，因为 SMACK 标签也是一个字符串。不过，这就完美了吗？且慢，还有一个问题：承载类别集合的这个字符串有长度限制。看看 SMACK 代码中这段注释：

```
/*
 * Maximum number of bytes for the levels in a CIPSO IP option.
 * Why 23? CIPSO is constrained to 30, so a 32 byte buffer is
 * bigger than can be used, and 24 is the next lower multiple
 * of 8, and there are too many issues if there isn't space set
 * aside for the terminating null byte.
 */
#define SMK_CIPSOLEN    24
```

cipso 限制级别字符串的长度上限是 30，SMACK 进一步限制可用其中的开始 24 个字节。

⊖ http://lwn.net/Articles/204905/

⊖ https://tools.ietf.org/html/draft-ietf-cipso-ipsecurity-01

当 SMACK 安全标签字符串长度低于 24 时，直接将 SMACK 安全标签放入 cipso 级别字符串中。当 SMACK 安全标签字符串长度等于或大于 24 时，将 SMACK 安全标签转化为一个整数 smk_secid，然后将 smk_secid 放入 cipso 类别字符串。为区分这两种情况，前一种情况下，cipso 级别值为 smack_cipso_direct；后一种情况下，cipso 级别值为 smack_cipso_mapped。

direct 文件就是为了存取变量 smack_cipso_direct 而出现的。

（4）mapped

此文件用于存取变量 smack_cipso_mapped。

（5）doi

cipso 标准考虑到级别和类别的地域性问题，即级别和类别在一组网络节点中的含义与在另一组网络节点中的含义是不同的。为了区分地域，cipso 标准规定 ip 的 cipso 选项中还应携带另一个信息 doi，全称是 domain of interpretation。

smackfs 的 doi 文件用来读写 doi 的值。

（6）netlabel

cipso 选项并没有成为正式标准，大多数系统没有实现它。实现了 cipso 的网络节点如何与不支持 cipso 的网络节点交互呢？首先，在这两个节点间交互的 IP 网络包不要带 cipso，其次，可以认为全部来自或发往不支持 cipso 网络节点的 ip 网络包都带有同一个安全标签。

文件 netlabel 就是用来规定来自某个或某些网络节点的网络包的网络标签。文件每一行的格式如下：

```
%d.%d.%d.%d label
```

或者

```
%d.%d.%d.%d/%d label
```

前面的格式用于单个网络节点，后面的格式用于子网。举个例子：

```
172.16.1.100 file-server
192.168.1.1/24 internal-subnet
```

8.5.3 其他文件

下面要介绍一些功能和上面介绍的文件相同的文件，这些文件不同的只是输入的形式。

- access2
- cipso2
- load2
- load-self2

这些带"2"的文件接口和前面不带"2"的文件接口功能相同，只是输入格式有变。前面的文件接口要求标签的输入固定为 24 个字符，不够的补空格，长度不能超过 24。这里没有这个限制，短了就少写，长了就多写。

读到这里，你还觉得 SMACK 简单吗？

8.6　网络标签

通读 SMACK 代码，你会发现有关网络标签（netlabel）的代码占了很大部分。网络标签背后的标准是一个很早就提出但一直没有成为标准的 IETF draft[○]——CIPSO（Commercial IP Security Option）。大致上，这个标准草案就是利用 IP 包头的 option 空间携带一些安全信息，安全信息包括"敏感级别"和"敏感类别"。

这个标准草案写于 1992 年，二十多年过去了，它还是草案。问题在哪里呢？作者认为，它的问题主要有两个：

（1）它规定携带的安全信息是"敏感级别"和"敏感类别"，这很明显是 Bell-Lapadula 模型的产物，而 Bell-Lapadula 模型产生于 20 世纪 60 年代末 70 年代初，它的应用领域有些窄。

（2）它对安全信息本身没有相应的保护，这意味着在网络环境中任何一台计算机都有可能伪造自己发出的 IP 数据包的"敏感级别"和"敏感类别"信息。接收方无法验证接收到的网络包的"敏感级别"和"敏感类别"的正确性。

SMACK 使用了 CIPSO。对于第一个问题，SMACK 在实现中在自己的安全标签和 CIPSO 标签间建立了一一对应的映射关系，可以认为 SMACK 对"敏感级别"和"敏感类别"进行了转义。对于第二个问题，SMACK 没有做任何事，只是假设在一个可信的安全的网络环境中使用 CIPSO 标签。

8.7　总结

SMACK 是打着"简单"的大旗杀入 Linux 的。分析其代码我们发现它的简单主要体现在三个地方：首先是它将主体对客体的访问方式简化了，只有读、写、执行、增加等几种；其次是它将对自身的访问控制，即作为安全机制的承载基础的标签和策略，排除出体系，将之委托于特权；最后是预制了若干标签和策略，在不自己定义标签和策略的情况下，用户也可以使用 SMACK 功能。

SMACK 的主要应用领域是嵌入式系统。但是最主流的嵌入式系统 Android 并没有使用它。

8.8　参考资料

读者可参考 Documentation/security/Smack.txt。

习题

smackfs 中有一个文件 syslog，其内容是一个 SMACK 标签。拥有此标签的进程可以进行哪些 syslog 相关的操作？为什么 SMACK 要这么设计？如果不这么设计，还有什么别的方式？

[○] https://tools.ietf.org/id/draft-ietf-cipso-ipsecurity-01.txt

第9章　Tomoyo

9.1　简介

Tomoyo 是另一个 Linux 内核安全模块。SELinux 和 SMACK 的名字都来自英文单词缩写，Tomoyo 则不同，它是一个日本女性的名字，写作汉语是"友子"或"知子"[⊖]。Tomoyo 的开发者是日本的 NTT Data 公司，开发起始于 2003 年 3 月，此时距离 SELinux 被 Linux 主线接受只有五个月。Tomoyo 的开发者不会不知道成熟的 SELinux 已经占尽先机。那么这些日本的 Linux 内核安全人员为什么要自己开发一个新的内核安全模块，而不是使用已有的 SELinux 呢？客观地说，Tomoyo 的确有独到之处。

9.1.1　基于路径的安全

SMACK 鼓吹的是简单。Tomoyo 推出的则是另一个卖点，而这又涉及一场至今没有结果的争论：基于 inode 的安全与基于路径的安全，哪一个更安全？

自 UNIX 诞生之日起，文件就是一个非常重要的概念。文件是什么？文件首先包含一堆数据，这堆数据就是文件的内容。除了内容之外，文件还有一些被称为元数据的关联信息需要存储，比如文件的拥有者、文件的创建日期、文件的长度等。在 UNIX/Linux 文件系统中，元数据存储在文件的 inode 中，文件本身存储的是内容数据。用户态进程访问文件并不是通过 inode，内核根本没有提供通过 inode 号来查找文件的系统调用。进程访问文件需要通过目录，将各级目录和文件名串联起来就是一条文件路径。

要为文件引入安全属性，很自然地想到安全属性不是文件内容，而是属于元数据，应该与 inode 关联。于是很多文件系统引入了扩展属性，一些内核安全模块将安全属性存储在文件的扩展属性中，这种方式就是基于 inode 的安全。基于 inode 的安全的优点主要有两个：

（1）文件的安全属性与文件路径无关。文件可以在不同目录间移动，不管它怎么移动，它的安全属性都没有变化。

（2）同一个文件可以有多个链接，从不同链接访问文件，其安全属性总是一样的。

基于 inode 的安全的缺点是：

（1）文件系统必须支持扩展属性，并且挂载文件系统时必须使用扩展属性。现在这个问题已经基本得到解决了。目前 Linux 上大多数文件系统已经支持扩展属性，并且挂载时缺省使用扩展属性。

（2）删除文件时，文件的安全属性会随之消失。再在原先的路径处创建同名文件，并不能保证新文件和老文件的安全属性相同。

（3）安装软件和升级软件需要保证系统中新的文件具有正确的安全属性。新文件来自软件包，新的安全属性自然也应该来自软件包。于是有了下一个要求：众多软件包格式也需要支持文件的扩展属性，比如 tar、cpio 等。

下面说说基于路径的安全。

⊖ http://en.wikipedia.org/wiki/Tomoyo

从用户角度看，用户通过路径访问文件，用户态进程无法用 inode 号来访问文件。即使是基于 inode 的安全，用户读写安全属性也要先通过路径找到文件，然后才能访问文件的安全属性。那么能否将文件的安全属性简单地与文件路径对应起来呢？比如/bin/bash 的安全属性是 "system-shell"，/usr/local/bin/bash 的安全属性是 "local-shell"。不把这些安全属性存储在文件的扩展属性中，而是存储在系统内部的一张表里，这就是基于路径的安全的实现原理。这样做的优点是：

（1）不需要文件系统有额外支持。

（2）不怕文件更新，对打包格式也没有额外要求。用户甚至可以为还不存在的文件定义安全属性。

基于路径的安全的缺点是：同一个文件可能有多个安全属性，简单地创建链接就可能让文件拥有另一个安全属性。

在 Linux 四个主要的安全模块中，SELinux 和 SMACK 是基于 inode 的安全⊖，Tomoyo 和 AppArmor 是基于路径的安全。与基于 inode 的安全相比，基于路径的安全的最大优点是容易使用。

9.1.2　粒度管理

SELinux 和 SMACK 都是将系统中所有的进程作为一个整体，要么所有的进程都受控制，要么所有的进程都不受控制。Tomoyo 可以做到让系统中部分进程受到控制，部分进程不受控制。更进一步，Tomoyo 还可以做到让进程的某些操作受到控制，某些操作不受控制。

9.1.3　用户态工具

在 Linux 内核的 5 个安全模块中，Tomoyo 的用户态工具是最易于使用的。Tomoyo 声称不仅能做访问控制，还能探测系统行为。在 Tomoyo 的学习模式下，Tomoyo 的用户态工具会将所有进程的操作记录下来。简单的 SMACK 没有这个功能，SELinux 有一个类似的称作 permissive 的模式，但不如 Tomoyo 的学习模式易用。第一，它只会记录第一次违反策略的行为，以后的违反策略一律放行并且不会留下记录；第二，SELinux 是基于 inode 的，所以它不会记录文件名；第三，SELinux 的处理方式烦琐：内核的 SELinux 通过内核中的 Audit 子系统输出消息，用户态 Audit 守护进程接收消息存储到日志文件，SELinux 用户态工具分析日志文件。而 Tomoyo 则是用户态工具通过内核伪文件接口直接采集来自内核的 Tomoyo 数据呈现给用户。

9.1.4　三个分支

Tomoyo 与其他内核安全模块的一个区别是它公开发布三个代码分支。第一个是功能最全的 1.x 系列，这是开发的主线，其功能与代码都是最新的，但是这个分支的代码是以内核 patch 的形式发布的，使用者需要修改内核代码，编译内核，之后才能使用。第二个分支是 2.x 系列，这个分支已被 Linux 主线接受，所以不需要修改内核，而且许多 Linux 发行版已将其编入所发行内核。但是这个分支的代码最为陈旧，功能也最少。第三个分支叫 AKARI，以模块形式发布，功能和代码更新程度处于 1.x 和 2.x 之间。本章以下部分以 Tomoyo 2.5 为研究对象。

9.2　机制

作为在 Linux 内核中的一个强制访问控制子系统，Tomoyo 的理论基础是类型增强。类型的

⊖ SELinux 做了一些调和，使得文件的安全标签也可能受到路径的影响，详情参考 http://lwn.net/Articles/419161。

另一种称呼是域，本章以下内容主要用域这个名词。基于域的访问控制本质上包含两个核心问题：域内的操作许可和域间的转换规则。

9.2.1 操作许可

相对来说，Tomoyo 可以控制的客体类型并不多，只有文件、网络和环境等几类。网络实际上指的是套接字，网络之下又可分为 INET 和 UNIX 两小类。Tomoyo 中用 ENVIRON 来代表环境。"环境"是 Tomoyo 独有的一种客体类型，其他强制访问控制模块——SELinux、SMACK、AppArmor 都没有这种客体类型。"环境"指的是进程的环境变量。在进程执行 execve 时起作用，用来控制执行 execve 后进程可以得到的环境变量。举个例子，如果在策略文件中规定了执行 execve 前后进程可以读取的环境变量包括 PATH、PWD、RUNLEVEL 等，但是不包括 LD_PRELOAD，那么通过环境变量 LD_PRELOAD 使得进程加载恶意共享库的攻击手段就无效了。

在 Tomoyo 中，不同的客体类型有不同的操作许可。客体类型隐含在操作许可之中。以下列出 Tomoyo 2.5 中的操作许可，前缀包含"FILE"的都是文件类型的操作许可，前缀包含 NETWORK 的都是网络类型的操作许可。

- FILE_EXECUTE
- FILE_OPEN
- FILE_CREATE
- FILE_UNLINK
- FILE_GETATTR
- FILE_MKDIR
- FILE_RMDIR
- FILE_MKFIFO
- FILE_MKSOCK
- FILE_TRUNCATE
- FILE_SYMLINK
- FILE_MKBLOCK
- FILE_MKCHAR
- FILE_LINK
- FILE_RENAME
- FILE_CHMOD
- FILE_CHOWN
- FILE_CHGRP
- FILE_IOCTL
- FILE_CHROOT
- FILE_MOUNT
- FILE_UMOUNT
- FILE_PIVOT_ROOT
- NETWORK_INET_STREAM_BIND
- NETWORK_INET_STREAM_LISTEN
- NETWORK_INET_STREAM_CONNECT
- NETWORK_INET_DGRAM_BIND
- NETWORK_INET_DGRAM_SEND
- NETWORK_INET_RAW_BIND
- NETWORK_INET_RAW_SEND
- NETWORK_UNIX_STREAM_BIND
- NETWORK_UNIX_STREAM_LISTEN
- NETWORK_UNIX_STREAM_CONNECT
- NETWORK_UNIX_DGRAM_BIND
- NETWORK_UNIX_DGRAM_SEND
- NETWORK_UNIX_SEQPACKET_BIND
- NETWORK_UNIX_SEQPACKET_LISTEN
- NETWORK_UNIX_SEQPACKET_CONNECT
- ENVIRON

9.2.2 类型和域

Tomoyo 的强制访问控制的理论基础是类型增强。"增强"指的是 9.2.1 节提到的操作许可，通过这些操作许可规范进程行为，规定进程在当前的域中可以做什么。理论上，主体和客体都应该有类型。但是 Tomoyo 对类型进行了简化，只有主体，即进程有类型。类型增强的一条典型的策略控制语句是：类型 A 的主体（进程）可以对类型 x 的客体进行 m 操作，文件 f 的类型为 x。在 Tomoyo 中这条语句就变为：域 A 的进程可以对 f 文件进行 m 操作。

那么 Tomoyo 的域又是什么呢？Tomoyo 的域就是进程的执行历史。比如，某人在登录系统（通过字符终端登录）后运行 "ls" 命令，这个运行 "ls" 命令的进程的域就是：

<kernel>　/sbin/getty /bin/login /bin/bash /bin/ls

从这里我们可以看到 kernel 启动之后运行/sbin/getty[⊖]，然后运行了/bin/login，当某人输入了正确的用户名和口令之后，/bin/login 运行/bin/bash，最后在这个 shell 中运行了某人输入的命令 "ls"。

Tomoyo 域转换工作主要是在内核的 execve 系统调用实现中进行的，缺省操作就是将被执行文件的全路径名附加在当前域的最后。所以，Tomoyo 的域是由全部执行历史决定的。比如，某人运行 "sudo ls" 产生的进程的域就是：

<kernel> /sbin/getty /bin/login /bin/bash /usr/sbin/sudo /bin/ls

Tomoyo 的这种设计是简单而有效的。简单是指系统管理员不必为域的定义费心。对比一下 SELinux，SELinux 的域是由策略定义的，策略的制定者要通过策略语句来分出不同的域。有效是指 Tomoyo 的域不是由进程当前所执行的文件唯一决定的。在本地终端登录的 shell 和远程登录的 shell 处于不同的域，管理员可以配置策略，让这两个 shell 的行为有所区别。

9.3　策略

Tomoyo 也遵循机制和策略分离的原则。9.2 节讲述机制，本节讲述策略。

Tomoyo 是内核的一个子系统，它使用的策略本质上是存储于内核内存中的数据表。用户接触的是策略文件，用户制定策略就是编辑策略文件，用户查看策略就是查看策略文件。需要注意的是，内核中的 Tomoyo 子系统并不会访问策略文件。用户要想让自己编辑的策略生效，需要将策略文件加载进内核的策略数据表。这个过程在 Tomoyo 中是通过安全文件系统（securityfs）的伪文件接口来实现的。

无论是 SELinux 还是 SMACK，内核内存中的策略数据表都不是一个，Tomoyo 也是如此。但是 Tomoyo 为不同的策略数据表设计了不同的伪文件接口。

9.3.1　域策略

域策略的作用是规定系统中每个域的操作许可。域策略的策略文件的一个可能的位置在/etc/tomoyo/之下。之所以说 "可能"，是因为文件位置并不重要，它完全由 Tomoyo 的用户态工具决定。安全文件系统通常的挂载点在/sys/kernel/security。域策略的伪文件接口在/sys/kernel/security/tomoyo/domain_policy。读这个文件就可以看到当前系统中所有域的操作许可：

```
root@ubuntu-desktop:/sys/kernel/security/tomoyo# cat domain_policy
…
<kernel> /sbin/init /sbin/getty /bin/login /bin/bash
use_profile 1
use_group 0

file execute /bin/ls
```

⊖ 其实之前还运行了 init。

```
file write /dev/null
…

<kernel> /sbin/init /usr/sbin/sshd
…
```

domain_policy 文件的内容就是系统中所有域的操作许可。每个域的格式是：第一行是域的标识，基本可以等价于进程的执行历史；第二行是域使用的轮廓；第三行是域使用的异常组；第四行是空行；第五行以下是域的操作许可；最后是一个空行。

9.3.2 异常

前面的例子里有个问题，像/dev/null 这样的文件谁都可以写，在每一个域里面专门写出一条允许策略语句是很浪费资源的。此外，假设进程处在下面这个域里：

```
<kernel> /sbin/init /sbin/getty /bin/login /bin/bash
```

进程执行/bin/bash，进程的新域是：

```
<kernel> /sbin/init /sbin/getty /bin/login /bin/bash /bin/bash
```

如果再次执行/bin/bash，进程的新域变为：

```
<kernel> /sbin/init /sbin/getty /bin/login /bin/bash /bin/bash /bin/bash
```

有必要区分上面这三个域吗？显然没有必要。

Tomoyo 通过异常来规范策略语句，减少资源浪费。异常相关的策略语句的伪文件接口是/sys/kernel/security/tomoyo/exception_policy。异常（exception）这个词有些词不达意，但作者又找不到一个更合适的词来表达。下面看一下具体的异常策略语句。

1. 域定义相关的异常

（1）域保持

域保持就是让进程的域保持原样，不会因为执行文件而变化。举个例子：

```
keep_domain any from <kernel> /usr/sbin/sshd /bin/bash
```

这意味着通过 ssh 登录而产生的 shell 进程固定在域"<kernel> /usr/sbin/sshd /bin/bash"中，再执行文件进程的域不再发生变化。在此基础上，策略语句的语法可以变化为：

```
keep_domain any from /bin/bash
```

上面语句没有列出一个完整域名，只有域名中最后一级所执行文件的全路径名，意思是在执行了/bin/bash 的进程中，再执行任何文件都不会发生域转换了。

```
keep_domain /bin/bash from /bin/bash
```

上面语句的意思是在/bin/bash 进程中执行/bin/bash 不会发生域转换，执行别的文件仍然可以引起域的变化。

（2）域初始化

根据前面的介绍，进程的域就是进程执行文件的历史。当然，有些历史是进程从祖先进程处继承来的。有时候进程的域中包含太多的历史信息实在没有必要，域初始化语句就是用来删除不必要的历史信息的。举个例子：

```
initialize_domain /usr/sbin/sshd from any
```

这条语句导致执行/usr/sbin/sshd 将会转换到这个域中：

```
<kernel> /usr/sbin/sshd
```

除了最后一个执行文件的记录外，还有一个用"<"和">"包裹的"<kernel>"。用"<"和">"包裹的是 Tomoyo 的名字空间，下文会有讲述。

any 也可以替换为域名或路径名：

```
initialize_domain /usr/sbin/sshd from <kernel> /etc/init.d/sshd
```

这条语句导致在系统启动过程启动的 ssh 服务进程处在初始化的域中，而其他方式启动的 ssh 进程则不是。

（3）创建名字空间

首先看一下什么是 Tomoyo 的名字空间（namespace）。名字空间的形式是用"<"和">"包裹的一个字符串。一个名字空间会关联一组策略、异常以及 9.3.3 节要提到的轮廓。Tomoyo 缺省的名字空间是"<kernel>"。创建新名字空间的语句是"reset"语句：

```
reset_domain /usr/sbin/sshd from any
```

上述语句的含义是：在任意域中执行/usr/sbin/sshd 导致域转换到新的名字空间"</usr/sbin/sshd>"，也就是说，sshd 进程的新域是"</usr/sbin/sshd>"。假设 sshd 进程创建了子进程，并在子进程中执行/bin/bash，那么子进程的域就是"</usr/sbin/sshd> /bin/bash"。

（4）异常的异常

为了增加灵活性，Tomoyo 又提供了 3 个 no 开头的异常策略语句：no_keep_domain、no_initialize_domain、no_reset_domain，来抵消 keep_domain、initialize_domain、reset_domain 的作用。举几个例子：

```
keep_domain any from <kernel> /usr/sbin/sshd /bin/bash
no_keep_domain /bin/cat from <kernel> /usr/sbin/sshd /bin/bash
```

上述异常策略语句表示在 ssh 登录产生的 shell 中，如果 shell 进程（创建的子进程）执行了/bin/cat，那么 cat 进程所在的域是"<kernel> /usr/sbin/sshd /bin/bash /bin/cat"。shell 进程执行其他文件时，其所在的域是"<kernel> /usr/sbin/sshd /bin/bash"。

```
initialize_domain /usr/sbin/sendmail from any
no_initialize_domain /usr/sbin/sendmail from /bin/mail
```

　　上述异常策略语句表示，如果一个进程的域的最后一个字段是"/bin/mail"，也就是说，该进程所执行的文件是/bin/mail，那么当该进程执行/usr/sbin/sendmail 时，新的域是"···/bin/mail /usr/bin/sendmail"。反之，如果进程的域的最后一个字段不是"/bin/mail"，那么进程执行/usr/sbin/sendmail 后的新域就是"<kernel> /usr/sbin/sendmail"。

```
reset_domain /usr/sbin/sendmail from any
no_reset_domain /usr/sbin/sendmail from /bin/mail
```

　　上述异常策略语句表示，如果一个进程的域的最后一个字段是"/bin/mail"，那么当该进程执行/usr/sbin/sendmail 时，新的域是"···/bin/mail /usr/sbin/sendmail"。反之，如果进程的域的最后一个字段不是"/bin/mail"，那么进程执行/usr/sbin/sendmail 后的新域就是"</usr/sbin/sendmail>"。

2．其他异常

　　异常策略语句的另一个作用是提供归类功能，减少策略语句数量，节约内核内存，节省策略制定者的时间和精力。

（1）聚合

Tomoyo 是基于路径的，一条典型的访问控制策略是：

```
file execute /bin/less
```

　　这条语句的意思是允许执行/bin/less。less 和 more 功能相同，能不能对两者一视同仁呢？于是产生了聚合语句：

```
aggregator /bin/more /bin/less
```

　　上述异常策略语句表示在策略文件中"/bin/less"和"/bin/more"同义，凡是对"/bin/less"的操作许可，默认也存在于"/bin/more"之上。

（2）路径组、数字组和地址组

1）路径组

　　总是写全路径名太麻烦了，引入正则表达式会方便些。于是有了路径组：

```
path_group HOME-DIR-FILE /home/\*/\*
```

　　在策略中使用 path_group 所定义的"HOME-DIR-FILE"需要前缀"@"：

```
file read @HOME-DIR-FILE
```

2）数字组

　　同理，数字组的出现是为了避免在策略文件中反复输入同一个数字：

```
number_group CREATE-MODES 0644
```

　　使用的策略：

```
file create /tmp/file @CREATE-MODES
```

3）地址组

再看为网络地址而设的地址组：

```
address_group LOCAL-ADDRESS 10.0.0.0-10.255.255.255
address_group LOCAL-ADDRESS 172.16.0.0-172.31.255.255
address_group LOCAL-ADDRESS 192.168.0.0-192.168.255.255
```

使用的策略：

```
network inet stream accept @LOCAL-ADDRESS 1024-65535
```

（3）访问控制组

前面提到有些操作许可在每个域都应该具备，比如"file write /dev/null"。如果每个域都为这种通用的操作许可写一条策略语句，那就很浪费资源了。访问控制组就用来定义通用的操作许可。

下面看一个例子：

```
acl_group 0 file read /dev/null
acl_group 0 file read /etc/localtime
```

策略会在每一个域下面声明这个域使用的访问控制组，下面看一个例子：

```
root@ubuntu-desktop:/sys/kernel/security/tomoyo# cat domain_policy
…
<kernel> /sbin/init /sbin/getty /bin/login /bin/bash
use_profile 1
use_group 0          ◀────────────────        使用 0 号访问控制组

file execute /bin/ls
file write /dev/null
…

<kernel> /sbin/init /usr/sbin/sshd
…
```

9.3.3　轮廓

轮廓（profile）的作用是配置一些 Tomoyo 参数。先看一个例子：

```
root@ubuntu-desktop:/sys/kernel/security/tomoyo# cat profile
PROFILE_VERSION=20110903
0-COMMENT=disabled
0-PREFERENCE={ max_audit_log=1024 max_learning_entry=2048 }
0-CONFIG={ mode=disabled grant_log=yes reject_log=yes }
```

轮廓的伪文件接口是/sys/kernel/security/tomoyo/profile，其格式是：第 1 行是轮廓的版本号；其后各行开始于一个代表轮廓记录号的数字，随后是一个"-"，之后是记录的子类型，最后是对应的值。上面文件中第 2 到第 4 行共同构成了一个记录号为 0 的轮廓记录。

下面先看一下轮廓记录子类型[⊖]：

（1）COMMENT

这部分就是一个描述性字符串，类似代码中的注释。比如：

COMMENT=-----Learning Mode-----

上例表示这条轮廓记录让系统工作在 Tomoyo 学习模式中。

（2）PREFERENCE

这部分包含两个子项，见表 9-1。

表 9-1　轮廓的 PREFERENCE

max_audit_log	内核中保留的 Tomoyo 日志记录的最大记录数
max_learning_entry	在学习模式中，最多能为一个域添加多少条策略

这两个选项都和内核分配给 Tomoyo 的内存相关。

（3）CONFIG

这部分包含三个子部分，见表 9-2。

表 9-2　轮廓的 CONFIG

grant_log	当操作被允许时，是否生成日志记录
reject_log	当操作被拒绝时，是否生成日志记录
mode	四个值中取一个：disabled、learning、permissive、enforcing

其中 mode 最重要，它的取值的含义是：

● "disabled" 表示 Tomoyo 不起作用。

● "learning" 表示遇到不符合策略的访问请求时，Tomoyo 不会拒绝访问，但会将访问请求转换为策略加入内核的策略表中。

● "permissive" 表示遇到不符合策略的访问请求时，Tomoyo 不会拒绝，但是也不会将其放入策略中。

● "enforcing" 表示遇到不符合策略的访问请求时，Tomoyo 会拒绝其访问。

"disabled" 和 "permissive" 的区别在于，permissive 会产生日志，disabled 不会，也就是说，在 disabled 模式下，grant_log 和 reject_log 这两个参数没有作用。举个例子：

```
CONFIG={ mode=learning grant_log=no reject_log=yes }
```

上述轮廓语句的意思是：这条轮廓记录让系统工作于学习模式，符合策略的访问不会产生日志记录，不符合策略的访问会产生日志记录。

神奇的是，"CONFIG" 可以被用来实现细粒度控制，见表 9-3。

表 9-3　轮廓 CONFIG 的细粒度

CONFIG	作用于所有的操作许可
CONFIG::file	只作用于文件相关的操作许可
CONFIG::network	只作用于网络相关的操作许可
CONFIG::misc	只作用于其他操作（目前只有一个 ENVIRON）

⊖ 见 http://tomoyo.sourceforge.jp/2.5/chapter-9.html.en。

举个例子：

```
CONFIG::file={ mode=learning grant_log=no reject_log=yes }
CONFIG::network={ mode=enforcing grant_log=no reject_log=yes }
```

文件相关的操作处于学习模式，网络相关的操作处于强制模式。

还可以更细，对具体操作规定模式，举个例子：

```
CONFIG::file={ mode=enforcing grant_log=no reject_log=yes }
CONFIG::file::getattr={ mode=disabled grant_log=no reject_log=yes }
```

文件的 getattr 操作处于 disabled 模式，文件的其他操作处于强制模式。

综合起来看一个轮廓的例子：

```
PROFILE_VERSION=20110903
0-COMMENT=disabled
0-PREFERENCE={ max_audit_log=1024 max_learning_entry=2048 }
0-CONFIG={ mode=disabled grant_log=yes reject_log=yes }
1-COMMENT=misc
1-PREFERENCE={ max_audit_log=1024 max_learning_entry=2048 }
1-CONFIG={ mode=permissive grant_log=no reject_log=yes }
1-CONFIG::file={ mode=learning grant_log=no reject_log=yes }
1-CONFIG::file::getattr={ mode=disabled grant_log=no reject_log=yes }
1-CONFIG::network={ mode=enforcing grant_log=no reject_log=yes }
```

这个轮廓文件定义了两个记录。其中 0 号记录占了 3 行，1 号记录占了 6 行。1 号记录规定对文件的 getattr 操作，Tomoyo 工作于 disabled 模式；对文件的其他操作，Tomoyo 工作于 learning 模式；对 network 的所有操作，Tomoyo 工作于 enforcing 模式；对其他操作，Tomoyo 工作于 permissive 模式。

1. 轮廓和策略

看一下前面举过的例子：

```
root@ubuntu-desktop:/sys/kernel/security/tomoyo# cat domain_policy
…
<kernel> /sbin/init /sbin/getty /bin/login /bin/bash
use_profile 1        ◄───────────────────  使用 1 号轮廓记录
use_group 0

file execute /bin/ls
file write /dev/null
…

<kernel> /sbin/init /usr/sbin/sshd
use_profile 0        ◄───────────────────  使用 0 号轮廓记录
…
```

策略文件定义了系统中所有域的策略。每个域的策略的格式是：第一行是域的标识，也就是进程的执行历史；第二行是域使用的轮廓记录，不同的域可以使用不同的轮廓。这种设计又从另一个角度增加了 Tomoyo 的灵活性。

2. 轮廓和名字空间

结合名字空间，轮廓的定义可以有些变化，它的记录各部分的头部可以标记上名字空间，若没有标记则认为属于"<kernel>"。下面举个例子：

```
PROFILE_VERSION=20110903
0-COMMENT=disabled
0-PREFERENCE={ max_audit_log=1024 max_learning_entry=2048 }
0-CONFIG={ mode=disabled grant_log=yes reject_log=yes }
</usr/sbin/httpd> 0-COMMENT=-----Learning Mode-----
</usr/sbin/httpd> 0-PREFERENCE={ max_audit_log=1024 max_learning_entry=2048 }
</usr/sbin/httpd> 0-CONFIG={ mode=learning grant_log=no reject_log=yes }
```

也就是说，轮廓记录号和名字空间有关。上例中有两个 0 号记录，一个属于"<kernel>"名字空间，另一个属于"</usr/sbin/httpd>"名字空间。下面看与之相关的 domain_policy 的内容：

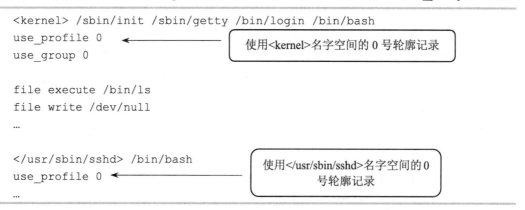

9.4 伪文件系统

像 SELinux 一样，Tomoyo 也利用了伪文件系统作为用户态进程和内核交互的接口，不过 Tomoyo 没有自己发明新的文件系统，而是使用了内核中标准的安全文件系统，即 securityfs[⊖]。securityfs 通常挂载在/sys/kernel/security/，Tomoyo 在其下添加了一个子目录"tomoyo"，内容见表 9-4。

表 9-4　/sys/kernel/security/tomoyo/下的文件

文件名	含义
audit	这是一个只读接口，用户态进程通过它读取内核 Tomoyo 的审计日志[⊖]
domain_policy	用户态进程通过这个接口读取或写入内核中所有域的策略
exception_policy	同上，只不过作用的对象是异常策略
manager	不是每一个进程都可以写/sys/kernel/security/tomoyo 下的文件的。Tomoyo 内部维护了一个"manager"列表，属于"manager"的进程才可以写/sys/kernel/security/tomoyo 下的文件。此文件就对应这个"manager"列表。文件内容的每一行是一个域名或文件名

⊖ 见 http://lwn.net/Articles/153366/。

⊖ 从这个接口可以看出 Tomoyo 没有用内核的 Audit 子系统。

（续）

文件名	含义
profile	用户态进程通过这个接口读取或者导入内核中所有的轮廓
query	在 enforcing 模式，这个接口用于对访问的再授权
self_domain	用户进程通过这个接口可以读取或修改自己的域
stat	用户态进程通过这个接口可以读取当前策略违反情况和内存使用情况，还可以通过此接口写入一些 Tomoyo 内存的限额配置
version	用户态进程通过这个接口可以读取当前 Tomoyo 的版本
.process_status	用户态进程通过这个接口可以了解系统中某个进程所在的域。方法是先写入一个进程号，再读出此进程对应的域

同 SELinux 一样，进程不能随意修改自己的域。Tomoyo 通过策略规定进程通过伪文件接口可以动态改变的域名。举个例子：

```
task manual_domain_transition <kernel> //apache /www.tomoyo00.com
```

这表示进程可以通过伪文件接口 "/sys/kernel/security/tomoyo/self_domain" 将自己的域改为 "<kernel> //apache /www.tomoyo00.com"。

9.5　总结

在 Linux 内核 5 个安全模块中，Tomoyo 是很有特色的一个。Tomoyo 的特色来自其背后的日本开发团队。总体来说，作者感觉 Tomoyo 日本开发团队与 Linux 主线开发团队有些 "隔绝"，Tomoyo 的设计思路和 Linux 主线的安全开发团队有些不一致。当初为了接纳 Tomoyo 进入 Linux 主线，Linux 安全团队增加了若干与路径安全相关的 LSM 钩子。但是，时至今日，Linux 主线仍然不能包含 Tomoyo 全部的功能。因此，Tomoyo 是 5 个安全模块中唯一一个发布三个分支的安全模块：一个分支以内核补丁的方式发布；一个分支以内核模块的方式发布；一个分支存在于内核主线之中。

或许是由于 Tomoyo 和 Linux 主线的 "隔绝"，Tomoyo 有一些有别于其他安全模块的新颖思路。Tomoyo 的灵活的细粒度管理足以让它在 Linux 内核 5 个安全模块中占据一席之地。

Tomoyo 的另一个特色是易用性。Tomoyo 呈现给用户的策略是文本格式的，而 SELinux 通过伪文件接口呈现给用户的策略是二进制格式的，用户需要另外使用工具来分析策略。Tomoyo 精心设计的基于 ncurses 的 "准图形化" 用户态工具使 Tomoyo 的用户体验是 5 个 Linux 内核安全模块中最好的。

9.6　参考资料

读者可参考 http://tomoyo.osdn.jp/。

习题

Tomoyo 的用户态工具具有良好的易用性。试试使用 Tomoyo 的用户态工具分析某个应用的行为。提示，将应用所在的域置为学习模式，查看内核学到的策略。比较一下用这种方式得到的应用行为状况与用命令 "strace" 得到的应用行为状况的异同。

第 10 章　AppArmor

10.1　简介

AppArmor 源于 1998 年 WireX 公司开发的 SubDomain。WireX 将 SubDomain 集成进一个名为 Immunix 的 Linux 发行版。随后，WireX 公司的名字也更改为 Immunix。在 2005 年，Novell 收购了 Immunix 公司。收购的目的就是为了 Immunix 背后的 SubDomain。为了突出这个安全产品，Novell 将 SubDomain 更名为 AppArmor，意思是 "Application Armor" ——应用装甲。转眼到了 2007 年，Novell 放弃了 AppArmor，裁撤了 AppArmor 的开发团队。这直接导致 AppArmor 的开发停滞。直到 2009 年 5 月，维护 Ubuntu 开发的 Canonical 公司接手了 AppArmor 的开发和维护工作。在 Canonical 公司的努力下，AppArmor 在 2010 年 7 月终于进入了 Linux 主线。AppArmor 的开发工作开始得相当早，却是几个主要安全模块中最后一个被 Linux 主线接受的。

同 Tomoyo 一样，AppArmor 也是基于路径的。AppArmor 的独特之处在于它并不关注全系统的安全！它只会为特别标明的进程提供强制访问控制，其他的进程都工作在不受控制的状态$^{\ominus}$。AppArmor，应用装甲，真是物如其名，它为某个或某些应用提供安全防护。

这样做当然不够安全，但是却易于使用。它的推崇者说 AppArmor 是内核几个主要安全模块中最容易学习和使用的。

10.2　机制

AppArmor 的机制也是 "类型增强"。 "类型" 又可被称为 "域"。谈到域，还是两个老问题：域内操作许可和域间转换规则。

AppArmor 的开发者和维护者是开发 Ubuntu 的 Canonical 公司。所以在 Ubuntu 的内核中有一些还未纳入 Linux 主线的 AppArmor 新特性。作者所分析的是 Linux 3.14-rc4，如果读者使用的是 Ubuntu，下面的 AppArmor 分析可能和读者所看到的略有不同。

10.2.1　操作许可

在 AppArmor 代码中，下列代码反映了 AppArmor 眼中的操作：

```
security/apparmor/include/audit.h
enum aa_ops {
        OP_NULL,

        OP_SYSCTL,
        OP_CAPABLE,
```

⊖ 下面这个链接提供了一种方法来让整个系统处在 AppArmor 的控制之下：http://wiki.apparmor.net/index.php/FullSystemPolicy

```
            OP_UNLINK,
            OP_MKDIR,
            OP_RMDIR,
            OP_MKNOD,
            OP_TRUNC,
            OP_LINK,
            OP_SYMLINK,
            OP_RENAME_SRC,
            OP_RENAME_DEST,
            OP_CHMOD,
            OP_CHOWN,
            OP_GETATTR,
            OP_OPEN,

            OP_FPERM,
            OP_FLOCK,
            OP_FMMAP,
            OP_FMPROT,

            OP_CREATE,
            OP_POST_CREATE,
            OP_BIND,
            OP_CONNECT,
            OP_LISTEN,
            OP_ACCEPT,
            OP_SENDMSG,
            OP_RECVMSG,
            OP_GETSOCKNAME,
            OP_GETPEERNAME,
            OP_GETSOCKOPT,
            OP_SETSOCKOPT,
            OP_SOCK_SHUTDOWN,

            OP_PTRACE,

            OP_EXEC,
            OP_CHANGE_HAT,
            OP_CHANGE_PROFILE,
            OP_CHANGE_ONEXEC,

            OP_SETPROCATTR,
            OP_SETRLIMIT,

            OP_PROF_REPL,
            OP_PROF_LOAD,
            OP_PROF_RM,
    };
```

深入研究 AppArmor 的代码之后，作者发现上述代码并不是为了访问控制，而是为了在输出日志消息时体现操作类型的。而且上面只是一个框架，有些部分还没有完成，比如 "OP_SYSCTL"，只有定义没有使用。

用于访问控制的是下面这些代码：

```
security/apparmor/include/file.h
#define AA_MAY_CREATE                  0x0010
#define AA_MAY_DELETE                  0x0020
#define AA_MAY_META_WRITE              0x0040
#define AA_MAY_META_READ               0x0080

#define AA_MAY_CHMOD                   0x0100
#define AA_MAY_CHOWN                   0x0200
#define AA_MAY_LOCK                    0x0400
#define AA_EXEC_MMAP                   0x0800

#define AA_MAY_LINK                    0x1000
#define AA_LINK_SUBSET                 AA_MAY_LOCK      /* overlaid */
#define AA_MAY_ONEXEC                  0x40000000       /* exec allows onexec */
#define AA_MAY_CHANGE_PROFILE          0x80000000
#define AA_MAY_CHANGEHAT               0x80000000       /* ctrl auditing only */
```

上面这些代码只是文件部分的操作许可。AppArmor 不止可以对文件操作进行控制，还可以对其他客体对象进行访问控制，只不过对其他客体对象的访问控制没有像文件那样有明确的常量定义。下面看一下代码：

```
security/apparmor/include/policy.h
struct aa_profile {
…
  struct aa_profile __rcu *parent;
  struct aa_namespace *ns;
…
  struct aa_file_rules file;
  struct aa_caps caps;
  struct aa_rlimit rlimits;
…
  char *dirname;
  struct dentry *dents[AAFS_PROF_SIZEOF];
};
```

在 Linux 3.14-rc4 主线中的 AppArmor 可以对三种客体进行访问控制：文件、能力和资源限制（rlimit）。在代码中，这三种客体的访问控制策略分别对应结构 aa_profile 的成员 file、caps 和 rlimits。对于能力，AppArmor 判断进程所需的能力是否包含在结构 aa_profile 的成员 caps 中；对于资源限制，AppArmor 判断进程当前的资源是否小于 aa_profile 的成员 rlimits 中的相关项。下面列出 aa_caps 和 aa_rlimit 的定义：

```
security/apparmor/include/capability.h
```

```
struct aa_caps {
        kernel_cap_t allow;
        kernel_cap_t audit;
        kernel_cap_t quiet;
        kernel_cap_t kill;
        kernel_cap_t extended;
};
```
security/apparmor/include/resource.h
```
struct aa_rlimit {
        unsigned int mask;
        struct rlimit limits[RLIM_NLIMITS];
};
```

Linux 系统中的客体类型很多，AppArmor 只对其中一小部分施加了强制访问控制。其他部分就要靠 Linux 的自主访问控制了。作者认为，不太合乎逻辑的是 AppArmor 将对自身策略的管理也交给了属于自主访问控制的能力机制：具有 CAP_MAC_ADMIN 能力的进程可以修改 AppArmor 策略，尽管 AppArmor 可以对能力进行访问控制。

最后强调一点，AppArmor 的开发还在进行中，新的 AppArmor 增加了对新型客体（如网络）的访问控制。

10.2.2　域间转换

同 Tomoyo 一样，AppArmor 的强制访问控制机制是基于文件路径的。在 AppArmor 中的域主要是由进程所执行的文件的路径决定的。Tomoyo 会不厌其烦地将进程以及进程的祖先所执行过的文件的路径都记录在进程的域中。AppArmor 不同，它只会将最后一次执行的文件的路径作为域。

AppArmor 将域设计成一种树状结构，域下可以有子域。这种设计的目的是让进程的域转换受到额外的限制。假设系统中有 A、B、C 三个域。系统管理员定制策略允许这三个域互相转换。域 A 下又有 a、b、c 三个子域。系统管理员可以定制策略允许域 A 转换到子域 a、b、c，但无法定制出策略让域 B 和域 C 直接转换到域 A 的子域 a、b、c。

和其他安全模块一样，在 AppArmor 中域间转换的途径有两条，一是执行文件，二是进程运行时自我改变。同样，域间转换会反映在策略上，需要策略允许。

1. 文件执行

AppArmor 中的域与进程所执行的文件相关，所以在进程执行文件时就有可能引起域的变化。结果是下面几种情况之一：

（1）根据文件名找到域，转换到文件所对应的域。这种情况又分为两种情况：

1）在当前域中存在相关的子域，转换到子域。

2）不存在子域，或不允许转换到子域，在当前域外存在一个以被执行的文件的文件名命名的域，转换到那个外部域。

（2）留在当前域。

（3）转换到"不受控制"（unconfined）的域。

10.1 节说过 AppArmor 的设计主旨是针对单个应用的安全，而不致力于整个系统的安全。一般情况下，AppArmor 的策略只能覆盖一部分进程。系统中其他进程都工作在不受控制的状态，这些进程的域就是"unconfined"。不仅如此，AppArmor 的策略还允许进程将域转换为"unconfined"，从受控制的状态转换到不受控制的状态。

2. 自我改变

AppArmor 的域的第二种转换方式是通过伪文件接口/proc/[pid]/attr/current。这种转换不能为所欲为，需要受到几个条件的限制：

（1）只能改进程自己的域，不能改别的进程的域。

（2）如果进程不是处在"unconfined"状态，并且进程的 no_new_privs[⊖]被置位，则不能修改。

（3）如果进程不是处在"unconfined"状态，并且进程的 no_new_privs 未被置位，则需要策略允许改动。

"自我改变"又有两种方式，第一种方式是向/proc/self/attr/current 中写入"changeprofile NewDomain"。如果策略允许，那么执行后进程的域就是"NewDomain"。"changeprofile"是"单程车票"，第二种方式"changehat"是"往返车票"。第二种方式是向/proc/self/attr/current 中写入"changehat token^hatdomain"，如"changehat 1234^hat"，如果策略允许，那么执行后进程的域就是"hat"。之后进程再向/proc/self/attr/current 中写入"changehat 1234"，进程的域就恢复为原先的域了。上面例子中的"1234"称为令牌（token），它是进程和内核之间的"小秘密"，专门用来让进程返回原先的域。

"changeprofile"可以用来做域间转换，包括转换到外部域和转换到子域。"changehat"只能用于从父域转换到子域。

3. 命名空间

AppArmor 也提供了命名空间（namespace）的概念，不同命名空间中策略配置相互隔离，不同的命名空间中同名的域可以有不同的策略。在实现中命名空间是一个被":"包裹的字符串：

```
:namespace://domainname
```

其中"//"是可选项。

切换命名空间只能通过"changeprofile"方式，也就是向/proc/self/attr/current 中写入":namespace://domainname"。

10.3 策略语言

AppArmor 的策略语言并不复杂，但是文档太少。要想完整地描述 AppArmor 的策略语言，需要阅读 AppArmor 用户态工具的源代码。下面举个例子，简单描述一下：

```
@{LIBVIRT}="libvirt "
/usr/sbin/libvirtd {
  #include <abstractions/authentication>
  capability kill,
  capability net_admin,
  /bin/* PUx,
```

⊖ 关于 no_new_privs，可以参考内核文档 prctl/no_new_privs.txt。

```
    /sbin/* PUx,
    audit deny /sbin/apparmor_parser rwxl,
    change_profile -> @{LIBVIRT}-[0-9a-f]*-[0-9a-f]*,
    rlimit data <= 100M,
}
```

AppArmor 的策略语言允许使用 include 语句包含一个已有的策略文件。客体类别 capability 和 rlimit 比较简单，capability 列出允许的能力，rlimit 列出限定的资源值。

客体类别文件略复杂。

其基本操作许可为：r（读）、w（写）、a（添加）、l（链接）、k（锁）、m（在 mmap 的内存中执行）、x（执行）。x 又可以有若干前缀，比如 "PUx"。下面对前缀做个分析，见表 10-1。

表 10-1　AppArmor 执行（x）操作的前缀

p	转换到与被执行文件的文件名匹配的域中，不清理进程环境变量
P	转换到与被执行文件的文件名匹配的域中，清理进程环境变量
c	转换到与被执行文件的文件名匹配的子域中，不清理进程环境变量
C	转换到与被执行文件的文件名匹配的子域中，清理进程环境变量
u	转换到不受控制的域（unconfined）中，不清理进程环境变量
U	转换到不受控制的域（unconfined）中，清理进程环境变量
i	维持域不变

这些前缀可以组合使用，例如 "pix"，意思是先找有没有与被执行文件匹配的域，如果没有就维持当前域不变。当然也不是所有前缀都可以组合的，例如 "p" 和 "P"，"p" 和 "c" 就不能组合。

不知读者是否注意到，一条策略语句的头部可以有修饰符，例如下面列出的语句：

```
    audit deny /sbin/apparmor_parser rwxl,
```

audit 表示记录日志，deny 表示拒绝访问。deny 的引入很重要，有了它，AppArmor 可以基于黑名单进行访问控制。白名单是指策略只列出允许的操作，没有列出的都不被允许。黑名单则相反。下面看个例子：

```
/bin/my-shell {
  file,
  capability,
  deny /home/zhi/my-test r,
}
```

这个策略允许处于/bin/my-shell 域的进程做任何操作，除了读文件/home/zhi/my-test。

下面再看一个 "changehat" 的例子：

```
#include <tunables/global>
/usr/lib/apache2/mpm-prefork/apache2 {
  #include <abstractions/base>
  #include <abstractions/nameservice>
```

```
capability kill,
/ rw,
/** mrwlkix,
^DEFAULT_URL {
  #include <abstractions/base>
  #include <abstractions/nameservice>

  / rw,
  /** mrwlkix,
  }
}
```

hat 子域的定义需要前缀 "^"。

10.4 模式

AppArmor 规定了四种工作模式：enforce、complain、unconfined、kill。像其他安全模块一样，enforce 就是严格按照策略办事，不符合策略的就拒绝访问请求；complain 是允许访问请求，但会把违反策略的访问请求记录到日志中；unconfined 就是和没有 AppArmor 一样，AppArmor 不对访问请求做控制。不同的是 kill，这种模式下不仅拒绝访问请求，还会将违反策略的进程杀死。

每个域都有自己的工作模式。不同的域可以工作在不同的工作模式之中。规定工作模式的方法是在域名后添加 "flags" 参数。举个例子：

```
/usr/bin/firefox flags=(complain){
    ...
}
```

10.5 伪文件系统

10.5.1 proc 文件系统

/proc/[pid]/attr 目录及其下文件是 SELinux 引入内核的，其他安全模块也可以用它来实现功能。AppArmor 用到了/proc/[pid]/attr 目录下的部分文件：current、prev、exec。

（1）current

此文件可读可写。读时返回进程所在的域。写时又分两种情况：

1）changehat

写入一行：

```
changehat <token>[^<hat name>]
```

举个例子：

```
changehat 1234^hat1
```

意思是转到"hat1"子域，同时记录"1234"作为与之对应的令牌。这个令牌是在从子域返回时用到的，例如：

```
changehat 1234
```

就会从子域"hat1"返回刚才的父域。

2）changeprofile

语法是：

```
changeprofile [:<namespace>:]<profile>
```

（2）prev

显示前一个域的名字。"前一个域"特指在使用"changhat"机制转换域时，内核中保留的父域（前一个域）。

（3）exec

这个文件的操作方法和"current"文件相同。"exec"文件对应进程中专门在 execve 系统调用中使用的域名。

10.5.2　sys 文件系统

在/sys/modules/apparmor/parameters 目录下有很多文件，通过它们可以动态调整或读取 AppArmor 的运行状态。

（1）audit

查看或设置审计（日志）模式。文件的内容为一个字符串：normal、quiet_denied、quiet、noquiet、all。从代码注释中可以看出这 5 种模式的含义：

```
security/apparmor/include/audit.h
#define AUDIT_MAX_INDEX 5
enum audit_mode {
        AUDIT_NORMAL,          /* follow normal auditing of accesses */
        AUDIT_QUIET_DENIED,    /* quiet all denied access messages */
        AUDIT_QUIET,           /* quiet all messages */
        AUDIT_NOQUIET,         /* do not quiet audit messages */
        AUDIT_ALL              /* audit all accesses */
};
```

（2）audit_header

查看或设置审计日志消息中是否出现消息头部数据。文件内容为一个字符："y""Y"与"1"表示出现，"n""N"与"0"表示不出现。

（3）debug

查看或设置 AppArmor 的调试模式。文件内容为一个字符："y""Y"与"1"表示处于调试模式，"n""N"与"0"表示不处于调试模式。

（4）enabled

这是一个只读文件，用于查看 AppArmor 的状态。其内容为一个字符，"Y"表示 AppArmor 处于使能状态，其他表示 AppArmor 不处于使能状态。

（5）lock_policy

查看或设置策略文件锁的状态。文件内容为一个字符："y""Y"与"1"表示不能修改策略，"n""N"与"0"表示可以修改策略。

（6）logsyscall

和前面的文件类似，这个文件的内容是一个表示布尔值的字符。但是这个文件所对应的布尔值似乎在内核代码中没有用到。

（7）mode

查看或设置 AppArmor 的整体模式。文件的内容是一个字符串，值为下列之一："enforce""complain""kill"与"unconfined"。

（8）paranoid_load

决定加载策略文件时是否进行严格检查。文件内容为一个字符："y""Y"与"1"表示严格检查，"n""N"与"0"表示不做严格检查。

（9）path_max

查看或设置路径的最大长度，文件内容是一个表示长度的整数。

10.5.3　securityfs 文件系统

同 Tomoyo 一样，AppArmor 也使用了 securityfs，相关的目录通常在/sys/kernel/security/apparmor。此目录下包含 4 个文件和两个子目录。下面描述它们的用法。

（1）.load

这个文件用于加载策略。AppArmor 的策略和 SELinux 类似，也是二进制格式的。用户需要预先用一个工具（apparmor_parser）将用户友好的文本格式的策略文件编译为内核更易处理的二进制格式策略文件，然后再通过.load 文件载入内核。

（2）.replace

这个文件用于加载策略，和.load 的区别是，.load 是添加，.replace 是替换。

（3）.remove

这个文件用于删除策略。删除以域为单位。

（4）profiles

这是一个只读文件，虽然文件允许位标记可写，但是内核根本没有实现此文件的写函数！通过它可以读出所有策略。

（5）policy

这是一个目录，其下又有两个子目录：

1）namespaces

其下的文件或目录与名字空间有关。

2）profiles

其下的文件或目录与域有关。

（6）features

这是一个目录，其下有子目录和文件，全部为只读接口，通过它们可以得到当前系统支持的 AppArmor 特性[注]。举个例子：

[注] 阅读代码发现似乎这部分和代码实际实现没有完全同步。

```
$ cat /sys/kernel/security/apparmor/features/file/mask
create read write exec append mmap_exec link lock
```

当前系统对文件相关的操作许可控制包括：create、read、write、exec、append、mmap_exec、link、lock。

10.6　总结

AppArmor 的最大特点是"不安全"，或者换一个积极正面的词汇——简单易用。AppArmor 的这个特点体现在两个方面：

（1）AppArmor 设计的宗旨是安全加固某个应用或某几个应用。

（2）AppArmor 提供方法让用户可以用黑名单的方式定制策略。

AppArmor 这么做有一定道理。在现实中，一个系统迫切需要安全加固的往往只是一个或几个应用。例如一个 Web 服务器，只有 Web 服务进程和外界交流，Web 服务安全了，90%的安全问题就解决了。

抛开安全性，AppArmor 的缺陷是文档。到 2016 年 2 月，AppArmor 的文档还不能算是完善，一些特性语焉不详，一些文档前后矛盾。一个标榜易用性的安全模块却没有把文档做好，实在是有些不应该。

10.7　参考资料

读者可参考 http://wiki.apparmor.net/index.php/Main_Page。

习题

AppArmor 设计的宗旨是安全加固某个或某几个应用。思考一下，如何利用 AppArmor 来加固整个系统？是否需要修改代码？如果不修改代码，又该如何制定策略？

第 11 章   Yama

11.1   简介

Yama 是一个源自古印度语的英文单词，翻译成汉语就是"阎罗"，阎罗是印度神话中掌管地狱的神。

Yama 可以称为半个安全模块，说它是"半个"，原因是：

（1）它是目前（3.14）Linux 主线中最简单的安全模块，只用到了 4 个 LSM 钩子函数，这 4 个钩子函数都和 ptrace 相关。

（2）它没有一个完整的安全概念在背后支撑，多级安全、基于角色的访问控制、类型增强等都和它无关，它是针对具体问题——ptrace——的安全加固。

（3）它可以和其他安全模块同时起作用，系统里可以既有 SELinux 的访问控制，又有 Yama 对 ptrace 的控制，而 SELinux、SMACK、Tomoyo、AppArmor 这四者之间是互斥的，不能同时存在。

11.2   机制

先谈一下 ptrace 有什么潜在的安全问题。ptrace 是一个系统调用，调用它可以让两个进程形成"跟踪"关系。跟踪进程可以查看和修改被跟踪进程内存、寄存器、信号等，可以了解被跟踪进程系统调用情况。也就是说，在跟踪进程面前，被跟踪进程毫无秘密可言。

Linux 原有的、自主访问控制下的对 ptrace 的操作控制是满足下列两个条件之一即可：

（1）跟踪进程的 uid 同时等于被跟踪进程的 uid、euid、suid，并且跟踪者进程的 gid 同时等于被跟踪者进程的 gid、egid、sgid。

（2）跟踪者进程具备能力 CAP_SYS_PTRACE。

看一下代码：

```
kernel/ptrace.c
static int __ptrace_may_access(struct task_struct *task, unsigned int mode)
{
…
  const struct cred *cred = current_cred(), *tcred;
  tcred = __task_cred(task);
  if (uid_eq(cred->uid, tcred->euid) &&
    uid_eq(cred->uid, tcred->suid) &&
    uid_eq(cred->uid, tcred->uid) &&
    gid_eq(cred->gid, tcred->egid) &&
    gid_eq(cred->gid, tcred->sgid) &&
    gid_eq(cred->gid, tcred->gid))
```

```
        goto ok;
    if (ptrace_has_cap(tcred->user_ns, mode))
        goto ok;
…
}
static int ptrace_has_cap(struct user_namespace *ns, unsigned int mode)
{
    if (mode & PTRACE_MODE_NOAUDIT)
        return has_ns_capability_noaudit(current, ns, CAP_SYS_PTRACE);
    else
        return has_ns_capability(current, ns, CAP_SYS_PTRACE);
}
```

这里的问题是，uid/gid 相同的进程可以互相跟踪，如果一个进程被攻破，与之同 uid/gid 的进程都沦陷。而如果特权进程被攻破，全系统的进程都不能幸免。

Yama 提供了四种模式：disabled、relational、capability、no_attach。disabled 就是 Yama 不起作用，和没有它一样。capability 就是只有在跟踪者进程具备 CAP_SYS_PTRACE 能力时允许跟踪进程和被跟踪进程之间形成跟踪关系。no_attach 就是根本不允许任何进程之间形成跟踪关系。relational 是在以下三种情况之一出现时允许形成跟踪关系：

（1）跟踪者进程和被跟踪者进程之间存在纵向亲缘关系，跟踪者进程是被跟踪者进程的父进程、祖父进程……

（2）被跟踪者进程曾经通过系统调用 prctl 的选项 PR_SET_PTRACER，声明愿意被某个（跟踪者）进程跟踪。

（3）跟踪者进程具备 CAP_SYS_PTRACE 能力。

security/yama/yama_lsm.c
```
int yama_ptrace_access_check(struct task_struct *child, unsigned int mode)
{
…
    if (mode == PTRACE_MODE_ATTACH) {
        switch (ptrace_scope) {
        case YAMA_SCOPE_DISABLED:
        /* No additional restrictions. */
            break;
        case YAMA_SCOPE_RELATIONAL:
            rcu_read_lock();
            if (!task_is_descendant(current, child) &&
                !ptracer_exception_found(current, child) &&
                !ns_capable(__task_cred(child)->user_ns, CAP_SYS_PTRACE))
                rc = -EPERM;
            rcu_read_unlock();
            break;
        case YAMA_SCOPE_CAPABILITY:
            rcu_read_lock();
            if (!ns_capable(__task_cred(child)->user_ns, CAP_SYS_PTRACE))
                rc = -EPERM;
```

```
      rcu_read_unlock();
      break;
    case YAMA_SCOPE_NO_ATTACH:
    default:
      rc = -EPERM;
      break;
    }
  }
  …
  }
```

Yama 在系统调用 prctl 中增加了一个选项:PR_SET_PTRACER，通过它，进程可以明确向内核注册自己可以被哪个进程跟踪。举个例子：

```
    prctl(PR_SET_PTRACER, 1972, 0, 0, 0)
```

这个例子意思是：进程可以被系统中 pid 为 1972 的进程跟踪。如果传入的进程号是 0，表示进程不愿被任何进程跟踪（有纵向亲缘关系的除外），如果传入的进程号是-1，表示愿意被任何进程跟踪。

11.3 伪文件系统

Yama 的设计者希望 Yama 能够和别的安全模块同时起作用，所以 Yama 不能使用 /proc/[pid]/attr 目录下的文件。Yama 也没有使用 securityfs 文件系统，虽然使用 securityfs 不会引起和别的安全模块的冲突。Yama 的做法是在/proc/sys/kernel/目录下创建子目录 yama，在子目录 yama 下创建文件 ptrace_scope。这个伪文件的内容是一个 0 到 3 的数字，对应 Yama 的四种工作模式，见表 11-1。

表 11-1 Yama 工作模式

值	工作模式
0	disabled
1	relational
2	capability
3	no_attach

对此文件的读操作不需要特殊能力，写操作需要能力 CAP_SYS_PTRACE。

还有一点需要注意，一旦向此文件写入了 3，就不可以再写入其他值了。背后的含义就是一旦切入了最安全模式 no_attach，就不可以再变为不安全模式了。

11.4 嵌套使用

Yama 提供了一个内核编译选项：CONFIG_SECURITY_YAMA_STACKED，选择了它，可以让 Yama 和其他安全模块同时起作用。

11.5　总结

很多人都曾经利用 LSM 机制开发过自己的安全模块，功能或多或少，但是这类工作大都未能进入主线。Yama 是一个特例。

从某种角度看，Yama 堪称完美。首先，Yama 解决的是一类实际的安全问题，而不是某种虚无缥缈的假想的安全威胁。其次，Yama 可以和别的安全模块共存。Yama 承认自己只做了很小一部分工作，如果用户想要更全面的安全，可以启用另一个安全模块来和 Yama 合作。其实，内核各个安全模块所做的工作重复之处甚多。

Yama 的开发者 Kees Cook 在 Yama 被 Linux 主线接收后还曾经提交过新的安全模块，不过没有被接收，在 Ubuntu 发行版中，那些未进主线的新模块的功能至少有一部分被合并入 Ubuntu 修改过的 Yama 之中。

11.6　参考资料

读者可参考 Documentation/security/Yama.txt。

习题

Yama 可以和别的 LSM 模块共存。阅读代码，看看 Yama 是如何做到和别的 LSM 模块共存的。思考一下 Yama 的这种作法可否推广到其他 LSM 模块。

第三部分　完整性保护

完整性保护的目的可以概括为一句话：防止数据被篡改。完整性保护的手段就是保存一个从原始数据推导出的度量值，在访问数据之前，先针对数据推导出当前的度量值，如果这个度量值和原始的度量值不一致，那么就说明数据已经有了变化。这样就产生了两个深层的问题，一个是这个度量值保存在哪里，另一个是如何保证这个度量值本身不被篡改。

第 12 章　IMA/EVM

12.1　简介

本章介绍 Linux 内核的完整性子系统,代码位于 security/integrity 目录下。完整性子系统又可分为两个部分:IMA(Integrity Measurement Architecture)和 EVM(Extended Verification Module)。在解释它们的具体含义之前,读者首先要明白 IMA/EVM 是 TCG(Trusted Computing Group)开放标准的一部分。在 TCG 开放标准的架构中,可信平台模块(Trusted Platform Module,TPM)是一个芯片,其上层是可信启动(Trusted Boot,TBoot)。在实践中,可信启动的一种实现方式是修改 GRUB,在其中加入完整性度量功能,形成 GRUB-IMA。在启动层之上是内核,内核中含有 TPM 的驱动以及本章要讲述的 IMA 和 EVM。内核之上是用户态的库和应用,这部分包含可信软件栈(Trusted Software Stack)和平台信任服务(Platform Trust Services)。TCG 开放标准规定的可信计算架构如图 12-1 所示。

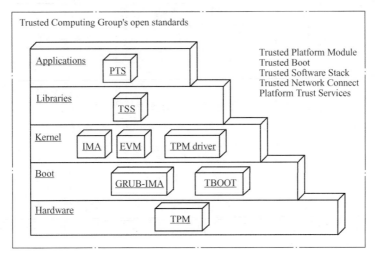

图 12-1　可信计算架构

所以,首先要了解一下什么是可信计算(Trusted Computing)。

12.1.1　可信计算

可信计算的首要问题是什么是可信,而关于可信,目前还没有统一的定义,不同的专家和不同的组织有不同的解释。1990 年,国际标准化组织与国际电子技术委员会(ISO/IEC)在其发布的目录服务系列标准中基于行为预期性定义了可信性:如果第二个实体完全按照第一个实体的预期行动,则第一个实体认为第二个实体是可信的。2002 年,TCG 用实体行为的预期性来定义可信:如果一个实体的行为总是以预期的方式,达到预期的目标,则这个实体是可信的。

在人类社会中,"信任"是一个模糊的概念,可以是百分之百信任,百分之五十信任,不信任；可以今天信任，明天就不信任。在计算机的世界里很难做到模糊化，TCG 在可信 PC 规范中采用了一种简单的信任度量模型：

（1）二值化：只考虑信任和不信任两种极端情况。

（2）无损化：不考虑信任传递中的损失，即认为信任在传递过程中没有损失。所谓信任传递，就是甲信任乙，乙信任丙，于是甲也信任丙。

（3）用数据完整性度量值充当信任值：受目前信任度量理论和技术的限制，还不能直接度量（measure）计算机系统的可信性，于是采用数据完整性的度量值来作为可信性的度量值。

在可信 PC 规范中，信任链起始于 BIOS 启动块（Boot Block），BIOS 启动块度量 BIOS，BIOS 度量启动加载模块（boot loader），启动加载模块度量 OS，OS 度量应用。一级度量一级，一级信任一级，把信任扩展到整个计算机系统。而存储和保护度量值的地方就在 TPM（Trusted Platform Module）。

TCG 所定义的 TPM 是一种 SoC（System on Chip）芯片，如图 12-2 所示。

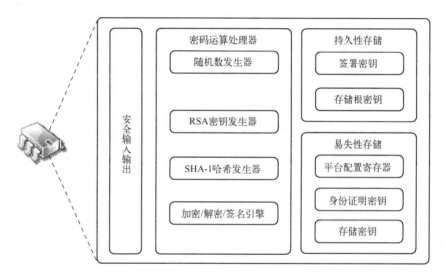

图 12-2　TPM 架构

TPM 主要用来管理密钥、执行加解密运算、数字签名、安全存储数据。本章要介绍的 IMA 和 EVM 会使用 TPM 管理的密钥，会利用 TPM 提供的 PCR（Platform Configuration Register）来存储完整性度量值。

12.1.2　完整性

完整性的英文是 "integrity"。在维基百科上，integrity 的定义是："Integrity is the quality of being honest and having strong moral principles; moral uprightness. It is generally a personal choice to uphold oneself to consistently moral and ethical standards." 在此含义下，integrity 对应的汉语词汇是 "诚信"。人类社会的诚信很难移植到计算机的世界中，于是 integrity 就变成了 "完整性"，关注的焦点变成了文件内容是否被篡改。其实在不改变程序内容的情况下，运行程序的进程的 "诚信" 仍有可能出问题。比如某些安全防护差的浏览器在浏览不良网站时会被植入木马，做一些用户不希望它做的事情。在 1975 年的论文 "Integrity Considerations for Secure Computer Systems" 中，研究完整性的先驱 K. J. Biba 提出了第一个计算机领域的完整性保护方案，方案涉及进程和文件分级。当高级别进程读到了低级别的文件，进程本身的完整性级别也要随之降低。就像一个品德高尚的人读了一些低级趣味的书刊，就有可能受到不良影响而去做一些与其身份不符的事情，所以他的品德级别应该随之降低。

由于实现很复杂，integrity 在计算机领域基本等同于完整性，即，关注于文件内容是否改变。衡量的手段就是用哈希算法计算出文件内容的哈希值。然后比较这个哈希值有没有改动。

12.1.3　哈希

用于完整性校验的哈希算法是密码哈希算法，即 cryptographic hash function。它具有以下特性：

- 对任意输入都能很容易地计算出哈希值。
- 不可能从哈希值反推出输入。
- 不可能改变输入而不改变输入所产生的哈希值。
- 很难找到哈希值相同的两个不同输入。

密码哈希算法是包括数字签名在内的信息安全应用的基础。

12.1.4　IMA/EVM

回顾一下，可信计算希望将人类社会中的信任模型移植入计算机领域，但是信任不好度量，于是就退一步，使用完整性。完整性的本义是诚信，诚信在计算机中无法实现，就再退一步，将文件的完整性衡量变为判断文件内容是否被篡改。实现这一目标的工具就是密码哈希算法。

Linux 内核中的 IMA 和 EVM 专注于文件的完整性保护，这种保护的基础是密码哈希算法。虽然 IMA/EVM 是可信计算的一个组成模块，但是 IMA/EVM 的设计者增加了一些功能，使得它们在没有可信计算硬件——TPM 的情况下，也可以发挥一些完整性保护的作用。

1. IMA

IMA 从 Linux 2.6.30 开始进入 Linux 内核主线。功能包括：

（1）收集（collect）—— 度量文件，即计算文件的哈希值。

（2）存储（store）—— 将度量值放入内核维护的一个列表中。并且如果 TPM 硬件存在，IMA 会申请 TPM 中的一个 PCR（Platform Configuration Register）。IMA 的存储功能会扩展这个 PCR，即将度量值和这个 PCR 中的值进行计算，将计算结果存回 PCR。

（3）证明（attest）—— 如果 TPM 硬件存在，使用 TPM 对 TPM 分配给 IMA 的 PCR 的值签名。在此基础上，远程证明成为可能[⊖]。

（4）评估（appraise）—— 事先将文件的完整性度量值存储在文件扩展属性 security.ima 中，内核针对这个值判断文件内容是否被篡改。

IMA 的前三个功能是同一批进入内核的，第四个功能从 Linux 3.7 开始正式进入主线。

2. EVM

EVM 从 Linux 3.3 开始正式进入主线。它的功能只有一个：保护（protect），保护文件的安全相关的扩展属性。安全相关的扩展属性包括：SELinux 用到的"security.selinux"，SMACK 用到的"security.SMACK64"，前面提到的 IMA 用到的"security.ima"，capability 用到的"security.capability"。这些扩展属性的值是相关安全机制的基础。这些值如果被篡改，安全就无

⊖ 实际上，IMA 本身并没有直接用于证明的代码，它只负责将度量值存入相应的位置，这个度量值可以被其他软件用于远程证明。

从谈起。

无论 IMA 还是 EVM，都不是用来应对系统运行中的恶意软件威胁的，系统运行中对文件的保护是由其他机制，比如 LSM，来实施的。IMA 和 EVM 针对的是离线攻击的威胁。比如，攻击者在关机的状态下，将硬盘拆出，插到另一台计算机中，修改其中的文件，然后把硬盘插回原来的计算机。

12.2　架构

12.2.1　钩子

同 LSM 一样，IMA/EVM 也定义了一些钩子函数。与 LSM 不一样的是，IMA/EVM 没有一个类似 security_ops 的结构体来承载这些钩子。因为 LSM 有若干可以互相替换的模块:SELinux、SMACK、Tomoyo、AppArmor、Yama，而 IMA/EVM 只此一家，别无分店。IMA 的钩子函数包括：

- ima_file_mmap
- ima_bprm_check
- ima_file_check
- ima_module_check
- ima_inode_post_setattr
- ima_inode_set_xattr
- ima_inode_removexattr

EVM 的钩子函数都和 inode 的属性（attr）或者 inode 的扩展属性（xattr）有关，包括：

- evm_inode_setattr
- evm_inode_post_setattr
- evm_inode_init_security
- evm_inode_setxattr
- evm_inode_post_setxattr
- evm_inode_removexattr
- evm_inode_post_removexattr

同 LSM 很类似，这些钩子函数在系统调用的关键路径上被调用。有些 IMA/EVM 钩子函数和 LSM 的钩子函数在同一处被调用，比如 ima_file_mmap 就在 security_mmap_file 中被调用。

12.2.2　策略

IMA/EVM 同其他 Linux 中的子系统一样，也是定义机制，执行策略，机制和策略分离。EVM 功能比较单一，不需要策略的支持。下面简单描述一下 IMA 的策略：

```
rule format: action [condition ...]
action: measure | dont_measure | appraise | dont_appraise | audit
```

行为（action）有五种：measure、dont_measure、appraise、dont_appraise、audit。measure 的含义是度量，将文件的完整性度量值存储在内核的一个链表中，如果有 TPM 硬件存在，还会将此度量值映射到 TPM 的某个 PCR 中。appraise 的含义是评估，将文件现在的完整性度量值和存储于文件扩展属性 "security.ima" 中的度量值做比较，返回一个结果。audit 的含义是审计，生成一条审计日志消息，传给内核审计子系统。

```
condition:= [ base | lsm ] [option]
   base: [[func=] [mask=] [fsmagic=] [fsuuid=] [uid=] [fowner=]]
   lsm:  [[subj_user=] [subj_role=] [subj_type=]
         [obj_user=] [obj_role=] [obj_type=]]
   option: [[appraise_type=]]
```

如果对所有文件都做度量或评估，无疑会对系统性能产生较大影响。所以 IMA 对文件做度量或评估，一定要有所选择。选择的条件有两个，一个是 "base"，另一个是 "lsm"。先看 "base"。

```
func:= BPRM_CHECK | MMAP_CHECK | FILE_CHECK | MODULE_CHECK
mask:= MAY_READ | MAY_WRITE | MAY_APPEND | MAY_EXEC
fsmagic:= hex value
fsuuid:= file system UUID (e.g 8bcbe394-4f13-4144-be8e-5aa9ea2ce2f6)
uid:= decimal value
fowner:=decimal value
```

func 的五个值：BPRM_CHECK 对应钩子函数 ima_bprm_check，MMAP_CHECK 对应钩子函数 imap_file_mmap，FILE_CHECK 对应钩子函数 imap_file_check，MODULE_CHECK 对应钩子函数 imap_module_check。fsmagic 对应内核文件系统 super_block 结构体中的成员 s_magic 的值，比如 proc 文件系统的 super_block 的 s_magic 的值是 0x9fa0。全部的值可以在 /usr/include/linux/magic.h 中查到。其他都很简单，不解释了。

这里的 lsm 实际上专指 SELinux，lsm 相关的条件，实际上就是和 selinux 相关的条件，因为只有 selinux 有 subj_user、subj_role、subj_type、obj_user、obj_role、obj_type，分别代表主体用户、主体角色、主体类型、客体用户、客体角色、客体类型。

option 只有一个：appraise_type。appraise_type 只有一个值：imasig，它只会影响到 appraise "行为"。

12.2.3　扩展属性

前面提到，IMA 的功能包括：收集、存储、证明、评估。前三个功能是计算文件的完整性度量值，存入内核列表，如果有 TPM 硬件就同时将度量值映射到 TPM 的 PCR 中，这个值可以用来远程证明。这三个功能不涉及扩展属性。第四个功能与文件的扩展属性有关。评估的含义是在进程存取文件之前，内核先判断文件的完整性度量值和预先存入到文件的扩展属性 "security.ima" 中的值是否一致，如果一致则允许存取操作，不一致则拒绝。

EVM 的功能是保证几个安全相关的扩展属性的完整性，在内核安全相关的函数中，会先验证扩展属性的完整性，然后进行安全操作。EVM 用扩展属性 "security.evm" 存储相关数据。那么，谁来保证 EVM 的完整性呢？答案是使用加密算法。

12.2.4　密钥

回顾一下，IMA 要做完整性保护，完整性的基础是文件的哈希值，这个哈希值被存入了文件的扩展属性"security.ima"中。为了保护这个文件扩展属性的完整性，又对包括这个扩展属性在内的几个安全相关的扩展属性值进行一个运算，将运算结果存入"security.evm"中。然后呢？为了保护扩展属性"security.evm"的完整性，再引入一个扩展属性？显然是不行的。

为了保护完整性度量值，内核使用了加密算法。加密算法需要密钥，IMA/EVM 用到了三组密钥：evm-key、_evm、_ima。下面逐一叙述。

（1）evm-key

扩展属性 security.evm 值包含几个安全相关扩展属性值的加密处理后的运算结果，一种处理方式是使用 HMAC。HMAC 是密钥相关的哈希运算消息认证码（Hash-based Message Authentication Code）。HMAC 运算利用哈希算法，以一个密钥和一个消息为输入，生成一个消息摘要作为输出。

上述加密运算使用的密钥是内核中一个名称为"evm-key"，类型为"encrypted"的密钥。关于密钥管理，请参考第 16 章。EVM 子系统将安全相关的扩展属性的值合在一起作为消息输入，将密钥"evm-key"作为密钥输入，算出当前的 HMAC 值，用这个值和之前存储在扩展属性 security.evm 中的值进行比较，确定文件的安全相关扩展属性的完整性是否被破坏。

（2）_evm

另一个保护安全相关扩展属性值的方式是使用数字签名。数字签名涉及公钥和私钥。在扩展属性 security.evm 的值中包含一个数字签名，EVM 子系统在内核钥匙链（keyring）"_evm"中寻找用于验证签名的公钥。

（3）_ima

EVM 是用来保护 IMA 的。EVM 自身依靠数字签名或 HMAC 保护，那么如果直接用签名来保护 IMA，不就可以省略 EVM 了吗？后来，IMA 做了一些扩展，在 security.ima 中直接存储一个和文件完整性校验值相关的数字签名，这样在没有 EVM 的情况下，IMA 自己就可以保证自己的完整性。

验证签名的公钥存储在内核钥匙链（keyring）"_ima"上。

12.2.5　用户态工具

1．签名的生成

读到这里，不知读者有没有疑问：扩展属性 security.evm 和 security.ima 中的值是什么时候填入的？密钥是怎么产生的？又是什么时候载入内核的？

先说 IMA，扩展属性 security.ima 的值有两种形式，一种是非加密哈希，另一种是数字签名。前者可以由内核在进程访问文件时填入当时的哈希值，条件是内核启动时有参数"ima_appraise=fix"。后者要由用户态工具写入。

再说 evm，扩展属性 security.evm 的值有两种形式，一种是 HMAC，另一种是数字签名。前者可以由内核在进程访问文件时填入当时计算的结果，条件是内核启动时有参数"evm=fix"。后者要由用户态工具写入。这个用户态工具是 evmctl，当然用户也可以编写别的工具做同样的事情。下面举几个例子。

计算哈希存入 ima 并且产生 evm 签名：

```
evmctl sign --imahash test.txt
```

产生 ima 签名和 evm 签名：

```
evmctl sign --imasig test.txt
```

产生 ima 签名：

```
evmctl ima_sign test.txt
```

也就是说，在数字签名的情况下，内核只掌握公钥，只能验证签名，不能生成签名。签名都是本次系统启动之前的某个时刻生成的。

2．密钥的生成

（1）evm-key

密钥的生成也需要用户态工具，首先是 evm-key。在 TPM 硬件存在的情况下，"encrypted" 密钥可以依托 "trusted" 密钥产生：

```
keyctl add trusted kmk "new 32" @u
keyctl add encrypted evm-key "new trusted:kmk 32" @u
```

第一条命令是让内核借助 TPM 产生一个类型为 "trusted"，描述为 "kmk"，长度为 32B 的密钥。第二条命令是让内核借助刚才产生的 "kmk" 密钥，产生一个类型为 "encrypted"，描述为 "evm-key"，长度为 32B 的密钥。

有 TPM 硬件时，内核才能产生类型为 "trusted" 的密钥。在没有 TPM 硬件时，"encrypted" 密钥只能依托 "user" 密钥产生：

```
keyctl add user kmk "`dd if=/dev/urandom bs=1 count=32 2>/dev/null`" @u
keyctl add encrypted evm-key "new user:kmk 32" @u
```

第一条命令让内核产生一个类型为 "user"，描述为 "kmk"，长度为 32B，内容为自 /dev/urandom 读出的随机数的密钥。第二条命令是让内核借助刚才产生的 "kmk" 密钥，产生一个类型为 "encrypted"，描述为 "evm-key"，长度为 32B 的密钥。

（2）_ima 和 _evm

用户可以用 openssl 生成公私钥对，然后将公钥加载到内核中：

```
ima_id=$(keyctl newring _ima @u)
evmctl import /etc/keys/pubkey_ima.pem $ima_id

evm_id=$(keyctl newring _evm @u)
evmctl import /etc/keys/pubkey_evm.pem $evm_id
```

3．密钥加载

evm-key、用于数字签名的 ima 公钥和用于数字签名的 evm 公钥都要保存在内核中。它们需要在系统启动的早期被加载入内核。通常这样的工作在 initramfs 中完成。相应的命令可以是加载 evm-key。假设有 TPM 硬件，使用 trusted 密钥作为 encrypted 密钥的后台支持，假设密钥相关的数据被存入/etc/keys/目录下的文件：

```
keyctl add trusted kmk "load `cat /etc/keys/kmk`" @u
keyctl add encrypted evm-key "load `cat /etc/keys/evm-key`" @u
```

若没有 TPM 硬件，只能使用 user 密钥作为 encrypted 密钥的后台支持：

```
cat /etc/keys/kmk | keyctl padd user kmk @u
keyctl add encrypted evm-key "load `cat /etc/keys/evm-key`" @u
```

加载完 evm-key 后，要通知一下内核，内核 evm 子系统就可以用 evm-key 进行相关计算了。

```
echo "1"> /sys/kernel/security/evm
```

两个公钥的加载类似，下面只列出一个：

```
# search for EVM keyring
evm_id=`keyctl search @u keyring _evm 2>/dev/null`
if [ -z "$evm_id" ]; then
    evm_id=`keyctl newring _evm @u`
fi
# import EVM X509 certificate
evmctl import /etc/keys/x509_evm.der $evm_id
```

12.3 伪文件系统

IMA/EVM 使用 securityfs 文件系统构建内核和用户态接口。securityfs 通常挂载于 /sys/kernel/security。IMA/EVM 在其中创建了两个文件和一个子目录。

（1）evm

用户态程序通过这个文件通知内核 evm 子系统，密钥 "evm-key" 已经准备好。写此文件需要能力 "CAP_SYS_ADMIN"，只能向这个文件写入 ASCII 字符 "1"。写入一次后，再写就会得到 "EPERM" 错误。读文件会得到当前 evm 的状态，1 表示就绪，0 表示还没有初始化。

（2）ima

这是一个目录，其下的文件都和 ima 有关。

1）binary_runtime_measurements

2）ascii_runtime_measurements

这两个文件都是只读文件，用来显示内核中管理的度量文件列表。binary_runtime_measurements 以二进制的形式输出列表内容，而 ascii_runtime_measurements 是文本形式。下面简要叙述一下 ascii_runtime_measurements 文件的内容：每行一个记录，对应一个文件的完整性度量。第一个记录特殊，对应的是引导程序，显示文件名的地方是"boot_aggregate"，计算哈希值的输入是 TPM 硬件的 8 个寄存器 pcr0～pcr7。

每行的第一列是分配给 IMA 使用的 PCR 寄存器，由编译选项 CONFIG_IMA_MEASURE_PCR_IDX 决定，取值范围 8～14，缺省为 10。第二列是哈希值，第三列是模板名称，第四列是模板对应的文件信息（文件内容的哈希值、文件名、数字签名）。需要解释一下模板了。IMA 有三个模板，名称分别为：ima、ima-ng、ima-sig。在 ima 模板中，计算哈希时的输入消息包括文件内容和文件名。ima-ng 和 ima 类似，也是针对文件内容和文件名计算哈希，但是可使用的算法更多。ng 就是 next generation（下一代）的意思。ima-sig 和 ima-ng 类似，但是计算哈希的输入多了一个数字签名。

3）runtime_measurements_count

这是只读文件，显示内核中管理的度量文件列表中文件的数量。

4）violations

只读文件，显示 violation 的次数。针对的是这样一种问题：若一个进程以读模式打开文件，另一个进程以写模式打开文件，则这个文件的度量和使用就会存在冲突。

5）policy

只写文件，一行对应一条策略。

12.4　内核启动参数

IMA/EVM 使用的内核启动命令行参数有些多，下面逐一介绍。

（1）evm=fix

进程访问文件时，内核为访问到的文件的安全相关扩展属性生成相应的 HMAC 值，存入文件的扩展属性 security.evm 之中。如果文件已经有扩展属性 security.evm，并且其中保存的是数字签名，那么内核不会生成 HMAC 值存入 security.evm。下面这条命令为所有属主是 root 的文件生成扩展属性 security.evm：

```
find / -fstype ext4 -type f -uid 0 -exec head -n 1 '{}' >/dev/null \;
```

（2）ima_appraise=off|fix

在取值"fix"时，进程访问文件时，内核为访问到的文件生成哈希值，存入扩展属性 security.ima 之中。如果扩展属性 security.ima 无值或者已经有值，并且值是数字签名，则会生成哈希值存入扩展属性 security.ima。在取值"off"时，不启用 ima_appraise 功能。

（3）ima_tcb

有此参数表示使用内核 IMA 代码中预先定义的度量规则。用户可以再通过伪文件接口 /sys/kernel/security/ima/policy 替换规则。此文件只能写一次。

（4）ima_appraise_tcb

有此参数表示使用内核 IMA 代码中预先定义的评估规则。用户可以再通过伪文件接口 /sys/kernel/security/ima/policy 替换规则。此文件只能写一次。

（5）ima_hash

```
ima_hash="md4|md5|sha1|rmd160|sha256|sha384|sha512|sha224|rmd128|rmd256|
rmd320|wp256|wp384|wp512|tgr128|tgr160|tgr192"
```

为 IMA 选择一种哈希算法。在 ima_template 为"ima"的情况下只能选择"sha1"或者"md5"。

（6）ima_template="ima|ima-ng|ima-sig"

为 IMA 选择一种模板。

（7）integrity_audit="0|1"

是否产生一些说明性的审计消息。

12.5　总结

IMA/EVM 被认为是 TCG 开发标准中的一个组成部分，并且 IMA/EVM 使用了 TPM 提供的功能，所以本章从可信计算开始讲述。理想中的可信如空中楼阁，现实中的可信不得不降格为完整性。而真正意义的完整性同样是高高在上，现实中完整性又降格为哈希计算。而哈希计算的对象也仅仅是文件。虽然计算的内容包括文件内容、文件名甚至数字签名，虽然文件在系统中很重要，但是这么做只是覆盖了系统的一部分，谈不上像 SELinux 那样全系统覆盖，而更重要的是这么做只做到了保护静态完整性，至于动态的完整性，即进程的完整性则无从谈起。IMA 的评估功能和 EVM 都依赖于扩展属性，这两项功能主要是依赖扩展属性中存储的值来验证完整性，但是扩展属性中的值是什么时候存入的呢？它很难在系统本次运行中写入，需要在之前的某次系统启动时填入。这就给系统升级带来了困难。

12.6　参考资料

读者可参考以下资料。

K. J. Biba. Integrity Considerations for Secure Computer Systems, 1975. http://seclab. cs. ucdavis.edu/projects/history/papers/biba75.pdf

http://nchc.dl.sourceforge.net/project/linux-ima/linux-ima/Integrity_overview.pdf

http://sourceforge.net/p/linux-ima/wiki/Home/

http://linux-ima.sourceforge.net/evmctl.1.html

习题

IMA 可以使用 TPM 提供的功能来保障完整性。在没有 TPM 的情况下，IMA 使用文件的扩展属性。有些文件系统，如 MS-DOS 的 FAT，不支持扩展属性。设计一种方案使 IMA 可以在没有扩展属性的情况下发挥完整性保护的作用。

第13章 dm-verity

13.1 Device Mapper

dm-verity 是内核子系统 Device Mapper 的一个子模块，所以在介绍 dm-verity 之前先要介绍一下 Device Mapper 的基础知识。

Device Mapper 为 Linux 内核提供了一个从逻辑设备到物理设备的映射框架，通过它，用户可以定制存储资源的管理策略。当前 Linux 中逻辑卷管理器如 LVM2（Linux Volume Manager 2）、EVMS（Enterprise Volume Management System）、dmraid 等都是基于该机制实现的。

Device Mapper 架构如图 13-1 所示。其中有三个重要概念：映射设备（Mapped Device）、映射表、目标设备（Target Device）。映射设备是一个逻辑块设备，用户可以像使用其他块设备那样使用映射设备。映射设备通过映射表所描述的映射关系和目标设备建立映射。对映射设备的读写操作最终要映射成对目标设备的操作。而目标设备本身不一定是一个实际的物理设备，它可以是另一个映射设备，如此循环往复，理论上可以无限迭代下去。映射关系本质上就是表明映射设备中的地址对应到哪个目标设备的哪个地址。

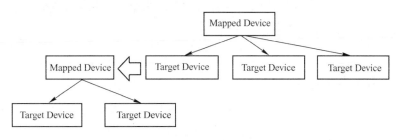

图 13-1　Device Mapper 架构

下面看一个例子：

```
root #echo -e '0 1024 linear /dev/sda 0'\\n\
'1024 1024 linear /dev/sdb 0'\\n\
'2048 1024 linear /dev/sdc 0'\\n\
'3072 1024 linear /dev/sdd 0' \
| dmsetup create test-linear
```

产生的设备架构如图 13-2 所示。映射设备名为"test-linear"，映射到 4 个目标设备，映射关系是第 0 个 block 到第 1023 个 block 映射到第一个目标设备，第 1024 个 block 到第 2047 个 block 映射到第二个目标设备，第 2048 个 block 到第 3071 个 block 映射到第 3 个目标设备，第 3072 个 block 到第 4095 个 block 映射到第 4 个目标设备。映射设备中的块读写要由具体的目标设备实现，如何实现又依赖于目标设备的类型。这个例子中目标设备的类型都是"linear"。linear 需要额外两个参数，设备名和块（block）起始地址，在这个例子中所有目标设备的块起始地址都是 0。linear 是一种比较简单的类型，就是简单的线性对应。这个例子中，针对每个目标设备都是从 0 起始的 1024 个 block 被分配给了名为"test-linear"的映射设备。

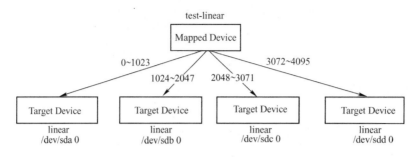

图 13-2　Device Mapper 例子

Device Mapper 是一个灵活的架构，映射设备映射一个或多个目标设备，每个目标设备属于一个类型，类型不同，对 I/O 的处理不同，构造目标设备的方法也不同。虽然上面的例子中所有的目标设备都是一个类型——linear，但这并不是硬性要求，映射设备可以映射为多个不同类型的目标设备。有的类型有额外要求，比如本章讲述的 dm-verity 规定只能有两个目标设备，一个是数据设备（Data Device），另一个是哈希设备（Hash Device）。

13.2　dm-verity 简介

dm-verity 是 Device Mapper 架构下的一种目标设备类型。通过它来保障设备或设备分区的完整性。它的典型架构如图 13-3 所示。

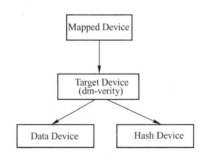

图 13-3　dm-verity 架构

dm-verity 类型的设备需要两个"底层"设备，一个是数据设备，顾名思义用来存储数据，实际上就是要保障完整性的设备，另一个是哈希设备，用来存储哈希值，在校验数据设备完整性时需要。

图 13-3 中表示的是 dm-verity 的一种典型应用，也是简单直接的应用。图中映射设备和目标设备是一对一关系，对映射设备的读操作被映射成对目标设备的读操作，在目标设备中，dm-verity 又将读操作映射为对数据设备（Data Device）的读操作。但是在读操作的结束处，dm-verity 加了一个额外的校验操作，对读到的数据计算一个哈希值，用这个哈希值和存储在哈希设备（Hash Device）中的值比较，如果不同，则本次读操作被标记为错误。

下面介绍一下哈希值的存储和使用，如图 13-4 所示。

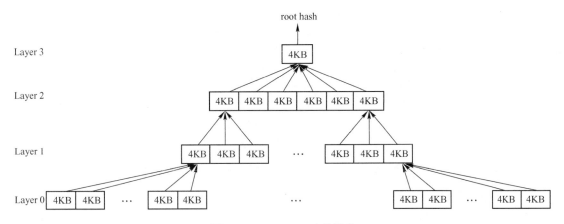

图 13-4   dm-verity 哈希设备

假设数据设备和哈希设备中每块大小均为 4KB，再假设使用哈希算法 SHA256，即每块数据的哈希值为 32B（256 bits），则哈希设备中的每块（4KB）存储有 4096/32=128 个哈希值。所以在 layer 0 中一个哈希设备的块对应数据设备的 128 个块。到这里似乎完整了，数据设备中存储数据，哈希设备中存储哈希值。在读取数据时，计算数据的哈希值，和存储在哈希设备中的值比较，根据结果决定读操作是否成功。这还不够，dm-verity 还要防备哈希设备中存储的哈希值被篡改的情况。所以要加上 layer 1，在 layer 1 中的每块数据对应 layer 0 中的 128 个块（当然也可以比 128 少），layer 1 中的数据就是对 layer 0 中数据计算哈希值，如果 layer 1 中只有一块，那么就此停止，否则继续增加 layer，直到 layer n，layer n 中只有一块。最后对 layer n 再计算哈希值，称这个哈希值为 root hash。这个哈希值就是对数据设备中各块和哈希设备中各块——layer 0 到 layer n——进行了一个复杂的哈希运算。因此，数据设备和哈希设备中数据的变化就会反映为 root hash 的变化。通过验证 root hash 就可以检验数据是否被篡改。

最后提一下，dm-verity 设备必须被只读使用。这个不难理解。但是，有一个问题，就是哈希设备中的数据是如何建立的。答案是内核不负责建立，要先由用户态工具，比如 veritysetup，"格式化"相应的设备。然后内核在其上建立 dm-verity 设备。

13.3   代码分析

13.3.1   概况

目标设备的类型体现为结构体 target_type，其中定义了若干函数指针，分别对应构建、解构、映射 I/O、结束 I/O、暂停、恢复等操作。而 dm-verity 对应的 target_type 的定义是：

```
drivers/md/dm-verity.c
static struct target_type verity_target = {
        .name         = "verity",
        .version      = {1, 2, 0},
        .module       = THIS_MODULE,
        .ctr          = verity_ctr,
```

```
    .dtr            = verity_dtr,
    .map            = verity_map,
    .status         = verity_status,
    .ioctl          = verity_ioctl,
    .merge          = verity_merge,
    .iterate_devices = verity_iterate_devices,
    .io_hints       = verity_io_hints,
};
```

target_type 的定义为：

```
include/linux/device-mapper.h
struct target_type {
  uint64_t features;
  const char *name;
  struct module *module;
  unsigned version[3];
  dm_ctr_fn ctr;
  dm_dtr_fn dtr;
  dm_map_fn map;
  dm_map_request_fn map_rq;
  dm_endio_fn end_io;
  dm_request_endio_fn rq_end_io;
  dm_presuspend_fn presuspend;
  dm_postsuspend_fn postsuspend;
  dm_preresume_fn preresume;
  dm_resume_fn resume;
  dm_status_fn status;
  dm_message_fn message;
  dm_ioctl_fn ioctl;
  dm_merge_fn merge;
  dm_busy_fn busy;
  dm_iterate_devices_fn iterate_devices;
  dm_io_hints_fn io_hints;

  /* For internal device-mapper use. */
  struct list_head list;
};
```

结构体 target_type 的主要成员是很多函数指针。本章分析其中最常用的 map（映射）和 ctr（构建）函数指针，在 verity_target 中，这两个函数指针指向 verity_map 和 verity_ctr。

13.3.2 映射函数（verity_map）

下面要分析三个层次的代码逻辑。第一层是块设备，第二层是 Device Mapper，第三层是作为 Target Device 的 dm-verity。

1. 块设备

在执行之前，代码逻辑先要在块设备架构中转上一大圈。首先看看块设备中的接口函数

generic_make_request:

```
block/blk-core.c
void generic_make_request(struct bio *bio)
{
  ...
  do {
    struct request_queue *q = bdev_get_queue(bio->bi_bdev);
    q->make_request_fn(q, bio);
    bio = bio_list_pop(current->bio_list);
  } while (bio);
  current->bio_list = NULL; /* deactivate */
}
```

函数 generic_make_request 的函数主体是一个循环，循环处理每一个 bio，处理 bio 的工作由函数指针 make_request_fn 所指向的函数完成。函数指针 make_request_fn 的赋值是在函数 blk_queue_make_request 中完成的：

```
block/blk-settings.c
void blk_queue_make_request(struct request_queue *q, make_request_fn *mfn)
{
  q->nr_requests = BLKDEV_MAX_RQ;
  q->make_request_fn = mfn;
  ...
}
```

2. Device Mapper

上面是块设备的代码逻辑，下面看看在 Device Mapper 中如何赋值这个函数指针：

```
drivers/md/dm.c
static void dm_init_md_queue(struct mapped_device *md)
{
  ...
  blk_queue_make_request(md->queue, dm_request);
  ...
}
```

Device Mapper 要将 make_request_fn 指针赋值为 dm_request。dm_request 的定义如下：

```
drivers/md/dm.c
static void dm_request(struct request_queue *q, struct bio *bio)
{
  struct mapped_device *md = q->queuedata;

  if (dm_request_based(md))
    blk_queue_bio(q, bio);
  else
    _dm_request(q, bio);
}
```

代码逻辑从 dm_request 开始，经过一系列函数调用，最终会调用__map_bio：

```
drivers/md/dm.c
static void __map_bio(struct dm_target_io *tio)
{
  ...
  r = ti->type->map(ti, clone);
  ...
}
```

从这里，代码逻辑就进入了具体的 Target Device。

3. dm-verity

"map" 是一个函数指针，对于 dm-verity 设备，它指向函数 verity_map。代码还是很简单的：

```
drivers/md/dm-verity.c
static int verity_map(struct dm_target *ti, struct bio *bio)
{
  struct dm_verity *v = ti->private;
  struct dm_verity_io *io;
  bio->bi_bdev = v->data_dev->bdev;
  bio->bi_iter.bi_sector = verity_map_sector(v,bio->bi_iter.bi_sector);
  ...
  io = dm_per_bio_data(bio, ti->per_bio_data_size);
  io->v = v;
  io->orig_bi_end_io = bio->bi_end_io;
  io->orig_bi_private = bio->bi_private;
  ...

  bio->bi_end_io = verity_end_io;
  bio->bi_private = io;

  ...
  verity_submit_prefetch(v, io);
  generic_make_request(bio);
  return DM_MAPIO_SUBMITTED;
}
```

它主要做了两件事，第一件是将 bio 的 bi_end_io 函数指针和数据成员 bi_private 换掉，将原有值保存，以便以后恢复。第二件事是调用块设备的函数 generic_make_request 启动对 dm-verity 的 data device 的操作。按照块设备的代码逻辑，在 io 操作之后，bi_end_io 函数指针会被调用，对于 dm-verity 来说就是 verity_end_io。下面看看 bi_end_io 指针所指向的 verity_end_io，就知道 verity 要干什么了：

```
drivers/md/dm-verity.c
static void verity_end_io(struct bio *bio, int error)
{
  struct dm_verity_io *io = bio->bi_private;
```

```
    if (error) {
     verity_finish_io(io, error);
     return;
    }

    INIT_WORK(&io->work, verity_work);
    queue_work(io->v->verify_wq, &io->work);
   }
```

如果读写出错，就调用 verity_finish_io，此函数恢复原有的 bi_end_io 指针和 bi_private
指针：

```
drivers/md/dm-verity.c
static void verity_finish_io(struct dm_verity_io *io, int error)
{
  struct dm_verity *v = io->v;
  struct bio *bio = dm_bio_from_per_bio_data(io, v->ti->per_bio_data_size);

  bio->bi_end_io = io->orig_bi_end_io;
  bio->bi_private = io->orig_bi_private;

  bio_endio_nodec(bio, error);
}
```

重要的工作在 verity_work 函数中：

```
drivers/md/dm-verity.c
static void verity_work(struct work_struct *w)
{
  struct dm_verity_io *io = container_of(w, struct dm_verity_io, work);

  verity_finish_io(io, verity_verify_io(io));
}
```

verity_work 会调用 verity_verify_io，此函数完成最重要的工作——校验。

```
drivers/md/dm-verity.c
static int verity_verify_io(struct dm_verity_io *io)
{
…
  for (b = 0; b < io->n_blocks; b++) {
…
    if (likely(v->levels)) {
…
      int r = verity_verify_level(io, io->block + b, 0, true);
      if (likely(!r))
      goto test_block_hash;
```

```
            if (r < 0)
            return r;
        }

        memcpy(io_want_digest(v, io), v->root_digest, v->digest_size);

        for (i = v->levels - 1; i >= 0; i--) {
          int r = verity_verify_level(io, io->block + b, i, false);
          if (unlikely(r))
          return r;
        }
test_block_hash:
        …
        result = io_real_digest(v, io);
        r = crypto_shash_final(desc, result);
        if (r < 0) {
          DMERR("crypto_shash_final failed: %d", r);
          return r;
        }
        if (unlikely(memcmp(result, io_want_digest(v, io), v->digest_size))) {
          DMERR_LIMIT("data block %llu is corrupted",
                    (unsigned long long)(io->block + b));
          v->hash_failed = 1;
          return -EIO;
        }
      }
    return 0;
  }
```

　　verity_verify_io 函数的定义比较长，这里省略了许多。函数的主体是一个循环，对 io 中所有的 block 进行校验。在循环体中又分为两部分，在标号 test_block_hash 之前的部分是对哈希设备进行校验，在标号 test_block_hash 之后的部分是对数据设备进行校验。回顾一下，dm-verity 需要两个"底层"设备，一个是数据设备，用来存储数据，另一个是哈希设备，存储的是数据的校验值。

　　参考图 13-4，在哈希设备中存储是分层的。最底层是 0 层，每个块中存储的是数据设备中对应块的数据的校验值；其上每层都存储着下一层的校验值。在此函数中，首先检验第 0 层数据的正确性。这里用了一个技巧，检验的结果是被缓存了的，如果以前检验的结果为正确，verity_verify_level(io, io->block + b, 0, true)就会返回 0，然后函数就直接到 test_block_hash 之后去执行校验数据设备的操作。如果之前没有做过校验，就要老老实实地验证哈希设备的完整性。0 层由 1 层校验，1 层由 2 层校验……顶层由 root hash 校验。函数又用了一个技巧，它是自顶向下做校验的，因为一开始"好的"校验值只有一个，就是 root hash。经过 root hash 校验后 levels-1 层存储的校验值就成了"好的"校验值，又可以用它们来校验 levels-2 层了，以此类推直到第 0 层。校验操作无非是算出一个校验值，用此值和一个事先存储的校验值比较。函数中将好的校验值存储在缓冲区 io_want_digest(v, io)之中。首先在本函数 verity_verify_io 中将 root hash 填入这个缓冲区，然后在函数 verity_verify_level 中做验证，验证通过后就会将新的校验值填入这个缓冲区。

在标号 test_block_hash 之前，第 0 层的哈希设备的数据一定是被存储在了缓冲区 io_want_digest(v, io)之中的。标号 test_block_hash 之后的部分所做的工作就是读出数据设备中的数据块内容，算出校验值，和 io_want_digest(v, io)之中的内容进行比较，如果相同就通过了校验。

13.3.3　构造函数（verity_ctr）

dm-verity 的构造函数的代码逻辑与块设备关系不大。下面只分析 Device Mapper 层和 dm-verity 层的代码逻辑。

1. Device Mapper

Device Mapper 架构为用户态程序提供的接口是一个名为 control 的设备文件，全路径名为 /dev/mapper/control，主设备号为 10（misc 设备），从设备号为 236。用户态工具，如 dmsetup，会通过 ioctl 系统调用操作这个设备。下面看一下代码：

```
drivers/md/dm-ioctl.c
static ioctl_fn lookup_ioctl(unsigned int cmd, int *ioctl_flags)
{
  static struct {
    int cmd;
    int flags;
    ioctl_fn fn;
  } _ioctls[] = {
    ...
    {DM_TABLE_LOAD_CMD, 0, table_load},
    ...
  };

  if (unlikely(cmd >= ARRAY_SIZE(_ioctls)))
  return NULL;

  *ioctl_flags = _ioctls[cmd].flags;
  return _ioctls[cmd].fn;
}
```

命令 DM_TABLE_LOAD_CMD（整数 9）对应的函数是 table_load。table_load 会最终调用函数 dm_table_add_target，dm_table_add_target 会执行

```
    r = tgt->type->ctr(tgt, argc, argv);
```

调用某个具体类型的构造函数。

2. dm_verity

ctr 是一个函数指针，指向 dm_verity 的构造函数 verity_ctr。verity_ctr 本身逻辑比较简单，它需要 10 个参数，全部是必选参数。按照顺序分别是：版本号、数据设备、哈希设备、数据块大小、哈希块大小、数据设备包含的块数、哈希设备起始块、哈希算法、根哈希值（root hash）、盐。如果最后的参数输入为"–"，就意味着没有盐。参数"哈希设备起始块"规定哈希设备

从起始块开始才存储前面提到的那棵存储哈希值的树，至于起始块之前存储什么，dm-verity 并没有规定。Android 4.4 利用起始块之前的空间存储了一个对哈希树的数字签名，有兴趣的读者可以参考 http://nelenkov.blogspot.com/2014/05/using-kitkat- verified-boot.html。

前面提到，内核 dm-verity 部分不负责建立 hash device 中正确的数据结构。通常是利用用户态工具，如 veritysetup，来创建 hash device。所以需要注意的是构建 dm-verity 设备时输入的参数"盐"要和执行 veritysetup 时的输入的参数"盐"一致，输入参数"根校验值"（root hash）要和 veritysetup 的输出一致。

13.4　总结

dm-verity 是 Device Mapper 的一种设备类型，用来保证设备的完整性。它的巧妙性在于将对数据设备的完整性保护转化为对一个根哈希值的完整性保护。只要这个根哈希值没有被篡改，任何对数据设备的篡改都可以检测出来。

13.5　参考资料

读者可参考以下资料：
www.ibm.com/developerworks/cn/linux/l-devmapper/
Documentation/device-mapper/
lwn.net/Articles/459420
gitlab.com/cryptsetup/cryptsetup/wikis/DMVerity

习题

根哈希值不被篡改对于 dm-verity 设备至关重要。设计几种方案保护根哈希值，思考一下这些方案的利弊。

第四部分　审计和日志

　　审计和日志的目的是记录系统关键行为。审计和日志就像城市街头的摄像头。摄像头本身并不能阻止违法和犯罪，但是它能记录犯罪并为追踪犯罪提供方便。

第14章 审计（audit）

14.1 简介

14.1.1 审计和日志

audit 这个英文单词直译为"审计"，英文释义为"an official inspection of an individual's or organization's accounts, typically by an independent body."从上面释义中可以看到，audit 有两个特征：正式的审查（official inspection）和独立的个体（independent body）。在 Linux 系统中，独立的个体就是内核，正式的审查就是在内核中根据设定的规则生成审计消息。

日志与审计有些类似，都可以反映系统的行为。其区别在于：日志基于一种自觉行为，系统的多个守护进程（daemon）在执行过程中发送日志消息给日志服务进程，后者将消息记录到日志文件中。系统守护进程可以多发、少发、不发甚至错发日志消息。

14.1.2 概貌

audit 的架构如图 14-1 所示。

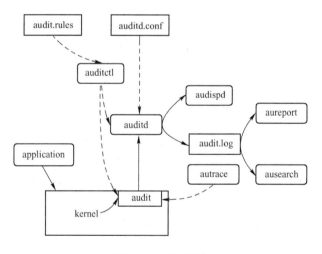

图 14-1　audit 架构

Linux 内核的 audit 子系统使用 netlink 套接字作为和用户态进程之间的接口。auditd 守护进程通过 netlink 套接字不断从内核 audit 子系统接收审计消息。auditd 进程会将审计消息发往两个去处，一个是通过 AF_UNIX/AF_LOCAL 套接字发送给它的子进程 audispd，后者依照配置做进一步的分发；另一个是写入 audit.log。audit.log 的内容实在是过于庞杂，为了让用户更容易理解，audit 开发人员提供了 ausearch 和 aureport。前者用于在 audit.log 中寻找特定信息，后者用于归纳 audit.log 中的信息。auditctl 用于向内核设定审计规则。autrace 的功能与 strace 的功能类似，都是运行一条命令，跟踪此命令所产生的进程的系统调用情况。autrace 的实现原理是，在运行命令之前设定审计规则，在执行结束时再将审计规则删除。在作者的计算机上执行的效果是：

```
root@ubuntu-desktop:~/tmp# autrace /bin/echo 'hello world'
Waiting to execute: /bin/echo
hello world
Cleaning up...
Trace complete. You can locate the records with 'ausearch -i -p 4357'
root@ubuntu-desktop:~/tmp#
```

实际上，autrace 会创建两条规则，假设上例中 echo 产生的进程的进程号为 4212：

```
LIST_RULES: entry,always pid=4212 (0x1074) syscall=all
LIST_RULES: entry,always ppid=4212 (0x1074) syscall=all
```

在上例中 echo 进程结束后，autrace 会删除上述两条规则。同 strace 相比，autrace 并不好用。因为 autrace 是一个需要特权的命令，另外，它的输出在 audit.log 文件中，混杂在系统所有审计消息之中，实在是不易辨析。

图 14-1 中的 application 是指一些具有 CAP_AUDIT_WRITE 的进程。这些进程可以产生一些"审计消息"发给内核。按道理应该是内核审计用户态进程，这里却是用户态进程发送"审计消息"给内核。这种所谓的"审计消息"实际上是日志消息。audit 子系统在实现中兼有审计和日志功能。audit 子系统转发 application 生成的日志消息给用户态守护进程 auditd。

下面举几个通过 auditctl 设定规则的例子。

检查 pid 为 20015 的进程的所有系统调用：

```
auditctl -a always,exit -S all -F pid=20015
```

检查 euid 为 1000 的所有进程的 openat 系统调用：

```
auditctl -a always,exit -S openat -F euid=1000
```

检查对文件/etc/shadow 的写和添加操作：

```
auditctl -a always,exit -F path=/etc/shadow -F perm=wa
```

14.2 架构

14.2.1 四个消息来源

前面讲过审计有两个特征：正式的检查和独立的执行者。Linux 内核的 audit 子系统并不纯粹，它还包含部分日志功能。下面列出审计消息的四个来源，其中前三个来源实际上是日志属性的消息。

1. 内核

内核中的一些子系统会使用 audit 子系统提供的函数产生 audit 日志消息。audit 主要提供了 3 个函数供其他子系统使用：audit_log_start、audit_log、audit_log_end。下面以 SELinux 为例看一下调用过程：

```
security/selinux/ss/services.c
static void security_dump_masked_av(struct context *scontext,
                                    struct context *tcontext,
                                    u16 tclass,
                                    u32 permissions,
                                    const char *reason)
{
…
  /* audit a message */
  ab = audit_log_start(current->audit_context,
                  GFP_ATOMIC, AUDIT_SELINUX_ERR);
  if (!ab)
    goto out;

  audit_log_format(ab, "op=security_compute_av reason=%s "
              "scontext=%s tcontext=%s tclass=%s perms=",
               reason, scontext_name, tcontext_name, tclass_name);

  for (index = 0; index < 32; index++) {
    u32 mask = (1 << index);

    if ((mask & permissions) == 0)
      continue;

    audit_log_format(ab, "%s%s",
                 need_comma ? "," : "",
                 permission_names[index]
                 ? permission_names[index] : "????");
    need_comma = true;
  }
  audit_log_end(ab);
  …
}
```

audit_log_start 准备一个 buffer，audit_log_format 向 buffer 中填充内容，audit_log_end 将 buffer 制作成 audit 消息发出。

内核用 audit_log 系列函数生成的实际上是日志消息，不是审计性质的消息。

2. 用户态守护进程

第二个来源是一些用户态守护进程。以 sshd 为例看几段代码：

```
audit-linux.c
int linux_audit_record_event(int uid, const char *username, const char
```

```
*hostname, const char *ip, const char *ttyn, int success)
    {
      int audit_fd, rc, saved_errno;

      audit_fd = audit_open();
      if (audit_fd < 0) {
        if (errno == EINVAL || errno == EPROTONOSUPPORT ||
          errno == EAFNOSUPPORT )
          return 1; /* No audit audit support in kernel */
        else
          return 0; /* Must prevent login */
      }
      rc = audit_log_acct_message(audit_fd, AUDIT_USER_LOGIN, NULL,
            "login", username ? username : "(unknown)",
              username==NULL ? uid :-1, hostname, ip, ttyn, success);
      saved_errno = errno;
      close(audit_fd);
      /*
       * Do not report error if the error is EPERM and sshd is run as non
       * root user.
       */
      if ((rc == EPERM) && (getuid() != 0 ))
       rc = 0;
      errno = saved_errno;
      return (rc>=0);
    }
```

audit_open 和 audit_log_acct_message 都在 audit 的用户态库中实现。audit_open 的实现比较简单：

lib/netlink.c
```
int audit_open(void)
{
  int saved_errno;
  int fd = socket(PF_NETLINK, SOCK_RAW, NETLINK_AUDIT);
  …
  return fd;
}
```

audit_open 函数的核心就是获得一个 NETLINK_AUDIT 类型的 NETLINK 套接字。

audit_log_acct_message 函数的核心是调用函数 audit_send_user_message, audit_send_user_message 会调用函数 audit_send。audit_send 的核心是调用 Linux 系统调用 sendto，也就是通过 netlink 套接字发送消息给内核。

简言之，用户态守护进程 sshd 会申请一个 audit netlink 套接字，然后向这个套接字中发送消息。netlink 套接字作为内核态和用户态的接口，sshd 发送的消息会被内核接收。内核接收这些消息后，不做任何处理，再发还给 audit netlink 套接字，但是套接字的端口号换成 auditd 相关的端口号。用户态的 auditd 进程会接收这些消息。这种设计有些怪异，用户态产生的消息不直接发送给用户态的 auditd，而发给内核，由内核转发给用户态的 auditd。

3. auditd

第三个来源是 auditd 本身，这个就不细说了。auditd 本身是一个用户态守护进程，不同的是，它不会把自身产生的 audit 消息传入内核，而是直接发送给 audispd，同时写入 audit.log。

4. 系统调用

这是最重要的一个来源，因为前三个来源都是日志，不是审计，只有这个来源才是审计。内核作为独立的个体做正式的检查，它检查的对象是用户态进程，检查点设置在系统调用的实现里面。

先看系统调用入口中的 audit 钩子函数：

arch/x86/kernel/entry_64.S

```
......
auditsys:
 movq %r10,%r9          /* 6th arg: 4th syscall arg */
 movq %rdx,%r8          /* 5th arg: 3rd syscall arg */
 movq %rsi,%rcx         /* 4th arg: 2nd syscall arg */
 movq %rdi,%rdx         /* 3rd arg: 1st syscall arg */
 movq %rax,%rsi         /* 2nd arg: syscall number */
 movl $AUDIT_ARCH_X86_64,%edi   /* 1st arg: audit arch */
 call __audit_syscall_entry
 LOAD_ARGS 0    /* reload call-clobbered registers */
 jmp system_call_fastpath

 /*
  * Return fast path for syscall audit.  Call __audit_syscall_exit()
  * directly and then jump back to the fast path with TIF_SYSCALL_AUDIT
  * masked off.
  */
sysret_audit:
 movq RAX-ARGOFFSET(%rsp),%rsi /* second arg, syscall return value */
 cmpq $-MAX_ERRNO,%rsi  /* is it < -MAX_ERRNO? */
 setbe %al      /* 1 if so, 0 if not */
 movzbl %al,%edi        /* zero-extend that into %edi */
 call __audit_syscall_exit
 movl $(_TIF_ALLWORK_MASK & _TIF_SYSCALL_AUDIT),%edi
 jmp sysret_check
......
```

在系统调用的入口调用__audit_syscall_entry，在出口调用__audit_syscall_exit。下面看一下这两个函数：

kernel/auditsc.c

```
void __audit_syscall_entry(int arch, int major,
          unsigned long a1, unsigned long a2,
          unsigned long a3, unsigned long a4)
{
  struct task_struct *tsk = current;
  struct audit_context *context = tsk->audit_context;

  …
  context->arch      = arch;
  context->major     = major;
  context->argv[0]   = a1;
  context->argv[1]   = a2;
  context->argv[2]   = a3;
  context->argv[3]   = a4;

  …
  if (!context->dummy && state == AUDIT_BUILD_CONTEXT) {
    context->prio = 0;

    state=audit_filter_syscall(tsk,context,&audit_filter_list[AUDIT_
    FILTER_ENTRY]);
  }
  …
}

void __audit_syscall_exit(int success, long return_code)
{
  struct task_struct *tsk = current;
  struct audit_context *context;

  if (success)
    success = AUDITSC_SUCCESS;
  else
    success = AUDITSC_FAILURE;

  context = audit_get_context(tsk, success, return_code);
  if (!context)
    return;

  if (context->in_syscall && context->current_state == AUDIT_RECORD_CONTEXT)
    audit_log_exit(context, tsk);

  context->in_syscall = 0;
  context->prio = context->state == AUDIT_RECORD_CONTEXT ? ~0ULL : 0;

  if (!list_empty(&context->killed_trees))
    audit_kill_trees(&context->killed_trees);
```

向 audit_context 中赋值系统调用号和系统调用的前 4 个参数

检查 audit 规则

检查 audit 规则

生成审计消息

145

```
    audit_free_names(context);
    unroll_tree_refs(context, NULL, 0);
    audit_free_aux(context);
    context->aux = NULL;
    context->aux_pids = NULL;
    context->target_pid = 0;
    context->target_sid = 0;
    context->sockaddr_len = 0;
    context->type = 0;
    context->fds[0] = -1;
    if (context->state != AUDIT_RECORD_CONTEXT) {
      kfree(context->filterkey);
      context->filterkey = NULL;
    }
    tsk->audit_context = context;
}
```

清空 audit_context

除了这两个钩子函数，还有许多 audit 钩子函数分布在系统调用的函数调用路径中。这些钩子函数都在做一件事：将信息填入进程的 audit_context 结构中。下面看一下 audit_context 结构：

kernel/audit.h

```
struct audit_context {
    …
    int major;/* syscall number */
    unsigned long argv[4]; /* syscall arguments */
    long return_code;/* syscall return code */
    int return_valid; /* return code is valid */
    …
    struct sockaddr_storage *sockaddr;
    size_t sockaddr_len;
    /* Save things to print about task_struct */
    pid_t              pid, ppid;
    kuid_t             uid, euid, suid, fsuid;
    kgid_t             gid, egid, sgid, fsgid;
    unsigned long      personality;
    int                arch;
    pid_t              target_pid;
    kuid_t             target_auid;
    kuid_t             target_uid;
    unsigned int       target_sessionid;
    u32                target_sid;
    char               target_comm[TASK_COMM_LEN];

    struct audit_names preallocated_names[AUDIT_NAMES];
    int name_count; /* total records in names_list */
    struct list_head names_list; /* struct audit_names->list anchor */
```

用于规则匹配的成员

用于记录系统调用接触的文件

```
struct audit_tree_refs *trees, *first_trees;
struct list_head killed_trees;
int tree_count;

union {
  struct {
    int nargs;
    long args[6];
  } socketcall;
  struct {
    kuid_t            uid;
    kgid_t            gid;
    umode_t           mode;
    u32               osid;
    int               has_perm;
    uid_t             perm_uid;
    gid_t             perm_gid;
    umode_t           perm_mode;
    unsigned long     qbytes;
  } ipc;
  …
};
…
};
```

用于记录系统调用接触的目录树

用于生成审计消息所需的信息

　　在进程的 task_struct 中有一个指针指向一个 audit_context 实例。在 audit_context 中有一部分成员用于规则匹配，一部分成员用于生成审计消息。文件和目录的处理比较复杂，audit_context 中有一些成员专门用于文件和目录的审计。

14.2.2　规则列表

　　内核为 audit 规则设置了六个列表：User、Task、Entry、Watch、Exit 和 Type，依次对应 audit_filter_list 数组的第 0～第 5 个元素。代码如下。

kernel/auditfilter.c
```
struct list_head audit_filter_list[AUDIT_NR_FILTERS] = {
    LIST_HEAD_INIT(audit_filter_list[0]),
    LIST_HEAD_INIT(audit_filter_list[1]),
    LIST_HEAD_INIT(audit_filter_list[2]),
    LIST_HEAD_INIT(audit_filter_list[3]),
    LIST_HEAD_INIT(audit_filter_list[4]),
    LIST_HEAD_INIT(audit_filter_list[5]),
#if AUDIT_NR_FILTERS != 6
#error Fix audit_filter_list initialiser
#endif
};
static struct list_head audit_rules_list[AUDIT_NR_FILTERS] = {
    LIST_HEAD_INIT(audit_rules_list[0]),
```

```
    LIST_HEAD_INIT(audit_rules_list[1]),
    LIST_HEAD_INIT(audit_rules_list[2]),
    LIST_HEAD_INIT(audit_rules_list[3]),
    LIST_HEAD_INIT(audit_rules_list[4]),
    LIST_HEAD_INIT(audit_rules_list[5]),
};
```

audit_filter_list 用于规则匹配，audit_rules_list 只用于规则显示。当用户态进程通过 netlink 套接字传送"AUDIT_LIST_RULES"消息给内核时，内核就会把所有的审计规则发还给用户态进程。Watch 列表已经没有用处，保留它多半是为了和旧版本的用户态程序兼容。用户态程序，大多数情况下是 auditctl，会向内核请求访问某个规则列表。比如，请求向编号为 4（Exit）的列表中加入规则。Watch 列表的编号是 3，删除它会导致其后的列表编号变动。这或许是保留它的原因。

下面逐一解释规则列表。

1. User

此处的 User 指用户态审计消息。内核缺省是将所有接收到的用户态类型的审计消息发送给 auditd。通过这个规则队列，管理员可以配置规则让内核忽略某些用户态类型 audit 消息。相关代码如下：

kernel/audit.c
```
static int audit_receive_msg(struct sk_buff *skb, struct nlmsghdr *nlh)
{
  …
  struct sk_buff *skb, struct nlmsghdr *nlh {
  …
    case AUDIT_USER:
    case AUDIT_FIRST_USER_MSG ... AUDIT_LAST_USER_MSG:     用户态的消息类型
    case AUDIT_FIRST_USER_MSG2 ... AUDIT_LAST_USER_MSG2:
      if (!audit_enabled && msg_type != AUDIT_USER_AVC)
        return 0;

      err = audit_filter_user(msg_type);                   查看 user 规则队列
      if (err == 1) { /* match or error */
      …                                                     如果规则表明此消息
      audit_log_common_recv_msg(&ab, msg_type);            类型应被 auditd 处理，
      …                                                     则构造一条 audit 消息
      audit_set_portid(ab, NETLINK_CB(skb).portid);        发送给 auditd
      audit_log_end(ab);
      }
      break;
  …  }
  }
```

下面看一下 audit_filter_user 的实现：

kernel/auditfilter.c
```
int audit_filter_user(int type)
```

```
    {
…
      ret = 1;  /* Audit by default */
…
      list_for_each_entry_rcu(e, &audit_filter_list[AUDIT_FILTER_USER], list)
      {
        rc = audit_filter_user_rules(&e->rule, type, &state);
        if (rc) {
          if (rc > 0 && state == AUDIT_DISABLED)
            ret = 0;
          break;
        }
      }
…
      return ret;
    }
```

> 检查 user 规则队列中的每一条规则

> 如果规则匹配，并且规则表明不做处理，返回值为 0

2. Type

前面的 User 规则列表针对的是用户态消息类型，下面要介绍的 Type 规则列表针对的是内核产生的消息类型。如果管理员不想看到某种类型的内核 audit 消息，则可以生成一条规则，让内核不发送这种类型的 audit 消息到 auditd。

前面讲过，其他内核子系统如果要产生一条内核审计消息（日志性质的消息），需要先调用 audit_log_start 函数。下面看一下 audit_log_start：

kernel/audit.c
```
struct  audit_buffer  *audit_log_start(struct  audit_context  *ctx,  gfp_t
gfp_mask,   int type)
{
…
  if (unlikely(audit_filter_type(type)))
    return NULL;
…
}
```

如果在 Type 规则队列中有条规则规定某个消息类型"不受欢迎"，则使用此消息类型获取的 audit_buffer 是空的，也就产生不了相应的 audit 消息。

3. Task

audit 子系统对进程创建有特殊照顾，为它专门创建了一个规则列表。所以，对于 clone 和 fork 系统调用，除了要经过下面提到的 Entry 和 Exit 两个规则列表外，还会检查 Task 规则列表中的规则。

4. Entry

Entry 对应于系统调用的入口。在刚刚进入系统调用时能检查的只是系统调用号和系统调用的前四个参数。

kernel/auditsc.c
```
void __audit_syscall_entry(int arch, int major,
```

```
                unsigned long a1, unsigned long a2,
                unsigned long a3, unsigned long a4)
    {
      …
      context->arch     = arch;
      context->major     = major;
      context->argv[0]   = a1;
      context->argv[1]   = a2;
      context->argv[2]   = a3;
      context->argv[3]   = a4;
      …
      if (!context->dummy && state == AUDIT_BUILD_CONTEXT) {
        context->prio = 0;
          state = audit_filter_syscall(tsk, context, &audit_filter_list[AUDIT_
    FILTER_ENTRY]);
      }
      …
    }
```

5. Exit

Exit 列表是最重要的。Exit 规则的检查点是在系统调用结束时，此时是数据最丰富的时候。调用它的地方在 audit_get_context 中，audit_get_context 这个函数名很难让人想到规则匹配。

```
kernel/auditsc.c
    static inline struct audit_context *audit_get_context(struct task_struct
*tsk,
                                              int return_valid,
                                              long return_code)
    {
    …

      if (context->in_syscall && !context->dummy) {
        audit_filter_syscall(tsk, context, &audit_filter_list[AUDIT_FILTER_
    EXIT]);
        audit_filter_inodes(tsk, context);
      }

        tsk->audit_context = NULL;
        return context;
    }
```

14.2.3 对文件的审计

Linux audit 子系统对文件的审计有三套方案。第一套使用文件的 inode 号，第二套使用文件的路径名，第三套使用目录的路径名。

1. 使用 inode 号审计文件
来看一下规则匹配的代码：

```
kernel/auditsc.c
static int audit_filter_rules(struct task_struct *tsk,
                              struct audit_krule *rule,
                              struct audit_context *ctx,
                              struct audit_names *name,
                              enum audit_state *state,
                              bool task_creation)
{
…
  for (i = 0; i < rule->field_count; i++) {
    struct audit_field *f = &rule->fields[i];
    struct audit_names *n;
    int result = 0;

    switch (f->type) {
      case AUDIT_INODE:
        if (name)
          result = audit_comparator(name->ino, f->op, f->val);
        else if (ctx) {
          list_for_each_entry(n, &ctx->names_list, list) {
            if (audit_comparator(n->ino, f->op, f->val)) {
              ++result;
              break;
            }
          }
        }
      break;
      …
    }
  }
}
```

在 audit context 中逐一匹配规则中存储的 inode 号。

2. 使用文件的路径名审计文件

使用文件的路径名来审计文件依赖关键数据结构 audit_watch。在 audit_filter_rules 函数中有下面这段语句：

```
case AUDIT_WATCH:
  if (name)
    result = audit_watch_compare(rule->watch, name->ino, name->dev);
  break;
```

audit_watch_compare 的函数实现是：

```
kernel/audit_watch.c
int audit_watch_compare(struct audit_watch *watch, unsigned long ino, dev_t dev)
{
  return (watch->ino != (unsigned long)-1) &&
         (watch->ino == ino) &&
```

```
                          (watch->dev == dev);
    }
```

看起来和前面的基于 inode 号的方案没有什么区别，也是比较 inode 号。奥妙在于 watch 中的 ino 的值可以是 "-1"，表示这个 watch 还未生效。watch 的生效依赖于另一个数据类型——audit_parent：

kernel/audit_watch.c
```
struct audit_watch {
        atomic_t                count;  /* reference count */
        dev_t                   dev;    /* associated superblock device */
        char                    *path;  /* insertion path */
        unsigned long           ino;    /* associated inode number */
        struct audit_parent     *parent; /* associated parent */
        struct list_head        wlist;  /* entry in parent->watches list */
        struct list_head        rules;  /* anchor for krule->rlist */
};


struct audit_parent {
        struct list_head        watches; /* anchor for audit_watch->wlist */
        struct fsnotify_mark mark; /* fsnotify mark on the inode */
};
```

audit_parent 只有两个成员，一个是 fsnotify mark，另一个是 list，串起相关的 watch。audit_parent 对应一个目录，audit_watch 对应一个文件。当用户为一个文件创建一个 audit watch 时，这个 audit watch 就被串入 audit parent 的 watches 链表中。audit watch 的神奇之处在于用户可以为还不存在的文件创建 watch。做到这一点，需要 audit_parent 中的类型为 fsnotify_mark 的成员 mark。

kernel/audit_watch.c
```
static int audit_watch_handle_event(struct fsnotify_group *group,
                                    struct inode *to_tell,
                                    struct fsnotify_mark *inode_mark,
                                    struct fsnotify_mark *vfsmount_mark,
                                    u32 mask, void *data, int data_type,
                                    const unsigned char *dname)
{
        struct inode *inode;
        struct audit_parent *parent;

        parent = container_of(inode_mark, struct audit_parent, mark);

        BUG_ON(group != audit_watch_group);

        switch (data_type) {
        case (FSNOTIFY_EVENT_PATH):
                inode = ((struct path *)data)->dentry->d_inode;
```

```
            break;
        case (FSNOTIFY_EVENT_INODE):
            inode = (struct inode *)data;
            break;
        default:
            BUG();
            inode = NULL;
            break;
        };

        if (mask & (FS_CREATE|FS_MOVED_TO) && inode)
            audit_update_watch(parent,     dname,     inode->i_sb->s_dev,
inode->i_ino, 0);
        else if (mask & (FS_DELETE|FS_MOVED_FROM))
            audit_update_watch(parent,   dname,   (dev_t)-1,   (unsigned
long)-1, 1);
        else if (mask & (FS_DELETE_SELF|FS_UNMOUNT|FS_MOVE_SELF))
            audit_remove_parent_watches(parent);

        return 0;
    }

    static const struct fsnotify_ops audit_watch_fsnotify_ops = {
        .handle_event =         audit_watch_handle_event,
    };
```

fsnotify 是 Linux 内核中的一个机制，audit 依靠它在文件发生变化时得到通知。当目录下有文件创建或删除时，audit_watch_handle_event 就会被调用。当文件创建时，audit_watch 中的 ino 会被更新为实际的文件 ino 号；当文件被删除时，audit_watch 中的 ino 会被赋值为表示无效的 "-1"。

3. 使用目录的路径名来审计文件

使用目录的路径名审计文件依赖关键数据结构 audit_tree。如果用 audit_watch 审计一个目录下的所有文件，那么就需要建立许多条审计规则。即使如此，仍然无法对还不存在并且不知道名字的文件实行审计。audit_watch 只能对知道名字但还不存在的文件建立审计规则。这种情况就需要 audit_tree 了。

audit 子系统设计了两个结构体：audit_tree 和 audit_chunk。在逻辑上是一个 tree 包含若干 chunk。tree 代表目录树，那 chunk 呢？chunk 这个英文单词的意思是 "一大块"，这个单词多半是 trunk（意思为树干）的误用。可能 audit_tree.c 的作者是个母语非英语的程序员。

目录树的概念比较容易理解。"树干"是什么呢？"树干"就是文件系统的挂载点。在建立一条包含目录的审计规则时，内核 audit 子系统会构建一个 audit_tree 实例，同时循目录遍历，一遇到挂载点就构建 audit_chunk 实例，并将其关联到 audit_tree 中。在涉及文件的系统调用中，内核 audit 系统的钩子函数会查询文件所在文件系统的挂载点，将其记录到进程的 audit_context 中。在系统调用结束时，对 audit_context 进行检查。

14.3 接口

audit 子系统利用 netlink 套接字作为它的用户态空间和内核空间的接口。在 auditd 或其他使用 audit 的用户态应用中有如下语句：

```
int fd = socket(PF_NETLINK, SOCK_RAW, NETLINK_AUDIT);
```

这表示打开一个域为 NETLINK 协议为 NETLINK_AUDIT 的套接字。套接字缺乏自主访问控制，在强制访问控制（比如 SELinux）不生效的情况下，这条语句总会成功。在向 audit 的套接字写入消息时，在内核代码中会根据消息类型判断进程需要的能力。代码如下：

kernel/audit.c
```
static int audit_netlink_ok(struct sk_buff *skb, u16 msg_type)
{
  int err = 0;

  /* Only support the initial namespaces for now. */
  if ((current_user_ns() != &init_user_ns) ||
    (task_active_pid_ns(current) != &init_pid_ns))
    return -EPERM;

  switch (msg_type) {
  case AUDIT_LIST:
  case AUDIT_ADD:                         旧类型，已经不支持
  case AUDIT_DEL:
    return -EOPNOTSUPP;
  case AUDIT_GET:
  case AUDIT_SET:                         这些类型需要 CAP_AUDIT_CONTROL
  case AUDIT_GET_FEATURE:                 能力
  case AUDIT_SET_FEATURE:
  case AUDIT_LIST_RULES:
  case AUDIT_ADD_RULE:
  case AUDIT_DEL_RULE:
  case AUDIT_SIGNAL_INFO:
  case AUDIT_TTY_GET:
  case AUDIT_TTY_SET:
  case AUDIT_TRIM:
  case AUDIT_MAKE_EQUIV:
    if (!capable(CAP_AUDIT_CONTROL))
      err = -EPERM;                       向内核传递用户态审计消息，需
    break;                                要 CAP_AUDIT_WRITE 能力
  case AUDIT_USER:
  case AUDIT_FIRST_USER_MSG ... AUDIT_LAST_USER_MSG:
  case AUDIT_FIRST_USER_MSG2 ... AUDIT_LAST_USER_MSG2:
    if (!capable(CAP_AUDIT_WRITE))
      err = -EPERM;
    break;
  default: /* bad msg */
    err = -EINVAL;
  }

  return err;
}
```

netlink 套接字作为 audit 子系统在内核和用户态之间的接口，主要用于两类工作。一类是传递 audit 消息，既可以是内核向用户态传递，也可以是用户态向内核传递。如 sshd 进程就向内核传递用户登录的审计消息。内核对这类消息不做处理，直接转发给 auditd 进程。另一类是对内核 audit 子系统进行控制，如注册 auditd 进程，修改 audit 规则，调整内核 audit 缓冲区参数等。向内核传递第一类消息需要 CAP_AUDIT_WRITE 权限，传递第二类消息需要 CAP_AUDIT_CONTROL 权限。

即使没有用户态守护进程 auditd，内核 audit 子系统也能工作，它将不通过 netlink 套接字送出消息，而是改为直接调用 printk。相应地，audit 消息就会出现在/proc/kmsg 中。看下面代码：

```
kernel/audit.c
void audit_log_end(struct audit_buffer *ab)
{
…
  if (audit_pid) {
    skb_queue_tail(&audit_skb_queue, ab->skb);
    wake_up_interruptible(&kauditd_wait);
  } else {
    audit_printk_skb(ab->skb);
  }
  …
}
```

此外，与 audit 相关的内核和用户态接口还包括一个 proc 伪文件系统的文件：/proc/[pid]/loginuid。它用于修改进程的 loginuid。loginuid 就是进程的 task_struct 中的 auid，它是 audit 子系统引入到内核的，用于记录进程的登录 id。loginuid/auid 不随 setuid 等系统调用改变，通过它可以更好地跟踪一个进程的行为。

14.4　规则

14.2 节讲述了内核 audit 子系统的架构，下面梳理一下 audit 的规则。一条 audit 规则有四个组成部分：队列、动作、系统调用、域（field）。

（1）队列

队列就是前面提到的五个规则队列：User、Task、Entry、Exit 与 Type。

（2）动作

动作有两个选项：never 与 always。分别表示不审计和审计。

（3）系统调用

系统调用表示在哪个或哪些系统调用下做审计。系统调用可以多选，甚至全选。内核用一个 bit 表示一个系统调用。

（4）域

域的结构是 name op value，如 euid=1000。“name”是“euid”；“op”是“=”；“value”是“1000”。下面系统地解释一下 name op value。

先说 value，value 是整数或字符串。再说 op，op 的值限定为：=、!=、<、>、<=、>=、&、&=。前几个操作好理解，最后两个不大直观。&操作是将左值和右值做与操作，非 0 即为满足条件。&=是将左值和右值做与操作，然后判断操作的结果和右值是否相等，相等才视为满足条件。

最后看最复杂的 name，name 的可选值为：

- uid：进程的 uid。
- euid：进程的 euid。
- suid：进程的 suid。
- fsuid：进程的 fsuid。
- loginuid：进程的 loginuid。它是通过接口/proc/[pid]/loginuid 设置的，后续的 setuid 等系统调用不会改变 loginuid。一般是负责用户登录的系统进程设置 loginuid，记录用户登录时的 id。
- obj_uid：文件的属主 uid。
- gid：进程的 gid。
- egid：进程的 egid。
- sgid：进程的 sgid。
- fsgid：进程的 fsgid。
- obj_gid：文件的属组 id。
- pid：进程的 pid。
- pers：进程的 task_struct 中的 personality。personality 的本意是帮助 Linux 内核运行其他类 UNIX 系统的应用程序。这个目标并没有完成。在第 23 章中提到了利用 personality 配置进程地址随机化。
- msgtype：audit 消息类型。
- ppid：父进程 pid。
- devmajor：设备的主设备号。
- devminor：设备的次设备号。
- exit：系统调用的返回值。
- success：系统调用是否成功返回，非 0 值表示成功，0 表示失败。
- inode：文件的 inode 号。
- arg0：系统调用的第一个参数。
- arg1：系统调用的第二个参数。
- arg2：系统调用的第三个参数。
- arg3：系统调用的第四个参数。
- subj_user：与 SELinux 相关，主体的 user。
- subj_role：与 SELinux 相关，主体的 role。
- subj_type：与 SELinux 相关，主体的 type。
- subj_sen：与 SELinux 相关，主体的 sensitivity。
- subj_clr：与 SELinux 相关，主体的 category，clr 来自 category 的另一个名称 clearance。
- obj_user：与 SELinux 相关，客体的 user。
- obj_role：与 SELinux 相关，客体的 role。
- obj_type：与 SELinux 相关，客体的 type。
- obj_lev_low：与 SELinux 相关，客体的低 level。在 SELinux 中，level 由 sensitivity 和 category 组成。客体的 level 可以设定为一个范围。
- obj_lev_high：与 SELinux 相关，客体的高 level。
- obj_watch：文件的路径名。
- obj_dir：目录的路径名。

- filter_key：filter_key 的作用是设置一个出现在审计消息中的字符串，通过它可以方便分类审计消息。
- loginuid_set：loginuid_set 对应的 value 是一个 bool 值（1 或 0），代表进程的 loginuid 是否被设置过。
- arch：架构，在支持多架构的内核上使用。
- perm：文件的允许位。
- filtertype：文件的类型，包括普通文件、目录、块设备……

以上是规则的基本构成，在代码中还规定了一些限制：

（1）队列 entry 对应的动作只能是"never"。

（2）域 msgtype 所在的规则只能出现在队列 type 或队列 user 中。

（3）以下域的 op 不能是"&"和"&="：uid、euid、suid、fsuid、loginuid、obj_uid、gid、egid、sgid、fsgid、obj_gid、pid、pers、msgtype、ppid、devmajor、devminor、exit、success、inode。

（4）域 loginuid_set 对应的 value 只能是 0 或 1，对应的 op 只能是"="或"!="。

（5）域 arch 对应的 op 只能是"="或"!="。

（6）域 perm 对应的 value 是一个整数，只有最低 4 个 bit 可以被置为 1。

（7）域 filetype 对应的 value 是一个整数，对它的合法性检查为：

```
if (f->val & ~S_IFMT) return -EINVAL;
```

14.5 总结

审计的两大特征是正式的审查和独立的个体。内核审计子系统的审计对象自然是用户态进程，审计点自然在内核的系统调用之中。内核审计子系统混杂了日志功能。从设计的角度看，这不太好。如果仅仅是包含了内核产生的日志消息，还算差强人意。而内核审计子系统偏偏还要做用户态"审计"日志消息转发，这就有些莫名其妙了。

内核审计子系统提供的审计规则不能称作精美。有些规则实在很难用到，例如"pers"。有些规则又和内核特定模块紧密耦合，例如专为 SELinux 提供的 subj_user、subj_role、subj_type、subj_sen、subj_clr、obj_user、obj_role、obj_type、obj_lev_low、obj_lev_high。首先，SELinux 不是 Linux 内核的必备模块；其次，SELinux 不是 Linux 安全的必备模块；最后，SELinux 不是审计子系统工作的必需模块。

内核审计子系统的消息输出也不能称作精美。消息中充斥了大量的冗余信息，有用的信息要么被淹没了，要么根本没有出现。Linux 初学者会感觉审计消息深奥难懂，而深入研究者又觉得审计消息中有用信息太少。

内核审计子系统的文档非常少，了解它的最好方法就是直接阅读代码。

内核审计子系统肯定被修改了多次。一些已不起作用的陈旧代码还残留在代码中，它们唯一的作用就是让代码阅读者感到困惑。

14.6 参考资料

读者可参考以下资料：

https://www.suse.com/documentation/sles11/book_security/data/part_audit.html

第 15 章　syslog

15.1　简介

在 Linux 中提到的 syslog 有两个含义。一个是指用户态守护进程 syslogd，各个进程，主要是守护进程，调用特定的函数接口将日志信息发给它，它负责将这些消息存储到系统日志中；另一个是系统调用 syslog，这个系统调用会影响内核产生的日志消息。本章要讲的是 syslog 的第二个含义。下面先看一下函数原型：

```
int syslog(int type, char *buf, int len);
```

buf 和 len 的含义不用解释，下面看一下 type 的取值：

0　　　　　　关闭日志，目前没有实现
1　　　　　　打开日志，目前没有实现
2　　　　　　读日志
3　　　　　　从缓冲中读出全部消息
4　　　　　　从缓冲中读出全部消息，并清除缓冲
5　　　　　　清除缓冲
6　　　　　　不让 printk 输出消息到控制台（console）
7　　　　　　让 printk 输出消息到控制台（console）
8　　　　　　设置输出到控制台消息的级别
9　　　　　　返回在缓冲中未被读出的字节数
10　　　　　　返回缓冲大小

15.2　日志缓冲

Linux 内核使用一个环形缓冲（cyclic buffer 或 ring buffer）。内核函数 printk() 将接收到的参数存储在这个环形缓冲之中。环形缓冲中的部分消息会输出到控制台。syslog 的作用是读出环形缓冲中的内容，清除环形缓冲内容和配置哪些消息会从环形缓冲输出到控制台。

syslog 的三个参数不会都用到，在第一个参数为某些值时，第二个或第三个参数会被忽略，以下对被忽略的参数用 "dummy" 表示。syslog(2, buf, len) 会被阻塞，直到内核日志缓冲中有内容，它最多读 len 个字节，读完成后，读过的内容会从内核日志缓冲中清除。syslog(3, buf, len) 读内核日志缓冲最后 len 个字节。syslog(4, buf, len) 比 syslog(3, buf, len) 多做一件事：清内核日志缓冲。syslog(5, dummy, dummy) 只做一件事：清内核日志缓冲。syslog(6,dummy,dummy)，syslog(7,dummy,dummy)，syslog(8,dummy,level) 都在设置变量 loglevel 的值，syslog(6,dummy, dummy) 将 loglevel 设置为最小值，结果就是没有消息能被输出到控制台，syslog(7,dummy, dummy) 将 loglevel 设置为缺省值，恢复了消息输出到控制台的功能。

内核日志函数的处理逻辑是这样的，如果消息的 level 小于变量 console_loglevel，这个消息就会被输出到控制台。消息的 level 值取值范围是 0～7：

```
include/linux/kern_levels.h
#define KERN_EMERG    KERN_SOH "0"    /* system is unusable */
#define KERN_ALERT    KERN_SOH "1"    /* action must be taken immediately */
#define KERN_CRIT     KERN_SOH "2"    /* critical conditions */
#define KERN_ERR      KERN_SOH "3"    /* error conditions */
#define KERN_WARNING    KERN_SOH "4"    /* warning conditions */
#define KERN_NOTICE KERN_SOH "5"    /* normal but significant condition */
#define KERN_INFO     KERN_SOH "6"    /* informational */
#define KERN_DEBUG    KERN_SOH "7"    /* debug-level messages */
```

所以当 console_loglevel 被设置为 1，就只有最紧急的消息会被输出到控制台。console_loglevel 的缺省值是 7，设置为缺省值的意思是除 debug 消息之外的消息都会被输出到控制台。当把 console_loglevel 设置成 8 或 8 以上的值时，所有的内核日志消息都会被输出到控制台。

内核函数 printk 是内核日志消息的主要来源。printk 的实现很简单，调用了 vprintk_emit，vprintk_emit 的实现复杂一些，核心的操作是调用了 log_store。log_store 将日志消息存入日志缓冲之中。

printk 是内核日志消息的主要来源，但不是唯一来源。另一个来源是用户态空间，这很有趣，用户态应用可以通过写入/dev/kmsg 来向内核日志缓冲注入消息。在打开/dev/kmsg 时，内核代码有权限检查，要求有 cap_syslog 或者 cap_sys_admin 能力，在内核强制访问控制模块例如 SELinux 中，还有其他检查。

15.3　读取日志

在 Linux 中，读取内核日志缓冲中日志消息的方式很多：

（1）syslog 系统调用

syslog 系统调用的第一个参数 type 值为 2、3、4，供读取内核日志用。

（2）控制台

前面提到消息级别低于 loglevel 的内核消息会被输出到 console。

（3）/dev/kmsg

打开设备文件/dev/kmsg，执行读操作就可以获得内核日志消息。

（4）/proc/kmsg

读/proc/kmsg 就是读内核日志缓冲。

此外在系统崩溃时，内核代码还会"抢救性"地将尽可能多的日志输出到终端上。相关代码在 drivers/mtd/mtdoops.c 中。这还不够，用户希望系统崩溃时日志内容能存储在硬盘上，但是崩溃的时候硬盘可能已经不能用了，于是就出现了基于系统的非易失性（non-volatile）存储设备的 pstore 文件系统⊖。系统崩溃时将日志存储到 pstore 之中。

上面提到了/proc/kmsg 和/dev/kmsg 这两个"特殊"文件，索性再叙述一下另一个和 syslog 有关的文件/proc/sys/kernel/printk。此文件可读写，通过它可以读取和修改 4 个内核变量：console_loglevel、default_message_loglevel、minimum_console_level、default_console_loglevel。console_loglevel 用于控制输出到控制台的内核日志消息，只有 level 低于此值的消息才会被输出到控制台。default_message_loglevel 用于为没有明确指定消息 level 的消息赋 level 值。minimum_console_level

---

⊖ 见 http://lwn.net/Articles/434821/。

指定了可以为 console_level 赋的最小值。default_console_loglevel 指定了 console_loglevel 的缺省值。

15.4　netconsole

内核日志系统会将日志缓冲中的消息输出到所有已注册的控制台。netconsole 是一个特殊的 console，它的 write 函数被实现为将数据通过网络传输到另一台计算机。通过 netconsole，内核的日志消息就会被输出到网络上的另一台计算机。

netconsole 的设置有静态和动态两种方式。

静态是指在内核启动或模块加载时配置参数。如果 netconsole 被编译进内核，静态就是在启动时向内核传递参数来配置 netconsole，如果 netconsole 被编译为模块，就在模块加载时传递参数。参数的样子是：

```
netconsole=6666@192.168.1.28/eth0
```

上述语句表示将控制台（console）消息发送到 IP 地址 192.168.1.28 的端口 6666。

可以配置多个 log 接收点：

```
netconsole=6666@192.168.1.28/eth0,6666@192.168.1.19/00:13:32:20:r9:a5
```

动态就是在运行中配置，前提是系统支持 configfs，并且 configfs 已经挂载，比如挂载到了 /sys/kernel/config。这时在 /sys/kernel/config/netconsole 下创建一个子目录，比如叫 target1。在 target1 下就会出现几个文件：enabled、dev_name、local_port、remote_port、local_ip、remote_ip、local_mac、remote_mac。举例如下：

```
echo 0 > enabled
echo eth2 > dev_name                  # set local interface
echo 10.0.0.4 > remote_ip             # update some parameter
echo cb:a9:87:65:43:21 > remote_mac   # update more parameters
echo 1 > enabled                      # enable target again
```

只有在 enabled 为 0 的情况下，才能改变几个文件，所以第一步是将 enabled 置为 0，然后在配置文件中写入内容，最后一步是将 enabled 置为 1。

15.5　参考资料

读者可参考以下资料：

man 3 syslog

man 2 syslog

Documentation/networking/netconsole.txt

习题

在你所使用的 Linux 发行版的启动脚本中寻找修改 /proc/sys/kernel/printk 文件内容的地方。修改该文件内容，观察 Linux 系统启动过程中屏幕上显示消息的变化。

第五部分　加　　密

　　加密的本质是通过计算来混淆数据，让攻击者在不知道密钥的情况下很难将加密后的数据还原为原始数据。既然加密的本质是计算，那么加密操作并没有必要一定存在于内核态。Linux内核中包含加密相关的子系统的主要原因是有一些内核子系统需要在内核中做加密操作，比如eCryptfs 和 dm-crypt。

第 16 章 密 钥 管 理

16.1 简介

编码、加密和密钥是几个有联系但又有区别的概念。编码是运用算法将一段数据（输入）转变为另一段数据（输出）。输入和输出的数据长度不一定相等。base64 是一种编码算法，SHA-1 也是一种编码算法。加密也是将一段数据（输入）转变为另一段数据（输出）。加密的特殊性在于，加密算法的输入有两个，一个是待加密的数据，另一个是密钥。加密算法保证在不知道密钥的情况下，很难从输入推导出输出，也很难从输出推导出输入。密钥的本质是一段数据，数据长度和加密算法有关。

不同的加密算法对密钥有不同的要求。如果加密算法要求加密和解密使用相同的密钥，这种密钥就称为对称密钥。反之，就称为非对称密钥。非对称密钥有两个，一个公开发布，称为公钥；另一个秘密保存，称为私钥。

本章介绍内核密钥管理子系统，只涉及内核如何管理密钥，不涉及内核加密算法的实现。密钥本质上是一段数据，内核对它的管理有些类似对文件的管理。但是因为 Linux 内核不愿意让密钥像文件那样"静态"存储在磁盘或者其他永久性存储介质上，所以内核对密钥的管理又有些像对进程的管理，有创建、实例化、删除等操作。

16.2 架构

16.2.1 数据结构

密钥在内核代码中称为 key，先看一下 key 的定义。

include/linux/key.h
```
struct key {
  ......
  key_serial_t serial;

  struct key_user *user;
  kuid_t uid;
  kgid_t gid;
  key_perm_t perm;
  void *security;

  unsigned short datalen;
  union {
    union {
      unsigned long value;
```

```
        void __rcu *rcudata;
        void *data;
        void *data2[2];
    } payload;
    struct assoc_array keys;
};

union {
    struct keyring_index_key index_key;
    struct {
        struct key_type *type;
        char    *description;
    };
};

unsigned long flags;
    ……
};
```

第一个重要的数据成员是 serial。内核通过此序列号来唯一地标识一个 key。下面几个成员：
user、uid、gid、perm、security，和访问控制相关。user 指向的数据类型 key_user 中包含一些和
用户配额（quota）相关的数据，像用户拥有 key 的数量，用户拥有 key 占用的总内存之类。因
为 key 是由用户态进程创建，由内核管理，其实体存储在内核申请的内存中，所以密钥管理需
要实施配额管理。uid 和 gid 标识 key 的属主和数组，perm 是 key 的访问权限，这都和文件类
似。security 是一个指针，被 LSM 使用，指向的内容由具体的 LSM 模块定义。之后的 datalen
和 payload 一起用于存储密钥内容，datalen 标识了 payload 的长度。至于 datalen 怎样和 payload
配合，payload 中的 data 和 data2 怎样使用，不同类型的 key 做法不同。

前面说过密钥有对称密钥和非对称密钥两大类，每类密钥又有很多种。密钥种类不同，
payload 中数据的格式和长度也不同。所以 key 数据结构中包含了数据成员 type，其类型为
key_type，其中包含若干函数指针，用于处理 payload。

```
include/linux/key-type.h
struct key_type {
    const char *name;
    size_t def_datalen;
    unsigned def_lookup_type;
    int (*vet_description)(const char *description);
    int (*preparse)(struct key_preparsed_payload *prep);
    void (*free_preparse)(struct key_preparsed_payload *prep);
    int (*instantiate)(struct key *key, struct key_preparsed_payload *prep);
    int (*update)(struct key *key, struct key_preparsed_payload *prep);
    int (*match)(const struct key *key, const void *desc);
    void (*revoke)(struct key *key);
    void (*destroy)(struct key *key);
    void (*describe)(const struct key *key, struct seq_file *p);
    long (*read)(const struct key *key, char __user *buffer, size_t buflen);
```

```
    request_key_actor_t request_key;
    struct list_head    link;              /* link in types list */
    struct lock_class_key lock_class;      /* key->sem lock class */
};
```

下一个重要成员是 description，它是一个字符串，用于用户态进程查询密钥。用户态先用字符串 description 从内核查询到 key 对应的序列号 serial，以后就直接用 serial 来对 key 进行操作。

还有一个重要成员 flags。它包含密钥的状态信息，和密钥的生命周期有关。

16.2.2 生命周期

密钥是动态创建的，它有生命周期，如图 16-1 所示。在数据结构中用 flags 来标识密钥的生命周期状态。

用户态进程首先会创建密钥，内核响应用户态进程的请求会生成一个密钥，分配内存。密钥的第二个状态是 instantiated，内核将用户态进程提供的输入填入密钥的负载（payload）之中。这时的密钥就可以被用来做加解密使用了。密钥的"死亡"状态有三个，它们略有不同。revoke 和 invalidate 都是由用户态进程发起的请求，内核对 invalidate 的响应是立即让密钥失效，收回密钥上的资源；

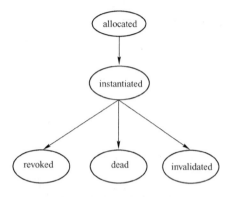

图 16-1 密钥的基本生命周期

内核对 revoke 的响应也是让密钥失效并收回资源，只是在此之前先调用密钥所属的类型（struct key_type）中定义的一个函数（revoke）。dead 状态不是由用户态进程删除密钥导致的，而是由于一种类型（key_type）的密钥失效导致的，一般造成这种状况是因为相关的内核模块被卸载。

密钥的构造由用户态进程发起，密钥的 payload 数据由用户态进程提供，或者由用户态进程指令内核生成。当内核子系统要用到某个密钥，而这个密钥还不存在怎么办？一种简单的做法是由内核启动一个用户态进程，再由这个进程来填充密钥的 payload。在发起新进程之前，内核首先分配一个密钥，将密钥的状态设置为"user_construct"。发起的新进程负责填充密钥的 payload。这时，进程有两个选择，一个是立刻提供 payload 并通知内核将密钥的状态置为"instantiated"；另一个是不能马上提供 payload 数据，它就通知内核将密钥的状态置为"negative"，以后再提供数据并修改状态。在图 16-1 的基础上增加两个状态"user_construct"和"negative"就形成了图 16-2。

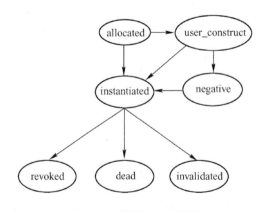

图 16-2 密钥的生命周期

下面看一下代码：

```
security/keys/request_key.c
struct key *request_key(struct key_type *type,
                        const char *description,
                        const char *callout_info)
{
  struct key *key;
  size_t callout_len = 0;
  int ret;

  if (callout_info)
    callout_len = strlen(callout_info);
  key = request_key_and_link(type, description, callout_info, callout_len,
                        NULL, NULL, KEY_ALLOC_IN_QUOTA);
  if (!IS_ERR(key)) {
    ret = wait_for_key_construction(key, false);
    if (ret < 0) {
      key_put(key);
      return ERR_PTR(ret);
    }
  }
  return key;
}
```

request_key.c 调用了 request_key_and_link：

```
security/keys/request_key.c
struct key *request_key_and_link(struct key_type *type,
                        const char *description,
                        const void *callout_info,
                        size_t callout_len,
                        void *aux,
                        struct key *dest_keyring,
                        unsigned long flags)
{
  struct keyring_search_context ctx = {
    .index_key.type         = type,
    .index_key.description   = description,
    .cred                = current_cred(),
    .match               = type->match,
    .match_data        = description,
    .flags               = KEYRING_SEARCH_LOOKUP_DIRECT,
  };
  struct key *key;
  key_ref_t key_ref;
  int ret;
  …
```

```
    key_ref = search_process_keyrings(&ctx);

    if (!IS_ERR(key_ref)) {
…
    } else if (PTR_ERR(key_ref) != -EAGAIN) {
     key = ERR_CAST(key_ref);
    } else {
     /* the search failed, but the keyrings were searchable, so we
      * should consult userspace if we can */
     key = ERR_PTR(-ENOKEY);
     if (!callout_info)
       goto error;

     key = construct_key_and_link(&ctx, callout_info, callout_len,
                           aux, dest_keyring, flags);
    }
…
    return key;
}
```

request_key_and_link 会尝试查找密钥，如果没有找到，request_key_and_link 会调用 construct_key_and_link:

```
security/keys/request_key.c
static struct key *construct_key_and_link(struct keyring_search_context *ctx,
                                 const char *callout_info,
                                 size_t callout_len,
                                 void *aux,
                                 struct key *dest_keyring,
                                 unsigned long flags)
{
  struct key_user *user;
  struct key *key;
  int ret;
…
  construct_get_dest_keyring(&dest_keyring);
  ret = construct_alloc_key(ctx, dest_keyring, flags, user, &key);
…
  if (ret == 0) {
    ret = construct_key(key, callout_info, callout_len, aux, dest_keyring);
…
  } else if (ret == -EINPROGRESS) {
    ret = 0;
  } else {
    goto couldnt_alloc_key;
  }
…
}
```

下面来看 construct_key:

```
security/keys/request_key.c
static int construct_key(struct key *key, const void *callout_info,
                         size_t callout_len, void *aux,
                         struct key *dest_keyring)
{
  struct key_construction *cons;
  request_key_actor_t actor;
  struct key *authkey;
  int ret;

…
  cons = kmalloc(sizeof(*cons), GFP_KERNEL);
…
  /* allocate an authorisation key */
  authkey = request_key_auth_new(key, callout_info, callout_len,
                                 dest_keyring);

  if (IS_ERR(authkey)) {
…
  } else {
    cons->authkey = key_get(authkey);
    cons->key = key_get(key);

    /* make the call */
    actor = call_sbin_request_key;
    if (key->type->request_key)
      actor = key->type->request_key;
    ret = actor(cons, "create", aux);
…
  }
…
  return ret;
}
```

如果密钥类型中没有特殊规定，函数 call_sbin_request_key 就会被调用。call_sbin_request_key 的定义为：

```
security/keys/request_key.c
/*
 * Request userspace finish the construction of a key
 * - execute "/sbin/request-key <op><key><uid><gid><keyring><keyring><keyring>"
 */
static int call_sbin_request_key(struct key_construction *cons,
                                 const char *op,
                                 void *aux)
{
  const struct cred *cred = current_cred();
  key_serial_t prkey, sskey;
```

```
    struct key *key = cons->key, *authkey = cons->authkey, *keyring, *session;
    char *argv[9], *envp[3], uid_str[12], gid_str[12];
    char key_str[12], keyring_str[3][12];
    char desc[20];
    int ret, i;

    …
    /* allocate a new session keyring */
    sprintf(desc, "_req.%u", key->serial);

    cred = get_current_cred();
    keyring = keyring_alloc(desc, cred->fsuid, cred->fsgid, cred,
                        KEY_POS_ALL | KEY_USR_VIEW | KEY_USR_READ,
                        KEY_ALLOC_QUOTA_OVERRUN, NULL);
    put_cred(cred);
    …
    /* attach the auth key to the session keyring */
    ret = key_link(keyring, authkey);
    …
    /* do it */
    ret = call_usermodehelper_keys(argv[0], argv, envp, keyring,
                        UMH_WAIT_PROC);
    …
    return ret;
}
```

　　call_sbin_request_key 函数定义比较长，上面只保留了核心部分，主要功能是用要实例化的密钥的序列号（key->serial）生成一个描述字符串（desc），用这个描述字符串生成一个钥匙串（kering），然后将 authkey 链接入钥匙串。最后用钥匙串作为参数调用 call_usermodehelper_keys。call_usermodehelper_keys 将会启动一个用户态进程，这个用户态进程负责实例化密钥。

16.2.3　类型

　　内核引入了数据类型 "key_type" 来表示密钥类型，其中有若干函数指针。下面简要叙述一下主要的集中密钥类型。

1. 钥匙环（keyring）

　　顾名思义，钥匙环就是将密钥串在一起的地方。它和文件系统的目录有些类似，钥匙环可以包含若干密钥，当然这些密钥也可以是另一个钥匙环。但是，和目录相比它有两点不同。一是寻找一个密钥时，需要配合参数 type，也就是说，不同类型的密钥在不同的名字空间中。比如一个类型为 "trusted" 的密钥和一个类型为 "user" 的密钥可以同名（严格地说，不是名字，是描述——description），不会引起冲突。二是，一个密钥可以链接到多个钥匙环，这和目录类似。不同的是，文件在不同的目录中可以有不同的名字，而密钥在不同的钥匙环中，其名字/描述总是一样的。

```
include/linux/key.h
struct key {
…
    union {
```

```
        union {
          unsigned long            value;
          void __rcu              *rcudata;
          void                    *data;
          void                    *data2[2];
        } payload;
        struct assoc_array keys;
      };
    };
```

keyring 使用类型为 assoc_array 的 keys 成员，非 keyring 使用 payload。

密钥挂在钥匙环上，钥匙环可以再挂在另一个钥匙环上。似乎完美了。但是用户态进程要找一个钥匙，该从哪一个钥匙环开始呢？还拿文件系统类比，文件系统有一个根目录“/”，根目录是文件查找的起点。钥匙环也类似，只不过比文件系统复杂。钥匙环有若干个特殊的 ID，供用户态进程查找，见表 16-1。

表 16-1　特殊的 keyring

ID	含　义
-1	线程 keyring
-2	进程 keyring
-3	会话 keyring
-4	用户 ID 对应的 keyring
-5	用户会话 keyring
-6	组 ID 对应的 keyring
-7	request_key 操作中认证密钥（auth key）的 keyring
-8	request_key 目的 keyring

每个线程有一个自己的钥匙环，每个进程有一个自己的钥匙环。不太好理解的是会话（session）。会话概念的引入和登录（login）过程有关，用户登录系统，就是启动了一次会话，这次登录的进程，及其后续子孙进程共享同一个会话 id。现在通过字符终端（tty）登录 Linux 还是这样的情况。简言之，一个会话就是一组进程，它们共享一些资源，比如会话钥匙环。用户 ID 对应的钥匙环和组 ID 对应的钥匙环，脱离进程而存在。用户会话钥匙环主要用在登录程序，用户登录系统，输入用户名和口令，登录程序启动新进程（一般是一个 shell），同时启动一个新会话，这个新进程的会话钥匙环就先设置为此次登录的用户的用户会话钥匙环。剩下两个钥匙环和 request_key 操作相关，后面再介绍。

2. user

user 类型的密钥由用户态进程创建，并且一般是用户态进程使用此种类型密钥。

3. logon

logon 类型和 user 类型很相似，主要的区别在于进程可以写入 logon 类型密钥的负载，但是不能读出 logon 类型密钥的负载。logon 类型密钥的负载存储的是用户名和口令。内核中的一些子系统，比如 cifs，会使用这些信息。

4. asymmetric

这种类型对应非对称密钥，非对称密钥有两个密钥：公钥和私钥。公钥存储在 payload 成员中，私钥存储在 type_data 中。

Linux 内核安全模块深入剖析

```
include/linux/key.h
struct key {
…
  /* type specific data
   * - this is used by the keyring type to index the name
   */
  union {
    struct list_head    link;
    unsigned long            x[2];
    void                *p[2];
    int             reject_error;
  } type_data;

  /* key data
   * - this is used to hold the data actually used in cryptography or
   *   whatever
   */
  union {
    union {
      unsigned long          value;
      void __rcu           *rcudata;
      void               *data;
      void               *data2[2];
    } payload;
    struct assoc_array keys;
  };
};
```

5. encrypted

这种类型的密钥之所以命名为 encrypted，原因是用户态进程只能读到加密后的密钥数据，因此用户态进程是无法使用这种密钥的。这种密钥是由内核中的程序使用的，如 ecryptfs 和 IMA。用来加密 encrypted 密钥数据的密钥有两种，一种是前面提到的 user 类型的密钥，另一种是后面要提到的 trusted 类型的密钥。

回顾一下，内核中的密钥，是由用户态进程动态创建的。这里，encrypted 类型的密钥的设计初衷就是不允许用户态进程接触到明文存储的密钥数据，那么，用户态进程又该怎么创建这种密钥呢？答案是，创建这种密钥时的 payload 是一个字符串，其中包含一个指令，内核根据该指令来创建密钥。指令的语法是：

（1）"new [format] key-type:master-key-name keylen"

创建密钥，密钥的长度是"keylen"，使用类型为"key-type"，名字（description）为"master-key-name"的密钥作为此次创建的密钥的加密密钥。

```
format:= 'default | ecryptfs'
key-type:= 'trusted' | 'user'
```

format 有两种形式：default 和 ecryptfs。看来 encrypted 类型的密钥和 ecryptfs 有很强的联系。加密密钥的类型可以是 trusted 或者 user。

（2）"load hex_blob"

根据 hex_blob 的值来创建密钥。hex_blob 是一个 hex 字符串，字符串本身是有格式的，其中包含用于加密的密钥的类型和名字、哈希校验值及加密后的密钥数据。一般用法是创建一个 encrypted 密钥，将其内容读出导入一个文件，在每次系统启动时根据文件内容创建密钥。例如下面这个在 12.2.5 节中列举过的例子：

```
cat /etc/keys/kmk | keyctl padd user kmk @u
keyctl add encrypted evm-key "load `cat /etc/keys/evm-key`" @u
```

（3）"update key-type:master-key-name"

改变用于加密密钥的密钥。用户修改密钥的负载（payload），负载字符串是上面这个格式时，encrypted 类型的密钥的加密密钥就会被更改。

6. trusted

这种类型的密钥和 TPM 相关。由 TPM 硬件生成一个密钥，并存储在 TPM 硬件中。同 encrypted 类型，创建密钥时的 payload 是一个指令字符串。语法是：

（1）"new keylen [options]"

（2）"load hex_blob [pcrlock=pcrnum]"

这部分语法和 encrypted 类型密钥类似。

16.2.4　系统调用

密钥管理子系统添加了三个系统调用。

1. add_key

```
key_serial_t add_key(const char *type, const char *description,
                     const void *payload, size_t plen,
                     key_serial_t keyring);
```

创建成功后，新密钥会被链接入参数 keyring 表示的钥匙环。

2. keyctl

```
long keyctl(int cmd, ...);
```

系统调用 keyctl 的参数个数不定，第二个参数及后续参数是否存在，类型又是什么，由第一个参数 cmd 的取值决定。cmd 的取值有：

（1）KEYCTL_GET_KEYRING_ID

系统调用 keyctl 的第二个参数是钥匙环的 id。传入特殊的钥匙环的 id（-1～-8），此次系统调用返回实际的钥匙环的序列号。

（2）KEYCTL_JOIN_SESSION_KEYRING

系统调用 keyctl 的第二个参数是一个指向字符串的指针，字符串表示会话钥匙环的名字（description）。此次系统调用将调用进程的会话钥匙环设置为第二个参数所指的钥匙环。如果第二个参数是空指针，就创建一个匿名钥匙环作为进程的会话钥匙环。

（3）KEYCTL_UPDATE

系统调用 keyctl 的第二个参数是密钥的 id，第三个参数是 payload 字符串，第四个参数是

payload 字符串的长度。此次系统调用更新密钥的 payload。

（4）KEYCTL_REVOKE

系统调用 keyctl 的第二个参数是密钥的 id。此次系统调用删除一个密钥。

（5）KEYCTL_DESCRIBE

系统调用 keyctl 的第二个参数是密钥的 id，第三个参数是一个缓冲区指针，第四个参数是缓冲区长度。此次系统调用以"type;uid;gid;perm;description"格式将密钥信息填入缓冲区。

（6）KEYCTL_CLEAR

系统调用 keyctl 的第二个参数是钥匙环的 id。此次系统调用将钥匙环清空。

（7）KEYCTL_LINK

系统调用 keyctl 的第二个参数是密钥的 id，第三个参数是钥匙环的 id。此次系统调用将密钥链接入钥匙环。

（8）KEYCTL_UNLINK

系统调用 keyctl 的第二个参数是密钥的 id，第三个参数是钥匙环的 id。此次系统调用从钥匙环中清除一个密钥的链接。

（9）KEYCTL_SEARCH

系统调用 keyctl 的第二个参数是搜索起始点的钥匙环的 id，第三个参数是表示类型的字符串，第四个参数是表示名字（描述）的字符串，第五个参数是目的钥匙环的 id。从搜索起始点钥匙环开始搜索指定类型和名字的密钥，如果目的钥匙环的 id 不是 0，则将找到的密钥链接入目的钥匙环。

（10）KEYCTL_READ

系统调用 keyctl 的第二个参数是密钥的 id，第三个参数为缓冲区指针，第四个参数是缓冲区长度。将密钥的 payload 放入缓冲区。

（11）KEYCTL_CHOWN

系统调用 keyctl 的第二个参数是密钥的 id，第三个参数为用户 id，第四个参数为组 id。改变密钥的属主和属组。如果用户 id 或组 id 为-1，表示相应的 id 不变。

（12）KEYCTL_SETPERM

系统调用 keyctl 的第二个参数是密钥的 id，第三个参数是一个整数，标识权限。改变密钥的存取权限。

（13）KEYCTL_INSTANTIATE

系统调用 keyctl 的第二个参数是密钥的 id，第三个参数是 payload 指针，第四个参数是 payload 长度，第五个参数是钥匙环的 id。实例化一个密钥。

（14）KEYCTL_INSTANTIATE_IOV

同 INSTANTIATE 类似，只是系统调用 keyctl 的第三个输入参数的类型是 iovec *，第四个参数是 iovec 的个数。KEY_INSTANTIATE 和系统调用 write 类似，KEYCTL_INSTANTIATE_IOV 和系统调用 writev 类似。

（15）KEYCTL_NEGATE

系统调用 keyctl 的第二个参数是密钥的 id，第三个参数是时延（timeout）值，第四个参数是钥匙环的 id。在时延内用户态进程查询这个密钥会得到 ENOKEY 的错误。如果钥匙环的 id 非零，此次系统调用还会将密钥链接入第四个参数指定的钥匙环。KEYCTL_NEGATE 的应用场景是，当进程暂时无法提供密钥的负载数据时，进程可以将密钥的状态通过 KEYCTL_NEGATE 置为"negative"，并给出时延。如果超出时延密钥的状态没有变化，内核就会删除密钥。

（16）KEYCTL_REJECT

系统调用 keyctl 的第二个参数是密钥的 id，第三个参数是 timeout 值，第四个参数是错误码，第五个参数是钥匙环的 id。同 NEGATE 类似，只是在此次系统调用后，进程查询此密钥会得到错误码所标识的错误。

（17）KEYCTL_SET_TIMEOUT

系统调用 keyctl 的第二个参数是密钥的 id，第三个参数是 timeout 值。过 timeout 秒后，这个密钥将被清除。

（18）KEYCTL_INVALIDATE

系统调用 keyctl 的第二个参数是密钥的 id。将密钥置为 invalidated 状态，后续内核垃圾回收机制会删除密钥并回收其资源。

（19）KEYCTL_GET_SECURITY

系统调用 keyctl 的第二个参数是密钥的 id，第三个参数是缓冲区指针，第四个参数是缓冲区长度。将密钥的安全上下文（对 SELinux 来说就是五元组）转换为字符串存入缓冲区。

（20）KEYCTL_SESSION_TO_PARENT

无后续参数。用当前进程的会话钥匙环替换父进程的会话钥匙环。

（21）KEYCTL_GET_PERSISTENT

系统调用 keyctl 的第二个参数是用户 id，第三个参数是钥匙环的 id。找到和用户相关的一个钥匙环，如果内核 uid 是 1000，此钥匙环的名字（描述）是“_persistent.1000”，把它链接入参数指定的钥匙环中。

（22）KEYCTL_SET_REQKEY_KEYRING

系统调用 keyctl 的第二个参数是一个表示 jit_keyring 的值。将进程的 jit_keyring 改为指定的新值并读出原来的 jit_keyring 值返回。jit_keyring 的数据类型是“unsigned char”，它的取值有多个，下面列出三个：KEY_REQKEY_DEFL_NO_CHANGE、KEY_REQKEY_DEFL_THREAD_KEYRING 和 KEY_REQKEY_DEFL_PROCESS_KEYRING。jit_keyring 用来提供另一种指定钥匙串的方式。当下面要讲述的系统调用 request_key 的参数 keyring 为空时内核使用 jit_keyring 所指定的钥匙串。

（23）KEYCTL_ASSUME_AUTHORITY

系统调用 keyctl 的第二个参数是密钥的 id。类型为 key_serial_t。将进程的 request_key_auth 改为参数指定的 key。如果 id 为 0，就清除进程的 request_key_auth。

3. request_key

```
key_serial_t request_key(const char *type, const char *description,
                    const char *callout_info, key_serial_t keyring);
```

用户态进程通过这个系统调用让内核查询一个密钥，并将其链接入参数指定的钥匙环。如果这个密钥已经存在，则这个系统调用的功能和 keyctl(KEYCTL_SEARCH, ……)几乎没有区别。如果这个密钥不存在，在这个系统调用中内核还要负责创建密钥。那么，密钥的 payload 在哪里？内核的做法是根据参数 callout_info 启动一个用户态进程，由这个用户态进程来具体创建并实例化这个密钥。实际中的问题是内核启动的这个进程本身可能还是无法创建密钥，它又要启动别的进程来做这个工作，如图 16-3 所示。

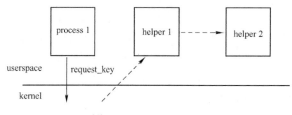

图 16-3   request_key

在这种重复委托的情况下，有两个东西必须以某种方式传递：一个是密钥，这个密钥已经在内核中创建了，需要用户态进程来实例化；另一个是钥匙环，就是这个密钥在成功实例化后，需要被链接到哪一个钥匙环中。还有一个额外的数据，就是进程的凭证，helper 1 或者 helper 2 或者 helper n 进程要为 process 1 进程实例化密钥，这些 helper 可能要查找 process 1 的一些和密钥相关的数据。内核引入了一种新的密钥类型：key_type_request_key_auth。这种类型的密钥不是用来加密数据的，而是用来在进程间传递实例化一个密钥所需的信息。在内核创建进程 helper 1 的时候，先创建一个 key_type_request_key_auth 类型的密钥，链接入 helper 1 进程的会话钥匙环。key_type_request_key_auth 类型的密钥的 payload 的子成员 data 本是 "void*" 指针，其所指的实例的类型为 request_key_auth。

```
struct request_key_auth {
    struct key          *target_key;
    struct key          *dest_keyring;
    const struct cred   *cred;
    void                *callout_info;
    size_t              callout_len;
    pid_t               pid;
};
```

前面说的三个信息这里面都有：target_key、dest_keyring、cred。helper 1 进程启动后，就可以调用 keyctl(KEYCTL_ASSUME_AUTHORITY, ...)，将这个 key_type_request_key_auth 类型的密钥置入自己的进程数据结构的 request_key_auth。内核在做密钥相关的查找时，也会查找与 request_key_auth 中 cred 相关的密钥。

16.2.5   访问类型

文件的访问类型有三个：读、写、执行。密钥不能被执行，但是密钥的访问类型有六个。

（1）Read

读出一个密钥的 payload；读出一个钥匙环下所有链接的信息。

（2）Write

写入一个密钥的 payload；在一个钥匙环中添加链接或者删除链接。

（3）View

查看一个密钥的类型、描述等属性。

（4）Search

查找一个钥匙环。在搜索一个钥匙环时只会递归搜索其下有搜索访问权限的子钥匙环。

（5）Link

允许一个密钥或钥匙环被链接入一个钥匙环。

（6）Set Attribute

允许修改密钥的 uid、gid、访问许可信息。

拿文件访问做类比，可以看到密钥的 Read、Write、Search 对应文件的读、写和执行（目录）。View 和 Set Attribute 对应于对文件属性的读写操作。Link 是在钥匙环上创建密钥的链接时额外的一次判断，既判断对钥匙环的 Write，又判断对密钥的 Link。

16.3　伪文件系统

内核密钥管理在 proc 文件系统中创建了两个只读文件，/proc/keys 和/proc/key-users。有趣的是，它们没有被创建在/proc/pid/目录下，而是被直接创建在了 proc 文件系统的根目录下。这就造成了进程根本无法查看到别的进程的密钥。

keys 文件列出当前进程可以查看（view）的密钥，所以不同的进程读出的内容会不同。列出的内容包括序列号、过期时间、访问允许位、uid、gid、类型、描述等。

key-users 列出密钥的统计信息，包括 uid、使用计数、密钥总数量和实例化数量、密钥数量的配额（quota）信息、密钥占用内存的配额信息。

16.4　总结

从访问控制的角度看，密钥是一种客体。拿典型的客体——文件——来和它对比，更利于理解，见表 16-2。

表 16-2　文件和密钥

文　件	密　钥
静态，存储于磁盘	动态，缓存于内核内存
一个特殊目录——根目录	八个特殊的密钥环
三个访问权限：读、写、执行	六个访问权限：读、写、看、找、链、设属性

密钥管理系统还有一个不易理解的 request_key 机制，内核创建一个用户态进程来填充一个新密钥的数据。随之而来的又涉及一个专门用来携带访问权限的 request_key_auth 类型的密钥。这么设计的目的是让一个（helper）进程在访问密钥时具备和另一个进程相同的许可权限，而在访问其他客体时不具备和另一个进程相同的许可权限。

16.5　参考资料

读者可参考以下资料：

Documentation/security/keys.txt

第 17 章　eCryptfs

17.1　简介

对文件进行加密的一个原始的做法是加密文件内容，将其存储为新文件，并删除老文件。以后在需要查看文件时，解密文件；在需要修改时，解密文件，修改内容，再加密。这么做显然是烦琐的，而且很容易造成明文泄露。能不能让用户操作明文，让内核存取密文呢？eCryptfs在内核文件系统级别上实现了这一需求。

eCryptfs（Enterprise Cryptographic Filesystem）是 Linux 的一种文件系统，从 Linux 内核版本 2.6.19 开始进入内核主线。它又被称为是一种堆叠于其他文件系统之上的加密文件系统（A Stacked Cryptographic Filesystem）。举个例子：

```
# mount -t ecryptfs /home/username/.secret /home/username/secret
```

上述命令将一个 eCryptfs 文件系统挂载到/home/username/secret 下。此目录下的文件存储的是解密后的明文，用户在操作此目录下的文件时丝毫感受不到加密的存在。而在/home/username/.secret 目录下的文件存储的是相应的加密后的密文。所谓"stacked"就是指 eCryptfs 不能单独存在，它依赖于一个底层（lower）文件系统，比如 ext3，对 eCryptfs 文件系统的读写操作最终由底层文件系统完成，在 eCryptfs 文件系统中实现透明的、用户看不到的加密和解密操作。当系统关机后，存储介质——比如磁盘——中只会有底层文件系统，比如 ext3，没有eCryptfs。

加密需要密钥，那么，eCryptfs 文件系统的密钥在哪里呢？

17.2　文件格式

套用云计算常用的"Xxx as a Service"，eCryptfs 是"Gnupg as a filesystem"。加密文件的密钥信息或者存储在文件的头部，或者存储在文件的扩展属性"user.ecryptfs"之中。

用于加密/解密 eCryptfs 文件系统中文件的密钥来源于内核生成的一个随机数。这个密钥并没有存储在 eCryptfs 文件系统的文件头或文件的扩展属性之中。那么存在文件头或扩展属性中的是什么呢？存储的是对这个密钥的一个加密后的结果。用于加密这个密钥的密钥称为FEKEK（File Encryption Key Encryption Key）。在打开文件时，内核要用 FEKEK 对存储于文件头或文件扩展属性中的加密后的密钥信息进行解密，将解密后的密钥保存起来，供文件读写操作使用。

下面看一下 eCryptfs 中的文件格式（假设密钥存储在文件头部），见表 17-1。

表 17-1　eCryptfs 文件格式

	0	1	2	3	4	5	6	7
000	文件大小							
010	eCryptfs 幻数标记⊖							
020	版本	标记⊖			文件头中 extent 单位长度⊜			
030	文件头中 exten 数量⑭							
040	密钥和加密算法信息							
050								
……								
……	文件内容							

上表中的密钥和加密算法信息有两种格式：tag_3_packet 和 tag_1_packet，均来自 rfc2440。
下面分别讲解。

（1）tag_3_packet

tag_3_packet 的格式见表 17-2。

表 17-2　tag 3_packet 格式

	0	1	2	3	4	5	6	7
000	Tag 3 ID	长度⑭		版本号	算法编码	S2K 标记	Hash id	盐
010	盐							Hash 迭代次数
020	加密后的密钥							
……								

Tag 3 ID 是 0x8c。版本号是 4。算法编码的相关数据结构为：

fs/ecryptfs/crypto.c

```
static struct ecryptfs_cipher_code_str_map_elem
ecryptfs_cipher_code_str_map[] = {
        {"aes",RFC2440_CIPHER_AES_128 },
        {"blowfish", RFC2440_CIPHER_BLOWFISH},
        {"des3_ede", RFC2440_CIPHER_DES3_EDE},
        {"cast5", RFC2440_CIPHER_CAST_5},
        {"twofish", RFC2440_CIPHER_TWOFISH},
        {"cast6", RFC2440_CIPHER_CAST_6},
        {"aes", RFC2440_CIPHER_AES_192},
        {"aes", RFC2440_CIPHER_AES_256}
};
```

几个相关的定义是：

⊖ 幻数（magic number）的头 4 个字节是 m_1，尾 4 个字节是 m_2，m_1 和 m_2 满足条件：m_1^0x3c81b7f5 == m_2。

⊖ 标记用到了 4 个 bit，分别标记 ENABLE_HMAC、ENCRYPTED、METADATA_IN_XATTR、ENCRYPT_FILENAMES。

⊜ 当版本大于或等于 1 时有此域。

⑭ 当版本大于或等于 1 时有此域。

⑤ 此处变长，1~2B，本表按 2B 计算。

```
include/linux/ecryptfs.h
#define RFC2440_CIPHER_DES3_EDE 0x02
#define RFC2440_CIPHER_CAST_5 0x03
#define RFC2440_CIPHER_BLOWFISH 0x04
#define RFC2440_CIPHER_AES_128 0x07
#define RFC2440_CIPHER_AES_192 0x08
#define RFC2440_CIPHER_AES_256 0x09
#define RFC2440_CIPHER_TWOFISH 0x0a
#define RFC2440_CIPHER_CAST_6 0x0b
```

S2K 标记固定为 3。Hash ID 固定为 1，表示使用 MD5 算法。

tag_3_packet 之后紧跟着一个 tag_11_packet，见表 17-3。tag_3_packet 包含密钥信息，tag_11_packet 包含密钥的名字。

表 17-3 tag_11_packet 格式

	0	1	2	3	4	5	6	7
000	Tag 11 ID	长度⊖		格式描述符	文件名长度	文件名		
010	文件名					日期		
020	日期		内容					

Tag 11 ID 为 0xed。格式描述符固定为 0x62。文件名长度固定为 8。文件名和日期都被 eCryptfs 的加解密逻辑忽略，它们的存在是由于 eCryptfs 使用了 rfc2440 提供的格式，在 rfc2440 提供的格式中包含文件名和日期。

这里有一个容易混淆的地方，在 rfc2440 中 Tag 11 的内容部分用来存储签名信息。eCryptfs 的 Tag 11 的内容部分存储的不是签名，而是一个密钥的名字（描述），这个密钥就是用于加密密钥的密钥——FEKEK。

Tag 3 和 Tag 11 一起用来描述 eCryptfs 使用口令生成 FEKEK 的情况。口令是一个字符串，经过若干次哈希迭代最终生成一个定长的密钥，它就是 FEKEK。用 FEKEK 加密实际的密钥，存储为表 17-2 中的"加密后的密钥"。而 Tag 11 中的内容是密钥的名字（描述），内核将对 FEKEK 再额外多做一次哈希迭代的结果作为密钥（FEKEK）的名字。

（2）Tag_1_packet

前面介绍了 tag_3_packet，下面介绍另一种格式 tag_1_packet，其格式见表 17-4。

表 17-4 tag_1_packet 包格式

	0	1	2	3	4	5	6	7
000	Tag 1 ID	长度		版本号	密钥 ID			
010	密钥 ID				加密算法 ID	加密后密钥		
020								
......								

⊖ 此处变长，1~2B，本表按 2B 计算。

Tag 1 ID 固定为 0x01。版本号固定为 3。

在表 17-1 中的"密钥和加密算法信息"中可以包含多个单元，每个单元或者是一个 tag_3_packet 加一个 tag_11_packet，或者是一个 tag_1_packet。

17.3　挂载参数

系统调用 mount 的作用是挂载文件系统，在挂载 eCryptfs 文件系统时，会用到一些专门的参数。下面逐一介绍。凡是需要有输入字符串的参数，都以"＝"结尾。

- sig＝
- ecryptfs_sig＝

这两个参数作用相同，都需要一个字符串作为输入，这个字符串规定了一个密钥的名字（description）。内核会先在 user 类型的密钥中寻找这个名字的密钥，若没有，再在 encrypted 类型的密钥中寻找这个名字的密钥。将找到的密钥链入一个对应此次 mount 的密钥链，用于后续可能的加解密密钥的操作。

sig 按字面理解是签名。实际上却是指密钥的名字（description）。

注意，这里这个密钥并不是真正用于加解密文件内容的密钥。用于加解密文件内容的密钥是内核生成的一个随机数，这个随机数当然不能存储在文件或文件的扩展属性之中。这里的 mount 参数规定了一个密钥用于将这个随机数加密，加密后的结果随文件存储。

- cipher＝
- ecryptfs_cipher＝

这两个参数作用相同，都用来确定一个加密解密算法。eCryptfs 使用的是对称加密算法，即加密和解密使用相同的密钥。具体算法是以下几个之一：aes、blowfish、des3_ede、cast5、twofish、cast6。

- ecryptfs_key_bytes＝

这个参数确定密钥长度。有些加密算法支持不同长度的密钥。例如，aes 密钥有 16B、24B、32B 三种。

- ecryptfs_passthrough

这个参数确定是否允许 eCryptfs 文件系统中存在没有被加密的文件。eCryptfs 是叠加在其他文件系统之上的，在其他文件系统的目录中存储的是加密后的文件，自 eCryptfs 文件系统目录中看到解密后的文件内容。如果在其他文件系统中存在未加密文件的话，在这个 mount 参数作用下，自 eCryptfs 中读此文件不会报错，也不会做额外的解密操作，原封不动地将文件内容呈现。

- ecryptfs_xattr_metadata

所谓元数据（metadata）就是 eCryptfs 专有的和加密相关的数据。有了这个参数，在系统调用 open 中，内核会先试着从文件头中读出元数据，如果文件头没有，再从扩展属性中读出元数据。

- ecryptfs_encrypted_view

此参数影响文件向内存映射的操作，有此参数，文件内容到内存不做解密操作。

- ecryptfs_fnek_sig＝

eCryptfs 不仅能对文件内容进行加密，还能对文件名进行加密。如果将目录看作一种特殊的文件，目录的内容就是文件名和文件的 inode 号。eCryptfs 并不会对目录内容整体进行加密，只会对其中一个一个单独的"文件名"域的内容进行加密。加密就需要密钥，这个参数规定用于加密文件名操作的密钥的密钥。

真正用于加解密文件名操作的是内核生成的一个随机数，这个随机数作为密钥是不能直接存储在文件元数据中的，要对此密钥加密后再存储，加密此密钥的密钥就是这个 mount 参数指定的密钥。

- ecryptfs_fn_cipher=

用于文件名加密的算法。

- ecryptfs_fn_key_bytes=

用于文件名加密的算法所需的密钥长度。

- ecryptfs_mount_auth_tok_only

在挂载操作时，参数"sig=""ecryptfs_sig=""ecryptfs_fnek_sig="可以出现多次，规定此次挂载使用的密钥。解密文件的一般做法是：首先在挂载时给出的密钥中寻找相应的密钥，如果没有找到，通过 request_key 操作向用户态申请协助。如果本次挂载有这个参数，就不会使用 request_key 操作，如果文件所需的密钥没有在挂载时给出，则直接报错。

- ecryptfs_check_dev_ruid

前面提到 eCryptfs 是堆叠在其他文件系统之上的，有此参数，在 mount eCryptfs 时，会检查执行 mount 操作的进程的 uid 和要挂载的（存储加密后文件的）目录属主 uid 是否相同，只有相同才允许挂载。

- ecryptfs_unlink_sigs

这个参数应该和内核卸载 eCryptfs 文件系统后删除相关密钥有关。但在内核代码中这个参数已经不对应任何实际有效的逻辑了。可能是删除相关密钥已经成为卸载 eCryptfs 文件系统的必然逻辑了。

17.4 设备文件

eCryptfs 创建了一个设备"ecryptfs"，设备的类型是"misc"。这个设备作为内核和用户态进程的接口。引入它是为了解决在某些情况下内核不掌握密钥 FEKEK，也就无法将文件的加密后的密钥还原为文件的密钥，因此内核需要请求用户态进程的帮助。

设备"ecryptfs"的使用方法是，在用户态有一个名为 ecryptfsd 的守护进程监听此设备，一旦此设备有数据，ecryptfsd 就执行读操作。ecryptfsd 读到的数据实际上是内核写入的密钥 FEKEK 的 ID 和文件的加密后的密钥。ecryptfsd 根据这些数据执行解密操作，将解密后的数据，也就是文件的密钥，写入设备"ecryptfs"。这样，内核就得到了文件的密钥。

17.5 用户态工具

本节看一下挂载操作及其对应的用户态代码。

```
root@lizhi-laptop:/home/zhi/tmp# mount -t ecryptfs ./ecrypt/ ./dcrypt/
Select key type to use for newly created files:
 1) tspi
```

```
  2) passphrase
Selection: 2
Passphrase:
Select cipher:
  1) aes: blocksize = 16; min keysize = 16; max keysize = 32
  2) blowfish: blocksize = 8; min keysize = 16; max keysize = 56
  3) des3_ede: blocksize = 8; min keysize = 24; max keysize = 24
  4) twofish: blocksize = 16; min keysize = 16; max keysize = 32
  5) cast6: blocksize = 16; min keysize = 16; max keysize = 32
  6) cast5: blocksize = 8; min keysize = 5; max keysize = 16
Selection [aes]:
Select key bytes:
  1) 16
  2) 32
  3) 24
Selection [16]:
Enable plaintext passthrough (y/n) [n]:
Enable filename encryption (y/n) [n]:
Attempting to mount with the following options:
  ecryptfs_unlink_sigs
  ecryptfs_key_bytes=16
  ecryptfs_cipher=aes
  ecryptfs_sig=4737d57200bab607
Mounted eCryptfs
```

上面展示了挂载 eCryptfs 的命令和命令的输出，下面看一下挂载成功后密钥的情况：

```
root@lizhi-laptop:/home/zhi/tmp# cat /proc/keys
0f933100 I--Q--    2 perm 3b3f0000    0    0 user      4737d57200bab607: 740
1615cb52 I--Q--    2 perm 1f3f0000    0   -1 keyring   _uid.0: 2/4
371ca85b I-----    1 perm 1f030000    0    0 keyring   .dns_resolver: empty
3ef3f873 I--Q--    1 perm 1f3f0000    0   -1 keyring   _uid_ses.0: 1/4
```

在 user 钥匙环上的描述为 "4737d57200bab607" 的密钥就是挂载 eCryptfs 时添加的。下面看一下用户态程序调用内核系统调用的实际参数：

```
root@lizhi-laptop:/home/zhi/tmp# cat /proc/mounts | grep ecryptfs
/home/zhi/tmp/ecrypt    /home/zhi/tmp/dcrypt    ecryptfs    rw,relatime,
ecryptfs_sig=4737d57200bab607,ecryptfs_cipher=aes,ecryptfs_key_bytes=16,ecry
ptfs_unlink_sigs 0 0
root@lizhi-laptop:/home/zhi/tmp#
```

eCryptfs 的 mount 命令在 user 钥匙环中添加了一个密钥 "4737d57200bab607"，然后执行系统调用 mount，在 mount 的参数中包含了 "ecryptfs_sig=4737d57200bab607"。

用户在执行挂载命令时输入了一个字符串口令（passphrase）。eCryptfs 的用户态工具（mount.ecryptfs）会将这个口令转化为一个密钥，加入内核。这个工作在 ecryptfs 的用户态软件 ecryptfs-utils 的 src/libecryptfs/key_management.c 中完成：

```
src/libecryptfs/key_management.c
int    ecryptfs_add_passphrase_key_to_keyring(char    *auth_tok_sig,    char
*passphrase, char *salt)
{
  int rc;
  char fekek[ECRYPTFS_MAX_KEY_BYTES];
  struct ecryptfs_auth_tok *auth_tok = NULL;

  rc = ecryptfs_generate_passphrase_auth_tok(&auth_tok, auth_tok_sig,
                                    fekek, salt, passphrase);
  if (rc) {
    syslog(LOG_ERR, "%s: Error attempting to generate the "
"passphrase auth tok payload; rc = [%d]\n",
          __FUNCTION__, rc);
    goto out;
  }
  rc = ecryptfs_add_auth_tok_to_keyring(auth_tok, auth_tok_sig);
  if (rc < 0) {
    syslog(LOG_ERR, "%s: Error adding auth tok with sig [%s] to "
"the keyring; rc = [%d]\n", __FUNCTION__, auth_tok_sig,
          rc);
    goto out;
  }
 out:
  if (auth_tok) {
    memset(auth_tok, 0, sizeof(auth_tok));
    free(auth_tok);
  }
  return rc;
}
```

ecryptfs_add_passphrase_key_to_keyring 调用了 ecryptfs_generate_passphrase_auth_tok，用来生成密钥，然后调用了 ecryptfs_add_auth_tok_to_keyring 用来将密钥加入"user"钥匙环。下面分别看生成密钥的函数 ecryptfs_generate_passphrase_auth_tok 和加入密钥的函数 ecryptfs_add_auth_tok_to_keyring。

（1）生成密钥

先看 ecryptfs_generate_passphrase_auth_tok：

```
src/libecryptfs/key_management.c
int    ecryptfs_generate_passphrase_auth_tok(struct    ecryptfs_auth_tok
**auth_tok, char *auth_tok_sig, char *fekek, char *salt, char *passphrase)
{
  int rc;

  *auth_tok = NULL;
  rc = generate_passphrase_sig(auth_tok_sig, fekek, salt, passphrase);
```

```
    if (rc) {
      syslog(LOG_ERR, "Error generating passphrase signature; "
"rc = [%d]\n", rc);
      rc = (rc < 0) ? rc : rc * -1;
      goto out;
    }
    *auth_tok = malloc(sizeof(struct ecryptfs_auth_tok));
    if (!*auth_tok) {
      syslog(LOG_ERR, "Unable to allocate memory for auth_tok\n");
      rc = -ENOMEM;
      goto out;
    }
    rc = generate_payload(*auth_tok, auth_tok_sig, salt, fekek);
    if (rc) {
      syslog(LOG_ERR, "Error generating payload for auth tok key; "
"rc = [%d]\n", rc);
      rc = (rc < 0) ? rc : rc * -1;
      goto out;
    }
  out:
    return rc;
  }
```

　　函数 ecryptfs_generate_passphrase_auth_tok 调用了函数 generate_passphrase_sig 来生成 fekek（密钥的密钥）和 sig（字面意思是签名，实际上是密钥的名字/描述）。generate_passphrase_sig 的作用是将一段口令字符串（passphrase）转化为密钥信息。

```
  int generate_passphrase_sig(char *passphrase_sig, char *fekek,
                  char *salt, char *passphrase)
  {
    char salt_and_passphrase[ECRYPTFS_MAX_PASSPHRASE_BYTES
                     + ECRYPTFS_SALT_SIZE];
    int passphrase_size;
    int alg = SEC_OID_SHA512;
    int dig_len = SHA512_DIGEST_LENGTH;
    char buf[SHA512_DIGEST_LENGTH];
    int hash_iterations = ECRYPTFS_DEFAULT_NUM_HASH_ITERATIONS;
    int rc = 0;

    passphrase_size = strlen(passphrase);
    if (passphrase_size > ECRYPTFS_MAX_PASSPHRASE_BYTES) {
      passphrase_sig = NULL;
      syslog(LOG_ERR, "Passphrase too large (%d bytes)\n",
          passphrase_size);
      return -EINVAL;
    }
```

```
memcpy(salt_and_passphrase, salt, ECRYPTFS_SALT_SIZE);
memcpy((salt_and_passphrase + ECRYPTFS_SALT_SIZE), passphrase,
        passphrase_size);
if ((rc = do_hash(salt_and_passphrase,
                  (ECRYPTFS_SALT_SIZE + passphrase_size), buf, alg))) {
  return rc;
}
hash_iterations--;
while (hash_iterations--) {
  if ((rc = do_hash(buf, dig_len, buf, alg))) {
    return rc;
  }
}
memcpy(fekek, buf, ECRYPTFS_MAX_KEY_BYTES);
if ((rc = do_hash(buf, dig_len, buf, alg))) {
  return rc;
}
to_hex(passphrase_sig, buf, ECRYPTFS_SIG_SIZE);
return 0;
}
```

对口令做若干次哈希运算就得到了 fekek，对 fekek 再多做一次哈希就得到了 sig。

（2）加入密钥

```
src/libecryptfs/ key_management.c
int ecryptfs_add_auth_tok_to_keyring(struct ecryptfs_auth_tok *auth_tok,
                                     char *auth_tok_sig)
{
  int rc;

  rc = (int)keyctl_search(KEY_SPEC_USER_KEYRING, "user", auth_tok_sig, 0);
  if (rc != -1) { /* we already have this key in keyring; we're done */
    rc = 1;
    goto out;
  } else if ((rc == -1) && (errno != ENOKEY)) {
    int errnum = errno;

    syslog(LOG_ERR, "keyctl_search failed: %m errno=[%d]\n",
           errnum);
    rc = (errnum < 0) ? errnum : errnum * -1;
    goto out;
  }
  rc = add_key("user", auth_tok_sig, (void *)auth_tok,
               sizeof(struct ecryptfs_auth_tok), KEY_SPEC_USER_KEYRING);
  if (rc == -1) {
    rc = -errno;
    syslog(LOG_ERR, "Error adding key with sig [%s]; rc = [%d] "
"\"%m\"\n", auth_tok_sig, rc);
```

```
    if (rc == -EDQUOT)
      syslog(LOG_WARNING, "Error adding key to keyring - keyring is full\n");
    goto out;
  }
  rc = 0;
out:
  return rc;
}
```

此函数的核心就是调用库函数 add_key，将密钥加入内核。

17.6　总结

eCryptfs 是堆叠于其他文件系统之上的文件系统。它的实现和使用是目录级的，原有文件系统的目录下存储的是加密后的文件，在 eCryptfs 文件系统的目录中存储的是解密后的文件。具体到每个文件，eCryptfs 将加密所用的数据存储在文件的头部或文件的扩展属性之中，这为文件的备份，尤其是增量备份，带来了好处。因为如果像 EncFS 那样用专门的文件存储加密元数据，每次备份都必须维护存储了密钥数据的专门文件。

17.7　参考资料

读者可参考以下资料：

Mike Austin Halcrow. eCryptfs: A Stacked Cryptographic Filesystem, 2007

Michael Austin Halcrow. eCryptfs: An Enterprise-class Cryptographic Filesystem for Linux

https://www.ietf.org/rfc/rfc2440.txt

第 18 章　dm-crypt

18.1　简介

dm-crypt 也是 Linux 内核子系统 Device Mapper 的一个子模块。关于 Device Mapper，请参考 13.1 节中的描述。dm-crypt 是一个透明的块设备加密方案。所谓"透明"是指读写 dm-crypt 块设备和读写普通块设备没有区别，用户感知不到加解密的存在。但是实际上在 dm-crypt 块设备上的数据是加密存储的，写操作时，内核 dm-crypt 子系统会将用户数据加密后存储；读操作时，先读出块设备上的数据，再做解密操作，然后传输给用户态进程。

既然读写操作没有什么不同，那么一定有操作会异于普通块设备操作。dm-crypt 设备的建立需要一些特殊的参数。下面看一个例子：

```
dmsetup create mycrypt_dev --table "0 417792 crypt aes-xts-plain64 e8cfa3db
fe373b536be43c 5637387786c01be00ba5f730aacb039e86f3eb72f3 0 /dev/sdb 0"
```

命令的含义是创建一个名为"mycrypt_dev"的 Device Mapper 块设备，设备共有 417792 个扇区，自 0 号扇区到 417791 号扇区映射至设备/dev/sdb 的 0 号扇区到 417791 号扇区。在/dev/sdb 中创建 crypt 类型的 Device Mapper 的 Target 设备，加密算法为"aes"，加密模式为"xts"，初始化向量即 iv（initialization vector）模式为"plain64"，密钥为"e8cfa3dbfe373b536be43c 5637387786c01be00ba5f730aacb039e86f3eb72f3"，iv 偏移为 0。如图 18-1 所示。

图 18-1　dm-crypt 参数举例

18.2　架构

18.2.1　两个队列（queue）

在 dm-crypt 的一个关键数据结构 crypt_config 中含有类型为"struct workqueue_struct"的两个队列：io_queue 和 crypt_queue。一个负责从实际承载数据的块设备中读写数据，一个负责对数据加解密。在 13.3.2 节中讲到块设备接口函数的 generic_make_request 最终会调用 Device Mapper 的 Target 设备的 map 函数，由 map 函数实现对块设备的读写操作。下面看一下 dm-crypt 的 map 函数实现：

```
static int crypt_map(struct dm_target *ti, struct bio *bio)
{
```

```
struct dm_crypt_io *io;
struct crypt_config *cc = ti->private;

...

io = crypt_io_alloc(cc, bio, dm_target_offset(ti, bio->bi_iter.bi_sector));

if (bio_data_dir(io->base_bio) == READ) {
  if (kcryptd_io_read(io, GFP_NOWAIT))
    kcryptd_queue_io(io);
} else
  kcryptd_queue_crypt(io);

return DM_MAPIO_SUBMITTED;
}
```

下面分别看一下读操作和写操作。

1. 读操作

读操作首先调用了 kcryptd_io_read。该函数的工作就是从实际承载数据的块设备中读取数据。注意，读出的数据是加密后的数据。

```
static int kcryptd_io_read(struct dm_crypt_io *io, gfp_t gfp)
{
  struct crypt_config *cc = io->cc;
  struct bio *base_bio = io->base_bio;
  struct bio *clone;

  /*
   * The block layer might modify the bvec array, so always
   * copy the required bvecs because we need the original
   * one in order to decrypt the whole bio data *afterwards*.
   */
  clone = bio_clone_bioset(base_bio, gfp, cc->bs);
  if (!clone)
    return 1;

  crypt_inc_pending(io);

  clone_init(io, clone);
  clone->bi_iter.bi_sector = cc->start + io->sector;

  generic_make_request(clone);
  return 0;
}
```

读出数据后就需要解密了。一般情况下，kcryptd_io_read 返回 0，所以在函数 crypt_map 中不会执行函数 kcryptd_queue_io。有些奇怪，在哪里执行解密操作呢？看一下容易让人忽略的函数 clone_init：

```
static void clone_init(struct dm_crypt_io *io, struct bio *clone)
{
  struct crypt_config *cc = io->cc;

  clone->bi_private = io;
  clone->bi_end_io  = crypt_endio;
  clone->bi_bdev    = cc->dev->bdev;
  clone->bi_rw      = io->base_bio->bi_rw;
}
```

关键之处是这个函数把函数指针 bi_end_io 改成了 crypt_endio。看一下这个 crypt_endio：

```
static void crypt_endio(struct bio *clone, int error)
{
  ...
  if (rw == WRITE)
    crypt_free_buffer_pages(cc, clone);

  ...
  if (rw == READ && !error) {
    kcryptd_queue_crypt(io);
    return;
  }
  ...
}
```

在读操作且没有错误的情况下，crypt_endio 调用 kcryptd_queue_crypt，kcryptd_queue_crypt 函数将 io 置入 crypt_config 实例的 crypt_queue，即执行加解密的队列。

2. 写操作

在写操作的情况下，crypt_map 会调用函数 kcryptd_queue_crypt。

```
static void kcryptd_crypt(struct work_struct *work)
{
  struct dm_crypt_io *io = container_of(work, struct dm_crypt_io, work);

  if (bio_data_dir(io->base_bio) == READ)
    kcryptd_crypt_read_convert(io);
  else
    kcryptd_crypt_write_convert(io);
}

static void kcryptd_queue_crypt(struct dm_crypt_io *io)
{
  struct crypt_config *cc = io->cc;

  INIT_WORK(&io->work, kcryptd_crypt);
  queue_work(cc->crypt_queue, &io->work);
```

}

kcryptd_crypt_write_convert 函数实现比较长，这里不展开了。它主要做两件事，一是调用 crypt_convert 实现加密操作，二是调用 kcryptd_crypt_write_io_submit 实现将 io 写入实际存储设备。

18.2.2　五个参数

在 dm-crypt 设备的构造函数 crypt_ctr 中，需要 5 个参数：cipher、key、iv_offset、dev_path、start。

1. cipher

cipher 字面意思是密码。这里实际上是用于规定加密算法相关的三个参数：算法、模式和初始化向量。格式为：

```
alg[:keycount]-mode-iv:ivopts
```

三个子参数之间用 "-" 分隔，子参数中若还有子项，则用 ":" 分隔。

（1）算法（alg）

这个子参数规定一个加密算法，比如 aes。

（2）模式（mode）

在块加密（Block Cipher）运算中，一段固定大小的比特称为块，如何重复使用针对块的加密算法来对所有数据进行加密运算，就是模式[注]。加密模式有很多种，下面简要叙述两种简单的模式：ECB（Electronic Codebook）和 CBC（Cipher Block Chaining）

ECB（Electronic Codebook）是最简单的一种加密模式。它就是将数据分割为块，然后对块进行分别加密，如图 18-2 所示。

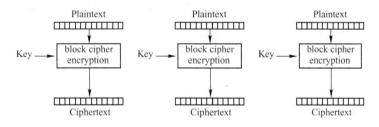

图 18-2　ECB 加密模式

ECB 解密模式如图 18-3 所示。

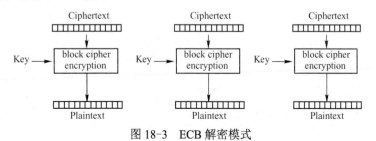

图 18-3　ECB 解密模式

⊖ 参考 https://en.wikipedia.org/wiki/Block_cipher_mode_of_operation。

ECB 是最简单的一种模式，它的缺点是不能很好地隐藏数据模式。在有些场景下，它根本提供不了任何私密性，比如加密 bitmap 格式的图像。如图 18-4、18-5 所示。

图 18-4　ECB 加密处理前

图 18-5　ECB 加密处理后

CBC（Cipher Block Chaining）是由 IBM 公司于 1976 年发明的一种加密模式。在 CBC 模式中，每一块在加密前要先和前一块加密后的密文做一个 XOR 运算。这样，每一块的加密后的密文就不仅和这一块的明文数据相关，还和此块之前的所有明文数据相关。对于第一块数据的加密，第一块数据首先和一个叫做初始化向量的块先做 XOR 运算。需要注意的是加密和解密的次序是相反的，加密从第一块开始处理，解密从最后一块开始处理。CBC 加密、解密模式分别如图 18-6、18-7 所示。

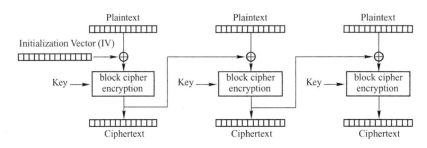

图 18-6　CBC 加密模式

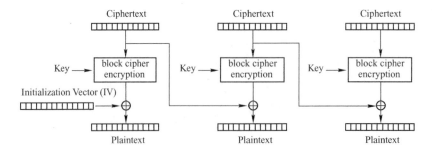

图 18-7　CBC 解密模式

Linux 内核提供一个 proc 文件/proc/crypto，列出所有当前内核支持的加密算法信息。例如：

```
zhi@ubuntu-desktop:~$ cat /proc/crypto
...
name        : cbc(aes)
driver      : cbc-aes-aesni
module      : aesni_intel
priority    : 400
refcnt      : 1
selftest    : passed
type        : ablkcipher
async       : yes
blocksize   : 16
min keysize : 16
max keysize : 32
ivsize      : 16
geniv       : <default>
...
```

每一条记录的名字是模式和算法名的拼接，例如上面列出的"cbc(aes)"，就表示使用 CBC 模式的 aes 算法。

（3）初始化向量（iv）

从前面的模式介绍可知，CBC 一定需要一个初始化向量，EBC 并不一定需要。虽然如此，dm-crypt 总是会构建一个初始化向量，用以加强加密的效果。这个子参数有 7 种取值：

1）null

初始化向量总是全 0。

2）plain

初始化向量的头部 32bit 来自一个扇区号，初始化向量的其余 bit 为 0。

3）plain64

初始化向量的头部 64bit 来自一个扇区号，初始化向量的其余 bit 为 0，初始化向量的长度和算法有关。这里用到的扇区号和实际要加解密的扇区的扇区号有关，但不一定相等。取值为实际的扇区号加上后面要提到的 iv_offset。

4）benbi

这种模式和 plain64 类似，有两点不同。首先，它前面填充 0，最后放一个和扇区号相关的数；其次，这个数的产生涉及二进制移位操作。

5）essiv

前面的几种生成初始化向量的方式有一个共同的问题，初始化向量是可预测的，基于这点就可以展开"Watermarking attack" [一]。为了进一步提高安全性，就要让初始化向量不可预测。essiv 就是一种不可预测地生成初始化向量的方式。

essiv 的全称是 Encrypted Salt Sector Initialization Vector。从代码实现上看，它是在 plain64 的基础上对初始化向量再进行加密，加密的算法就是前面的算法子参数所规定的算法，加密的

─ 见 https://en.wikipedia.org/wiki/Watermarking_attack。

密钥是后面提供的 key 参数的哈希值。有哈希值就需要有哈希算法，哈希算法通过初始化向量的可选参数提供（对于 essiv，可选参数必须有，而且必须是一个哈希算法的名字）。

回忆一下，cipher 参数的格式是：

```
alg[:keycount]-mode-iv:ivopts
```

举个 essiv 的例子：

```
aes-cbc-essiv:sha256
```

初始化向量的生成过程是这样的：首先采用 plain64 模式生成一个初始化向量，然后对这个初始化向量进行加密，加密算法为 aes，加密密钥是对 key 参数进行 sha256 算法的哈希计算的结果。

6）lmk

前面的初始化向量的生成方法，除了 null，都是基于扇区号的。lmk 又进了一步，它既基于扇区号，又基于存储内容。算法有些复杂，读者如果感兴趣可以查看内核 crypt_iv_lmk_one 函数的实现。

7）tcw

tcw 和 lmk 类似，过程比 lmk 多了一个子步骤——whitening。

2. key

这个参数是一个 HEX 编码的字符串，18.1 节中的例子给出的是：

```
e8cfa3dbfe373b536be43c5637387786c01be00ba5f730aacb039e86f3eb72f3
```

注意这个字符串不一定只包含一个密钥，它可能包含多个密钥。首先 lmk 格式的 iv 需要一个额外密钥，tcw 格式的 iv 需要两个额外密钥。其次用于数据加密的密钥在 dm-crypt 中也不一定只有一个。在多个数据加密密钥的情况下，加密时用到哪一个呢？这就和下面要介绍的参数 iv_offset 有关。

3. iv_offset

回忆一下，cipher 参数的格式是：

```
alg[:keycount]-mode-iv:ivopts
```

其中的 keycount 规定了用于数据加密的密钥的个数（不包含 lmk 和 tcw 需要的额外密钥）。这个 keycount 必须是 2 的整数次幂。

iv_offset 有两个作用，一个是生成初始化向量时需要扇区号，这个 iv_offset 作为偏移参与扇区号的运算；另一个是参与决定使用哪一个密钥。假设 keycount=8，当前要处理 dm-crypt 设备的扇区号是 10，iv_offset 是 3，那么生成初始化向量所需的扇区号是 10+3=13，所用的密钥是第 5 个密钥（从 0 开始计数），计算过程是：(10+3)%8=5。

4. dev_path

这个参数规定了一个"底层"实际存储数据的块设备，可以用设备号的格式输入，比如"8:16"，也可以用设备文件的形式输入，比如"/dev/sda"。

5. start

这个参数规定 dm-crypt 设备在"底层"设备上的起始扇区号。比如输入 0，就表示自"底层"设备 0 号扇区开始就是 dm-crypt 设备的数据。

18.3　总结

　　dm-crypt 是 Device Mapper 的一个子模块，它实现了设备级的加解密。在它之上的文件系统是感知不到加解密的存在的。dm-crypt 对加密算法没有特殊要求，只要是它所在的内核支持的一种异步块加密算法就可以了。为了提高加密的效果，dm-crypt 在初始化向量的生成上下了一番功夫，共支持 7 种初始化向量生成方式。还有一点很有趣，dm-crypt 本身没有在设备上存储任何密钥信息，哪怕是加密后的密钥。

18.4　参考资料

　　读者可参考以下资料：
http://blog.csdn.net/sonicling/article/details/6275898
https://gitlab.com/cryptsetup/cryptsetup/wikis/DMCrypt

第 19 章　LUKS

19.1　简介

在没有 LUKS 之前，使用 dm-crypt 设备需要输入长长的密钥，人们通常的做法是将密钥存在一个文件中，或者连密钥带 dm-crypt 命令一起存入一个文件。这当然不安全，使用起来也未必方便。于是 LUKS 出现了。

LUKS 的全称是 Linux Unified Key Setup。LUKS 不用文件来存储密钥，它直接用块设备。将密钥直接存储在设备上当然是不安全的。LUKS 存储的是加密后的密钥。一涉及加密就又涉及密钥，让用户去记住这个新密钥吗？当然不是，否则 LUKS 带不来半点方便。加密密钥来自用户输入的一个字符串，LUKS 将这个字符串变换为一个密钥。

19.2　布局

LUKS 在块设备上的概貌如图 19-1 所示。

LUKS phdr	KM1	KM2	…	KM8	bulk data

图 19-1　LUKS 总体布局

在 LUKS 总体布局中 phdr 是 partition header 的简写，KM 是 key material 的简写，就是加密后的密钥，bulk data 存储的是加密后的数据，比如 dm-crypt 设备就可以定位在这里。

表 19-1 描述了 luks phdr 的布局。

表 19-1　LUKS phdr 布局

偏　移	名　称	长　度	数据类型	说　明
0	幻数（magic）	6	byte[]	
6	版本号（version）	2	uint16_t	
8	加密算法名称（cipher-name）	32	char[]	
40	加密算法模式（cipher-mode）	32	char[]	
72	哈希算法（hash-spec）	32	char[]	
104	负载偏移（payload-offset）	4	uint32_t	bulk data 的开始地址（以扇区为单位）
108	密钥字节数（key-bytes）	4	uint32_t	
112	密钥的 digest（mk-digest）	20	byte[]	密钥的校验和
132	盐（mk-digest-salt）	32	byte[]	计算密钥校验和时用到的盐
164	迭代次数（mk-digest-iter）	4	uint32_t	计算密钥校验和的迭代次数
168	uuid	40	char[]	LUKS 分区的 uuid

（续）

偏　移	名　　称	长　度	数据类型	说　明
208	key-slot-1	48	byte[]	
256	key-slot-2	48	byte[]	
……	……	……	……	……
544	key-slot-8	48	byte[]	

表 19-2 描述了 luks phdr 中每一个 key slot 的布局。

表 19-2　LUKS key slot 布局

偏　移	名　　称	长　度	数据类型	说　明
0	状态标记（active）	4	uint32_t	两个值：enabled 和 disbled
4	迭代次数（iterations）	4	uint32_t	
8	盐（salt）	32	byte[]	
40	km 偏移	4	uint32_t	密钥起始扇区
44	stripes	4	uint32_t	strips 数

19.3　操作

LUKS 的操作包括初始化、添加口令（password）、提取密钥、撤销口令。我们看一个提取密钥的操作就明白了。

（1）从块设备读出 luks phdr 赋值到变量 phdr。

（2）查看幻数（LUKS_MAGIC）是否正确，版本号是否兼容。

（3）得到 masterKeyLength：

```
masterKeyLength = phdr.key-bytes
```

（4）提示用户输入口令，将得到的口令字符串存入变量 pwd。

（5）遍历所有的 keyslot，寻找合适的密钥：

```
for each active keyslot in phdr do {
    当前处理的 keyslot 赋值给变量 ks

    /* PBKDF2 是将口令字符串转换为密钥的算法 */
    pwd-PBKDF2ed = PBKDF2(pwd, ks.salt, ks.iteration-count,
                    masterKeyLength)
    read from partition(encryptedKey, ks.key-material-offset,
                    masterKeyLength * ks.stripes)
    /* key-material-offset 以扇区为单位，stripes 的作用是扩散。
     * 在块设备中存储的处理过的密钥的长度是原始密钥长度的 stripes 倍。
     * 上面读操作的目的地址是 encryptedKey */
    splitKey = decrypt(phdr.cipher-name, phdr.cipher-mode,
                    pwd-PBKDF2ed, encryptedKey,
                    masterKeyLength*ks.stripes)
```

```
masterKeyCandidate = AFmerge(splitKey, masterKeyLength,
                    ks.stripes)

/* 已经对加密后的密钥实施了解密操作，下面要验证一下这个密钥 */
/* 首先计算校验值*/
MKCandidate-PBKDF2ed = PBKDF2(masterKeyCandidate,
                    phdr.mk-digest-salt,
                    phdr.mk-digest-iter,
                    LUKS_DIGEST_SIZE)
/* 和存储的校验值比较*/
if equal(MKCandidate-PBKDF2ed, phdr.mk-digest) {
  退出循环，masterKeyCandidate 就是要找的密钥
}
}
```

（6）若输入的口令和任何一个 key slot 都无法匹配，则返回错误。

PBKDF2 是"password based key derive function 2"的简称。它用来加强熵（entropy）值低的口令（password）的安全性。PBKDF2 的实现就是将口令字符串加上"盐"做若干次哈希操作，将最后的结果作为密钥。AFmerge 和 AFsplit 是一对函数，上面的操作只用了 AFmerge。它们的作用是扩散（diffusion）。扩散在密码中的含义可以参考 https://en.wikipedia.org/wiki/Confusion_and_diffusion。

19.4　总结

LUKS 的作用就是将加密后的密钥存储在一个块设备的开头，在它的后面才是加密设备的存储，比如 dm-crypt。将直接使用密钥转变为使用口令，这可以称为人性化吧。人记忆数字总是比记忆字符串困难。

LUKS 的格式限制了最多可以有 8 个加密后的密钥存储。需要注意的是，这 8 个存储的都是对一个密钥的加密。只不过加密密钥的密钥是不同的。这个加密密钥所用的密钥是由用户输入的口令字符串转化来的。

虽然 LUKS 使用了一些办法来增强由口令转化为密钥的熵，但是安全性肯定还是要比原生密钥差。没办法，安全性与易用性总是矛盾的。

19.5　参考资料

读者可参考以下资料：

https://gitlab.com/cryptsetup/cryptsetup/wikis/LUKS-standard/on-disk-format.pdf

第六部分　其　　他

Linux 安全人员将难以归类的安全功能称为安全增强，并认为本书前面讲述的那些安全特性是 Linux 内核安全的主流。但是有一个有些令人尴尬的事实：那些"主流"的安全特性的使用率有些低。相对来说，用户更喜欢使用小的安全增强，而不是系统性的安全特性。

第 20 章　namespace

20.1　引言

20.1.1　容器与监狱

"容器"就是在一个操作系统内核上放置多个彼此分隔的用户态空间,运行于其中的应用在某种程度上感觉它(们)独立运行在整个物理主机上,没有其他应用的存在。容器还有一个学术味道更浓的同义词——操作系统级虚拟化。

在 UNIX 家族中,容器概念早就有了。早期的实现有 FreeBSD 的"监狱(Jail)"[⊖]。它可以被概括为四个要素:

(1)目录树:这是"监狱"的起点,进程一旦进入就不能逃离。

(2)主机名: 在"监狱"中进程看到的主机名。

(3)网络地址:在"监狱"中的网络地址,通常是现有网络接口的一个别名地址。

(4)命令:"监狱"中运行的第一个命令,它产生"监狱"中的第一个进程。

20.1.2　chroot()与 pivot_root()

FreeBSD 的"监狱"基于的是系统调用 chroot()。稍做研究,就会发现 chroot()有一些安全隐患。先看下面这个小程序:

```
my_chroot.c
#include <stdio.h>
#include <errno.h>
#include <string.h>
#include <unistd.h>
#include <stdlib.h>

int main(int argc, char **argv)
{
  if (argc<2) {
    fprintf(stderr, "Usage: %s chroot_dir\n", argv[0]);
    exit(1);
  }

  if (chroot(argv[1])<0) {
    fprintf(stderr, "Failed to chroot to %s - %s\n", argv[1], strerror(errno));
    exit(1);
```

⊖ 见 https://www.freebsd.org/doc/handbook/jails.html。

```
    }
    if (execl("/bin/bash", "-i", NULL)<0 ) {
      fprintf(stderr, "Failed to exec - %s\n", strerror(errno));
      exit(1);
    }
  }
```

运行它:

```
zhi@ubuntu-desktop:~/tmp$ gcc -o my_chroot my_chroot.c
zhi@ubuntu-desktop:~/tmp$ sudo bash
root@ubuntu-desktop:~/tmp# ./my_chroot bash_dir/
-i-4.2# pwd
(unreachable)/home/zhi/tmp
-i-4.2#
```

my_chroot 进程将/home/zhi/tmp/bash_dir 转变为进程的根目录,但是进程的当前目录仍然是/home/zhi/tmp。进程的当前目录不在进程的根目录之下。进程可以通过相对路径轻松越狱:

```
-i-4.2# while read line; do echo $line; done <../../../etc/passwd
root:x:0:0:root:/root:/bin/bash
daemon:x:1:1:daemon:/usr/sbin:/bin/sh
bin:x:2:2:bin:/bin:/bin/sh
sys:x:3:3:sys:/dev:/bin/sh
gdm:x:114:120:Gnome Display Manager:/var/lib/gdm:/bin/false
zhi:x:1000:1000:Zhi Li,,,:/home/zhi:/bin/bash
ntp:x:127:139::/home/ntp:/bin/false
xrdp:x:128:140::/var/run/xrdp:/bin/false
-i-4.2#
```

所以,应用程序调用 chroot 之前或之后一般都要将自己的当前工作目录置于 chroot 之后的根目录中,否则就是一个安全漏洞。补上这个漏洞,前面的程序就变成:

my_chroot2.c
```
…
  if (chroot(argv[1])<0) {
    fprintf(stderr, "Failed to chroot to %s - %s\n", argv[1], strerror(errno));
    exit(1);
  }

  if (chdir("/")) {
    fprintf(stderr, "Failed to chdir to / - %s\n", strerror(errno));
    exit(1);
  }

  if (execl("/bin/bash", "-i", NULL)<0 ) {
…
  }
```

即使应用程序都坚持做到在 chroot 之前或之后改变进程的当前工作目录，chroot 还是有系统性漏洞。在 1999 年就有人演示了一段代码来实现 chroot 逃逸[○]。以下代码是前人代码的简化版本：

```
my_chroot-break.c
#include <stdio.h>
#include <errno.h>
#include <string.h>
#include <unistd.h>
#include <stdlib.h>

int main(int argc, char **argv) {
  int i;

  if (argc<2) {
    fprintf(stderr, "Usage: %s temp_dir\n", argv[0]);
    exit(1);
  }

  if ( chroot(argv[1])<0 ) {
    fprintf(stderr, "Failed to chroot to %s - %s\n",
argv[1], strerror(errno));
    exit(1);
  }

  for (i=0;i<1024;i++) chdir("..");

  chroot(".");

  if (execl("/bin/bash", "-i", NULL)<0) {
    fprintf(stderr, "Failed to exec - %s\n", strerror(errno));
    exit(1);
  }
}
```

> 改变进程根目录到当前目录的一个子目录。并且有意不改变当前目录

> 假设目录层级不超过 1024，让当前目录向上 1024 次，必然达到真正的根目录

在内核中的进程控制结构中，每个进程都关联了两个路径：一个指向进程的当前工作目录（cwd），另一个指向进程的根目录（root）。在访问文件时进程提供的文件名有两种写法：一种是绝对路径，比如 "/usr/bin/bash"，这是从进程的根目录向下一级一级寻找；另一种是相对路径，比如 "../../usr/bin/bash"，这是从进程的当前工作目录查找，如果出现 ".." 就向上查找。为了保证不会逃逸出进程的根目录，内核代码在解析 ".." 时会和进程的根目录进行比较，如果相等就不再向上查找。目录结构就象一棵倒长的树。

在代码中写入 chroot("/home/zhi/tmp/bash_dir")，就是将调用进程的根目录设置为 "/home/zhi/tmp/bash_dir"。这时如果进程的当前工作目录（cwd）没有被设置到这个根目录或其下，进程就可以通过相对路径访问到根目录之外的文件或目录，逃逸也就发生了。所以应用软件在调用 chroot 之前或之后应确保进程的工作目录被设置到进程的根目录或之下。

○ 见 http://www.bpfh.net/simes/computing/chroot-break.html。

上面那段代码调用 chroot，但是有意不改变自己的工作目录，制造出工作目录游离于根目录的状况，然后通过相对路径实现逃逸。代码涉及的目录结构如图 20-1 所示。

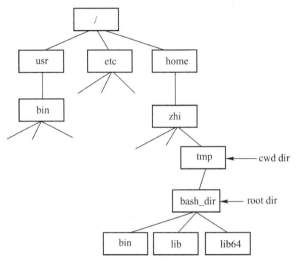

图 20-1　文件系统目录结构

对此，BSD 的对策是在系统调用 chroot 中进行了一些限制：在改变进程根目录的同时也改变进程的当前工作目录；如果进程在调用 chroot 时有打开的文件描述符指向目录，就拒绝执行 chroot。而 Linux 的做法是公开承认 chroot 不安全[⊖]，进而引入新的机制：pivot_root。

系统调用 pivot_root 改变的不是单个进程的根目录和当前工作目录，而是文件系统的挂载结构。假设块设备 sda1 挂载在 "/"，sda2 挂载在 "/home"，sda3 挂载在 "/home/zhi/tmp/my_root"，则在图 20-1 中的文件系统目录结构中加入文件系统挂载数据后情况如图 20-2 所示。

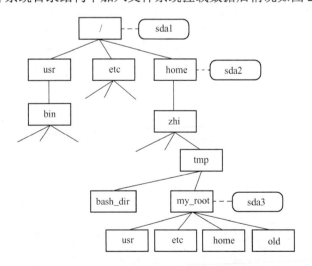

图 20-2　文件系统目录结构和挂载结构

在程序中调用下面的语句 pivot_root("/home/zhi/tmp/my_root", "/home/zhi/tmp/my_root/old")后会导致文件系统挂载结构和目录结构变化，如图 20-3 所示。

⊖ 见 http://yarchive.net/comp/linux/pivot_root.html。

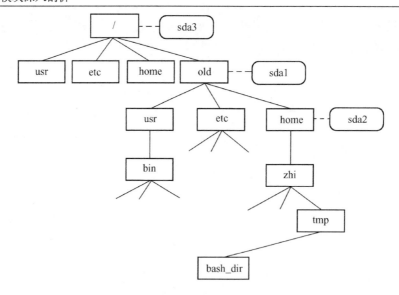

图 20-3　pivot_root 对文件系统的影响

　　如果在程序的后续代码中调用 umount("/old/home")和 umount("/old")就可以摘除 sda1 和 sda2 设备的挂载,进程就只能访问 sda3 设备中的文件了。在没有本章所要讲述的命名空间之前,pivot_root 的代价是很大的,它会改变整个系统的挂载结构。在有了命名空间后,效果如图 20-4 所示。

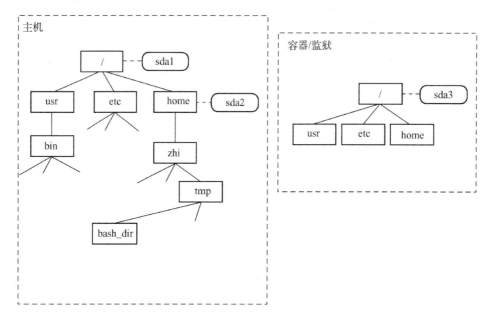

图 20-4　pivot_root 和命名空间一起作用

20.2　机制

　　namespace 可翻译为命名空间或名字空间。本章用命名空间这个译名。命名空间基本含义就是隔离，在一个命名空间中做的事情不会影响到另一个命名空间。本章引言中讲述的和文件系统相关的命名空间是挂载命名空间，它只是目前 Linux 内核的六个命名空间中的一个。Linux 内核的命名空间在 2008 年之前即已成型。其中，USER 命名空间在 2013 年被重新实现。命名空间历史见表 20-1。

表 20-1　命名空间历史

名　　称	时　　间	版　　本
MOUNT（挂载）	2002	2.4.19
UTS（UNIX 分时系统）	2006	2.6.19
IPC（进程间通信）	2006	2.6.19
PID（进程号）	2007	2.6.24
NET（网络）	2007	2.6.24
USER（用户）	2007/2013	2.6.23/3.8

下面大致按照进入内核的时间顺序叙述一下它们的机制。

20.2.1　挂载命名空间

挂载命名空间进入内核最早，通过挂载命名空间，Linux 能够提供比 chroot 机制更完备的隔离方案。下面看看内核中相关的数据结构。

```
fs/mount.h
struct mnt_namespace {
…
  unsigned int        proc_inum;
  struct mount *root;
  struct user_namespace *user_ns;
…
};
…
struct mount {
…
  struct mount *mnt_parent;
  struct dentry *mnt_mountpoint;
  struct mnt_namespace *mnt_ns; /* containing namespace */
  ...
  struct list_head mnt_mounts;    /* list of children, anchored here */
  struct list_head mnt_child;    /* and going through their mnt_child */
…
};
```

mnt_namespace 中 root 指针指向根 mount。每个 mount 的成员 mnt_ns 指向它所属的 mnt_namespace，此外通过成员 mnt_parent、mnt_mounts、mnt_child，多个 mount 共同串起一棵文件系统挂载树。下面看一个例子，如图 20-5 所示。

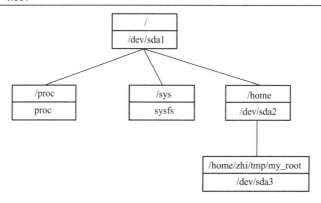

图 20-5　挂载树例子

在内核中 mount 和 mnt_space 的实例如图 20-6 所示。

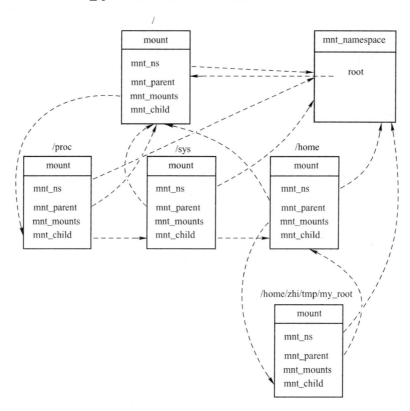

图 20-6　挂载树例子的内核数据结构实例

每个 mount 结构实例都有一个指针 mnt_ns 指向一个 mnt_namepace 结构实例，mnt_namespace 实例中有一个指针 root 指向根 mount 实例。背后的含义是，每个 mount 都属于一个 mnt_namespace，从 mnt_namespace 可以得到根 mount，进而得到整个 mount 树。

下面看一下进程的控制结构 task_struct：

```
include/linux/sched.h
struct task_struct {
...
```

```
  struct nsproxy *nsproxy;
  …
}
```

include/linux/nsproxy.h
```
struct nsproxy {
  atomic_t count;
  struct uts_namespace *uts_ns;
  struct ipc_namespace *ipc_ns;
  struct mnt_namespace *mnt_ns;
  struct pid_namespace *pid_ns_for_children;
  struct net           *net_ns;
};
```

每个进程和一组命名空间相对应，其中包括本节介绍的挂载命名空间（mount namespace）。通过挂载命名空间，进程和一棵挂载树相联系。改变了进程的挂载命名空间，进程就和另一棵挂载树相对应。

20.2.2　进程间通信命名空间

用挂载命名空间来禁锢进程对文件系统的访问只是第一步。很快开发人员就发现仅靠它还远不能说隔绝了进程。一个容易想到的攻击是利用进程间通信将本不能被进程访问的文件的内容呈现给进程。于是，有了进程间通信命名空间。

Linux 内核 IPC 类对象有三类：消息队列（Message Queue）、信号量（Semaphore）、共享内存（Shared Memory）。进程间通信命名空间的数据结构如下：

include/linux/ipc_namespace.h
```
struct ipc_namespace {
  ...
  struct ipc_ids ids[3];
  unsigned int  msg_ctlmax;
  size_t     shm_ctlmax;
  unsigned int   mq_queues_max;   /* initialized to DFLT_QUEUESMAX */

  /* user_ns which owns the ipc ns */
  struct user_namespace *user_ns;
  unsigned int  proc_inum;
  ...
};
```

其中主要有两类数据成员：一类是 ids，用于存储 IPC 对象的 id。msgget、semget、shmget 会在进程关联的 ipc_namespace 实例的 ids 中查找或创建新成员。另一类是一些资源限制类变量，如 shm_ctlmax，共享内存最大值。

下面以信号量为例看一下进程间通信对象的创建和寻找，进而了解进程间通信命名空间的作用。

ipc/sem.c
```
SYSCALL_DEFINE3(semget, key_t, key, int, nsems, int, semflg)
{
```

205

```
        struct ipc_namespace *ns;
        struct ipc_ops sem_ops;
        struct ipc_params sem_params;

        ns = current->nsproxy->ipc_ns;

        if (nsems < 0 || nsems > ns->sc_semmsl)
                return -EINVAL;

        sem_ops.getnew = newary;
        sem_ops.associate = sem_security;
        sem_ops.more_checks = sem_more_checks;

        sem_params.key = key;
        sem_params.flg = semflg;
        sem_params.u.nsems = nsems;

        return ipcget(ns, &sem_ids(ns), &sem_ops, &sem_params);
}
```

　　系统调用 semget 用于获取一个已有的信号量或者创建一个新的信号量。它的功能类似于作用于文件的系统调用 open。系统调用 semget 的函数实现的最后是调用了函数 ipcget。

```
ipc/util.c
int ipcget(struct ipc_namespace *ns, struct ipc_ids *ids,
                    struct ipc_ops *ops, struct ipc_params *params)
{
  if (params->key == IPC_PRIVATE)
    return ipcget_new(ns, ids, ops, params);
  else
    return ipcget_public(ns, ids, ops, params);
}
```

```
ipc/util.c
static int ipcget_new(struct ipc_namespace *ns, struct ipc_ids *ids,
            struct ipc_ops *ops, struct ipc_params *params)
{
  int err;

  down_write(&ids->rwsem);
  err = ops->getnew(ns, params);
  up_write(&ids->rwsem);
  return err;
}
static int ipcget_public(struct ipc_namespace *ns, struct ipc_ids *ids,
            struct ipc_ops *ops, struct ipc_params *params)
{
...
  ipcp = ipc_findkey(ids, params->key);
```

```
    if (ipcp == NULL) {
…
      err = ops->getnew(ns, params);
    } else {
…
    }
…
    return err;
  }
```

　　函数 ipcget_public 会调用函数 ipc_findkey 去寻找信号量。函数 ipc_findkey 的输入参数有两个。一个是 ids，ids 实际上是 "&sem_ids(ns)"，sem_ids 的实现为：((ns)->ids[IPC_SEM_IDS])，就是结构 ipc_namespace 中的数组 ids 的一项。另一个是 key。

　　函数 ipcget_new 会调用 "ops->getnew"，具体在信号量的情况中会调用函数 newary。我们看一下：

```
ipc/sem.c
static int newary(struct ipc_namespace *ns, struct ipc_params *params)
{
…
  struct sem_array *sma;
…
  sma = ipc_rcu_alloc(size);
…
  id = ipc_addid(&sem_ids(ns), &sma->sem_perm, ns->sc_semmni);
  return sma->sem_perm.id;
}
```

　　函数 newary 大致工作内容是申请一个信号量，然后将此信号量的标识加入 ipc_namespace 结构的 ids 中信号量相联系的表项中。

　　综上，进程间通信的标识存储在进程间通信命名空间中，进程间通信命名空间不同，进程寻找到的进程间通信实例也不同。

20.2.3　UNIX 分时命名空间

　　UNIX 分时命名空间是 UNIX Time Sharing 的直译，简写为 UTS。此命名空间的定义如下：

```
include/linux/utsname.h
struct uts_namespace {
  ...
  struct new_utsname name;
  struct user_namespace *user_ns;
  unsigned int proc_inum;
};

struct new_utsname {
```

```
        char sysname[__NEW_UTS_LEN + 1];
        char nodename[__NEW_UTS_LEN + 1];
        char release[__NEW_UTS_LEN + 1];
        char version[__NEW_UTS_LEN + 1];
        char machine[__NEW_UTS_LEN + 1];
        char domainname[__NEW_UTS_LEN + 1];
    };
```

从其数据成员看，主要是主机名、系统名、版本号之类的信息。有了 UTS 命名空间，运行于容器中的应用能更逼真地认为自己在独享一台实际主机。其中，除 machine 外的五个数据成员对应/proc/sys/kernel/下的五个伪文件：ostype、hostname、osrelease、version、domainname，对这五个伪文件的读写对应读取或修改五个 UTS 数据成员。另外还有两个系统调用：sethostname 用来修改 nodename，setdomainname 用来修改 domainname。machine 比较特殊，没有伪文件对应，也没有系统调用可以修改它的值。因为这不是虚拟机，硬件信息不能修改。那为什么还要在 UTS 命名空间中设置变量 machine 呢？这是为了适应系统调用 uname：

```
    int uname(struct utsname *buf);
    struct utsname {
      char sysname[];    /* Operating system name (e.g., "Linux") */
      char nodename[];   /* Name within "some implementation-defined network"
*/
      char release[];    /* OS release (e.g., "2.6.28") */
      char version[];    /* OS version */
      char machine[];    /* Hardware identifier */
      #ifdef _GNU_SOURCE
        char domainname[]; /* NIS or YP domain name */
      #endif
    };
```

20.2.4　进程号命名空间

如果没有进程号命名空间，那么容器中的进程就能够看到容器外的进程，进而可以通过系统调用 kill 向容器外的进程发送信号。这当然不好。进程号命名空间让容器内的进程不能看到容器外的进程。但是这种隔绝是单向的，容器外的进程可以看到容器内的进程。更有趣的是，同一个进程在容器内有一个进程号，在容器外有另一个进程号。下面看一下进程号命名空间的数据结构：

```
include/linux/pid_namespace.h
struct pidmap {
      atomic_t nr_free;
      void *page;
};

struct pid_namespace {
  ...
```

```
struct pidmap pidmap[PIDMAP_ENTRIES];
unsigned int level;
struct pid_namespace *parent;
struct user_namespace *user_ns;
unsigned int proc_inum;
...
};
```

进程号命名空间不同于前面讲述的几个命名空间，它有层次关系。在子进程号命名空间中创建进程，不仅子进程号命名空间会分配一个进程号，父进程号命名空间也会分配一个进程号，如图 20-7 所示。

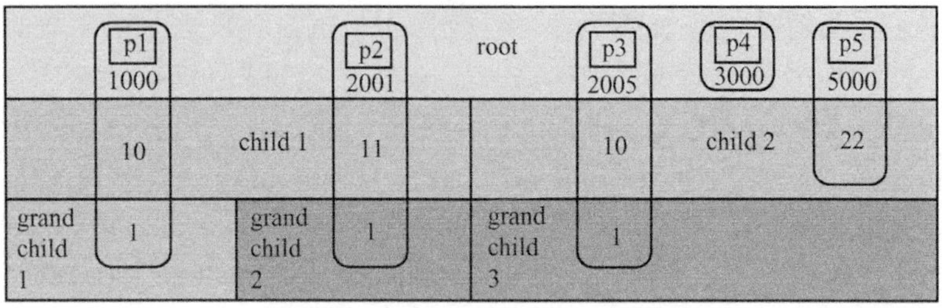

图 20-7　进程号命名空间举例

进程号到底是什么呢？它的数据结构如下：

include/linux/pid.h
```
struct upid {
  int nr;
  struct pid_namespace *ns;
  struct hlist_node pid_chain;
};

struct pid
{
  ...
  unsigned int level;
  struct hlist_head tasks[PIDTYPE_MAX];
  struct upid numbers[1];
  ...
};
struct pid_link
{
  struct hlist_node node;
  struct pid *pid;
};
```
include/linux/sched.h
```
struct task_struct {
```

```
…
    struct pid_link pids[PIDTYPE_MAX];
…
};
include/linux/pid.h
enum pid_type
{
  PIDTYPE_PID,
  PIDTYPE_PGID,
  PIDTYPE_SID,
  PIDTYPE_MAX
}
```

在 task_struct 中存储着一个长度为 3、类型为 pid_link 的数组 pids，数组成员分别对应进程的进程号、进程组号和会话号。结构 pid_link 中的指针成员 pid 指向实际的 pid 实例。结构 pid 中的 hlist_head 类型成员 tasks 用于关联 pid_link 中的 hlist_node 类型成员 node，目的是通过 pid_link 实例关联到进程的 task_struct 实例。pid_link 作为"中介"，帮助 pid 和 task_struct 实现双向关联。

举个例子，假设系统中有 4 个进程，这 4 个进程同属于一个会话，其中两个进程同属于一个进程组，另两个进程属于另一个进程组，如图 20-8 所示。

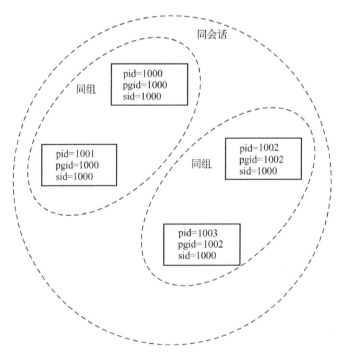

图 20-8　进程号命名空间例子

在内核中相关的数据结构如图 20-9 所示。

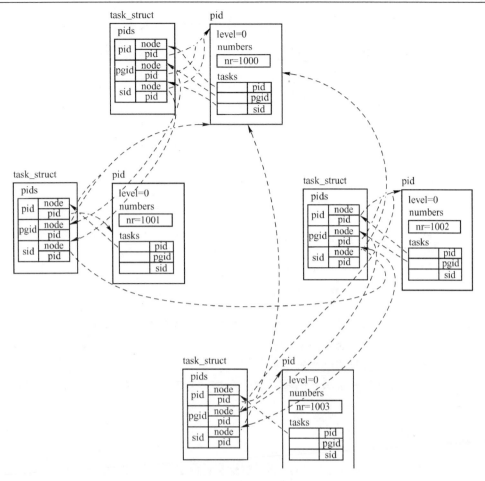

图 20-9　进程号命名空间相关数据结构

结构 pid 中可以有多个进程号，哪一个进程号有效取决于进程号命名空间。

kernel/pid.c
```
pid_t pid_nr_ns(struct pid *pid, struct pid_namespace *ns)
{
  struct upid *upid;
  pid_t nr = 0;

  if (pid && ns->level <= pid->level) {
    upid = &pid->numbers[ns->level];
    if (upid->ns == ns)
      nr = upid->nr;
    }
  return nr;
}
```

　　每一个进程号都关联着一个进程号结构，但是进程号结构中可能有多个进程号，取出哪一个进程号取决于进程号命名空间中的变量 level，如图 20-10 所示。

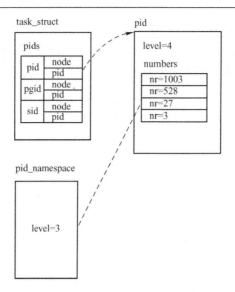

图 20-10　进程号命名空间中的级别

　　有了进程号命名空间后，结构 pid 中含有一个数组，数组的大小取决于进程号命名空间的嵌套数目，数组成员的类型 upid。upid 含有一个整数，表示在某进程号命名空间中的进程号，还含有一个指针指向它所从属的进程号命名空间。

　　进程号命名空间本身是一个树状结构，有一个数字表示它所处的级别，另有一个指针指向父进程号命名空间。

20.2.5　网络命名空间

　　网络命名空间让整个系统不必共享一套网络配置，像 IP 地址、路由表之类。它的定义在文件 include/net/net_namespace.h 之中。

20.2.6　用户命名空间

　　从名字可知，用户命名空间主要涉及用户 id 的分配。

```
include/linux/user_namespace.h
struct user_namespace {
  struct uid_gid_map  uid_map;
  struct uid_gid_map  gid_map;
  struct uid_gid_map  projid_map;
  struct user_namespace *parent;
  int          level;
  unsigned int      proc_inum;
  ...
};

struct uid_gid_map {
u32 nr_extents;
struct uid_gid_extent {
u32 first;
```

```
        u32 lower_first;
        u32 count;
    } extent[UID_GID_MAP_MAX_EXTENTS];
};
```

先说 uid_gid_map。lower_first 从字面上看是指低一级命名空间中的 id，实际上它存的是内核 id。内核保存一个唯一的 id，在不同的命名空间中将此 id 变换后呈现给用户。first 是这个 map 中第一个 id 号，count 是此 map 的数量。转换时，用内核 id 减去 lower_first 再加上 first 就是在命名空间中呈现给用户的 id。id 转换的实现很简单：

kernel/user_namespace.c
```
uid_t from_kuid(struct user_namespace *targ, kuid_t kuid)
{
        /* Map the uid from a global kernel uid */
        return map_id_up(&targ->uid_map, __kuid_val(kuid));
}
static u32 map_id_up(struct uid_gid_map *map, u32 id)
{
        unsigned idx, extents;
        u32 first, last;

        /* Find the matching extent */
        extents = map->nr_extents;
        smp_read_barrier_depends();
        for (idx = 0; idx < extents; idx++) {
                first = map->extent[idx].lower_first;
                last = first + map->extent[idx].count - 1;
                if (id >= first && id <= last)
                        break;
        }
        /* Map the id or note failure */
        if (idx < extents)
                id = (id - first) + map->extent[idx].first;
        else
                id = (u32) -1;

        return id;
}
```

不知读者是否注意到，用户命名空间和进程号命名空间都是树状层级结构，但是实现方法却不尽相同。作者认为主要的原因有两点：第一，用户 id 是静态的，需要跨越计算机重新启动保持一致；第二，进程号的创建和注销非常频繁，很难在不同进程号命名空间之间做"批量映射"。

值得注意的是用户命名空间涉及第 6 章提到的特权。

security/commoncap.c
```
int cap_capable(const struct cred *cred, struct user_namespace *targ_ns,
    int cap, int audit)
```

```
{
  struct user_namespace *ns = targ_ns;

  /* See if cred has the capability in the target user namespace
   * by examining the target user namespace and all of the target
   * user namespace's parents.
   */
  for (;;) {
    /* Do we have the necessary capabilities? */
    if (ns == cred->user_ns)
      return cap_raised(cred->cap_effective, cap) ? 0 : -EPERM;

    /* Have we tried all of the parent namespaces? */
    if (ns == &init_user_ns)
      return -EPERM;

    /*
     * The owner of the user namespace in the parent of the
     * user namespace has all caps.
     */
    if ((ns->parent == cred->user_ns) && uid_eq(ns->owner, cred->euid))
      return 0;

    /*
     * If you have a capabilityin a parent user ns, then you have
     * it over all children user namespaces as well.
     */
    ns = ns->parent;
  }

  /* We never get here */
}
```

从代码看：

- 如果进程的用户命名空间是要判断的命名空间的直系祖先（父亲、祖父、曾祖……），进程的有效 uid 又恰好是要判断的命名空间的创建者，那么就认为进程具备全部能力。
- 如果进程的用户命名空间就是要判断的命名空间，就判断进程是否具备能力，这和以前的逻辑相同。
- 否则，进程不具备任何权限。

作者对上述第一条有一点疑问：能力机制的引入就是要将特权和用户 id 分离，这里又将用户 id 和特权联系在一起，这是否明智呢？

下面看一个使用例子：

fs/namespace.c
```
static inline bool may_mount(void)
{
  return ns_capable(current->nsproxy->mnt_ns->user_ns, CAP_SYS_ADMIN);
}
```

```
kernel/capability.c
bool ns_capable(struct user_namespace *ns, int cap)
{
  if (unlikely(!cap_valid(cap))) {
    printk(KERN_CRIT "capable() called with invalid cap=%u\n", cap);
    BUG();
  }

  if (security_capable(current_cred(), ns, cap) == 0) {
    current->flags |= PF_SUPERPRIV;
    return true;
  }
  return false;
}
```

security_capable 会辗转调用到 cap_capable。注意，在 may_mount 中调用 ns_capable 时使用的是 current->nsproxy->mnt_ns->user_ns，就是挂载命名空间所关联的用户命名空间。上述代码意味着，如果进程不在挂载命名空间所关联的用户命名空间之中，或者不在挂载命名空间所关联的用户命名空间的某个直系祖先之中，进程不能改变挂载命名空间。

用户命名空间中除了 uid 还有 gid（group id，与 uid 类似）和 projid（和 quota 有关，似乎只有 XFS 使用）。

20.2.7　进程数据结构

下面梳理一下相关的数据结构。首先，是进程控制块：

```
include/linux/sched.h
struct task_struct {
  ...
  /* namespaces */
  struct nsproxy *nsproxy;
  const struct cred __rcu *cred;
...
}
```

nsproxy 中存储了除 USER 命名空间外的其余五个命名空间。

```
include/linux/nsproxy.h
struct nsproxy {
  atomic_t count;
  struct uts_namespace *uts_ns;
  struct ipc_namespace *ipc_ns;
  struct mnt_namespace *mnt_ns;
  struct pid_namespace *pid_ns_for_children;
  struct net          *net_ns;
};
```

这五个命名空间中都有一个指针指向它所从属的用户命名空间。这主要是为了做特权判断。

用户命名空间存储在 cred 中。

```
include/linux/cred.h
struct cred {
  ...
  struct user_namespace *user_ns;
  ...
}
```

在各个命名空间的数据结构中都有一个 proc_inum，它是 proc 文件系统中的 inode number，作为命名空间的唯一标识。

20.3　伪文件系统

在/proc/[pid]/ns 下有六个文件：

```
zhi@zhi-ubuntu:/git_repo/linux$ ls -l /proc/$$/ns
total 0
lrwxrwxrwx 1 zhi zhi 0 Apr  8 10:41 ipc -> ipc:[4026531839]
lrwxrwxrwx 1 zhi zhi 0 Apr  8 10:41 mnt -> mnt:[4026531840]
lrwxrwxrwx 1 zhi zhi 0 Apr  8 10:41 net -> net:[4026531962]
lrwxrwxrwx 1 zhi zhi 0 Apr  8 10:41 pid -> pid:[4026531836]
lrwxrwxrwx 1 zhi zhi 0 Apr  8 10:41 user -> user:[4026531837]
lrwxrwxrwx 1 zhi zhi 0 Apr  8 10:41 uts -> uts:[4026531838]
```

每行结尾那个很大的整数就是命名空间对应的 proc 文件系统的 inode 号，这个数字可以确定进程的命名空间。但是更多的信息，比如命名空间的层次关系，命名空间中的内容，不能从这里获得。

/proc/[pid]/{uid_map,gid_map,projid_map}用于用户命名空间，格式为一行或多行，每行三个数：first、lower_first、count。first 为呈现给用户态进程的 id，lower_first 为上一层用户命名空间的 id，count 为数量。前面提到在内核数据结构中存储的是唯一的内核中的 id，但在这里用户接口中使用的却是上一层用户命名空间的 id。对这三个文件的写操作有两个限制。一是根用户命名空间中的 uid_map、gid_map、projid_map 这三个文件不能写。道理很简单，在根用户命名空间中不能做映射；二是写文件的进程的用户命名空间或者就是此文件所对应的用户命名空间，或者是它的父空间。也就是说，进程可以修改自己所属的用户命名空间中的 id 映射，或者修改自己所属的用户命名空间的"儿子"空间中的 id 映射。

20.4　系统调用

20.4.1　clone

系统调用 clone 早已有之。为了支持命名空间，内核开发人员在 clone 的第一个参数 flags 中扩展了六个标志位：CLONE_NEWNS、CLONE_NEWUTS、CLONE_NEWIPC、CLONE_NEWUSER、

CLONE_NEWPID、CLONE_NEWNET。挂载命名空间使用的标志位是 CLONE_NEWNS，从名字可以看出挂载命名空间出现最早。开发者的初衷似乎是只要一个挂载命名空间就足够了。

系统调用 clone 的原型如下：

```
long clone(unsigned long flags, void *child_stack, void *ptid, void *ctid,
struct pt_regs *regs);
```

进程使用系统调用 clone 创建新进程，如果 clone 的 flags 参数的这六个标志位中的一个或多个置位，新创建的进程就会有相应的新的命名空间。

创建新命名空间意味着在新的命名空间中进行操作不会影响到老的命名空间。但值得一提的是新命名空间的初始值因命名空间种类不同而不同。挂载命名空间和 UNIX 分时系统命名空间的初始值是老命名空间的值。进程间通信命名空间和网络命名空间的初始值是空值。进程号命名空间和用户命名空间的初始值也是空值，但是额外标记了和老命名空间的父子关系。

20.4.2　unshare

系统调用 unshare 也不是专为命名空间而设，它还做分离文件描述符之类的工作。

```
int unshare(int flags)
```

同 clone 相似，为了支持命名空间，内核开发人员在参数 flags 中扩展了六个标志位：CLONE_NEWNS、CLONE_NEWUTS、CLONE_NEWIPC、CLONE_NEWUSER、CLONE_NEWPID、CLONE_NEWNET。

20.4.3　setns

系统调用 setns 是专为命名空间而设的。

```
int setns(int fd, int nstype);
```

fd 是一个文件描述符，对应于/proc/pid/ns/下的一个文件（除 user 外），nstype 是此文件所对应的命名空间的类型。实际调用中，nstype 可以是 0，这样就完全由 fd 确定要操作的命名空间的类型，如果不是 0，它必须和 fd 所确定的命名空间的类型吻合。调用的目的是将调用者的命名空间置为/proc/pid/ns 下的文件所对应的命名空间。值得注意的是用户命名空间不能通过此系统调用改变。

20.5　总结

命名空间的基本作用是隔离。而隔离是容器的基本需求。容器所需的隔离是在共用一个内核的情况下，不同容器的进程之间不要互相影响，最好是感知不到容器外的世界。

在一个内核上面分隔出多个用户态空间，这必然困难重重，尤其是在 Linux 这种宏内核（monolithic）架构之上。命名空间是一种量力而行的努力。这种努力成功了，有了命名空间，Linux 容器得以实现。

客观地说，命名空间的隔离是不彻底的，主要体现在两个方面：首先，这种隔离是浅层次的隔离。以文件系统为例，挂载只是文件系统的一个组件，更深层次的组件，比如文件，并没有命名空间相关联。其次，这种隔离是片面的隔离。Linux 内核所包含的模块极多，区区六个命名空间根本不足以提供全部隔离。

Linux 命名空间在 2008 年即已成型。随后虽然仍有人努力开发出新的命名空间，但都不为 Linux 主线所接受。Linux 主线维护人员的理由是不希望 Linux 内核过于复杂。实际上，命名空间的开发和设计只能是量力而行和适可而止，因为在宏内核上理想的和绝对的隔离是不可能做到的！

20.6　参考资料

读者可参考以下资料：
https://lwn.net/Articles/531114/

习题

如果进程通过 setns 改变了自己的挂载命名空间，但是保留了一个指向新挂载命名空间之外的文件描述符，那么进程能否通过这个文件描述符访问新挂载命名空间之外的文件？

第 21 章　cgroup

21.1　简介

21.1.1　一种安全攻击

UNIX 的创始人之一 Dennis Ritchie 在 1979 年的一篇论文《On the Security of UNIX》中提到这样一种攻击：

```
while :;do
  mkdir x
  cd x
done
```

当年这段 shell 脚本会让系统崩溃，原因或者是耗尽所有硬盘空间或者是耗尽文件系统的 inode。而现在的硬盘实在是太大了，作者在 Linux 上实验的结果是，在耗尽硬盘资源前，另一个瓶颈先到来了——路径的最大长度。作者改写了程序：

```
dir_bomb.sh
#!/bin/bash

i=0
while :
do
  find . -mindepth $i -maxdepth $i -exec mkdir -p {}/{1..1024} \;
  let i=i+1
done
```

作者实验的结果是耗尽了文件系统的 inode 资源。再看一下下面这个耗尽系统进程号数量资源的 "fork bomb" [⊖]。

```
:() { :|: & }; :
```

这是极简形式，改造一下，让它更易读：

```
bomb() {
  bomb | bomb &
}
bomb
```

上述代码的目的就是不断地创建新进程，直到耗尽系统中所有的进程号资源，让系统再不能创建新进程。

⊖ 见 http://en.wikipedia.org/wiki/Fork_bomb。

21.1.2　对策

Dennis Ritchie 在上面那篇论文中说到：

"UNIX 的设计理念和具体实现都没有考虑安全，这个问题本身就导致了大量的安全漏洞。"

其实不只是 UNIX，大多数系统在设计之初都没有考虑安全因素。通常的做法是在随后的发展过程中，系统设计者以不同的方式应对安全带来的挑战，UNIX 也不例外。为了限制用户对硬盘空间资源的使用，UNIX 提供了配额（quota）机制。为了限制用户创建的进程数量以及其他资源，UNIX 提供了资源限制（Resource Limit，简称 rlimit）机制。但是这两种机制都有相同的问题：

（1）分散式管理。

配额机制提供了一个系统调用：

```
int quotactl(int cmd, const char *special, int id, caddr_t addr);
```

quotactl 可以打开或关闭某个文件系统的配额管理，可以查看或设置某个用户/用户组的配额值。配额数据存储在单个文件系统中，要想得到系统全貌，需要汇总系统中所有的文件系统的配额数据。配额机制的分散性还不明显，因为系统中挂载的文件系统一般不会太多。

资源限制机制提供了三个系统调用：

```
int getrlimit(int resource, struct rlimit *rlim);
int setrlimit(int resource, const struct rlimit *rlim);
int prlimit(pid_t pid, int resource, const struct rlimit *new_limit, struct
rlimit *old_limit);
```

前两个系统调用用来读取或设置调用者进程的"rlimit"。第三个系统调用"prlimit"是 Linux 特有的系统调用。它用来读取或设置某一个进程的"rlimit"值。如果这个由参数 pid 制定的进程不是调用者进程，那么调用者进程需要拥有能力 CAP_SYS_RESOURCE。

分散式管理在资源限制机制上比较明显。读取或设置单个进程的"rlimit"值是容易的，但是要针对某一类进程进行设置是困难的。查看某一类进程的资源限制整体状况也是困难的。比如查看所有网络相关进程占用的内存，再比如查看某个用户创建的进程总数。

（2）没有统一的资源管理机制。配额有一套机制，资源限制有另一套机制。

21.1.3　历史

2006 年 Google 的两名工程师 Paul Menage 和 Rohit Seth 开发了一个名为"Process Containers"的模块，用来限制和统计一组进程的资源使用情况。2007 年此模块被纳入 Linux 主线。因为 Container 容易引起歧义，"Process Containers"被改名为"Control Groups"，简称 CGroups，即控制组。

控制组的设计理念是将框架和具体的资源管理分离。框架于 2007 年进入 Linux 主线 2.6.24 后，陆续又有多个具体的资源管理模块进入了主线。

21.1.4　用法举例

Linux 内核子系统 cgroup 提供的用户态和内核的接口是名为 cgroup 的伪文件系统。下面看一个简单的使用 CPU 子模块的例子。CPU 子模块涉及进程调度。

首先需要挂载 CPU 模块的 cgroup 文件系统：

```
root@zhi-ubuntu-tomoyo:/sys/fs#mount -t cgroup -o cpu cgroup /sys/fs/cgroup/
root@zhi-ubuntu-tomoyo:/sys/fs# ls /sys/fs/cgroup
cgroup.clone_children  cpu.cfs_period_us  cpu.rt_runtime_us  notify_on_release
cgroup.event_control   cpu.cfs_quota_us   cpu.shares         release_agent
cgroup.procs           cpu.rt_period_us   cpu.stat           tasks
```

创建两个子目录，代表两个控制组：

```
root@zhi-ubuntu-tomoyo:/sys/fs# mkdir -p /sys/fs/cgroup/cgrp1
root@zhi-ubuntu-tomoyo:/sys/fs# mkdir -p /sys/fs/cgroup/cgrp2
```

作者想让控制组 1 获得 2/3 的 CPU 资源，控制组 2 获得 1/3 的 CPU 资源：

```
root@zhi-ubuntu-tomoyo:/sys/fs# echo 2048 > /sys/fs/cgroup/cgrp1/cpu.shares
root@zhi-ubuntu-tomoyo:/sys/fs# echo 1024 > /sys/fs/cgroup/cgrp2/cpu.shares
```

控制组配置好了，下面测试它。写一个简单的死循环程序：

```
int main() {
  while (1) ;
  return 0;
}
```

运行程序两次：

```
root@zhi-ubuntu-tomoyo:/sys/fs# zhi/test_cgroup &
[1] 18553
root@zhi-ubuntu-tomoyo:/sys/fs# zhi/test_cgroup &
[2] 18555
```

一个进程的进程号是 18553，另一个是 18555。现在把第一个放入控制组一，即 cgrp1；第二个放入控制组二，即 cgrp2：

```
root@zhi-ubuntu-tomoyo:/sys/fs# echo 18553 >/sys/fs/cgroup/cgrp1/cgroup.procs
root@zhi-ubuntu-tomoyo:/sys/fs# echo 18555 > /sys/fs/cgroup/cgrp2/cgroup.procs
```

最后看一下 CPU 资源占用情况：

```
root@zhi-ubuntu-tomoyo:/sys/fs# top
top - 10:32:21 up 19:41, 3 users, load average: 1.71, 0.81, 0.45
…
  PID USER      PR NI  VIRT  RES  SHR S %CPU %MEM    TIME+  COMMAND
```

```
18553 root      20   0  1984  280  228 R 66.5  0.0   2:05.90 test_cgroup
18555 root      20   0  1984  284  228 R 33.1  0.0   0:27.37 test_cgroup
18556 zhi       20   0  2824 1108  860 R  0.3  0.1   0:00.16 top
...
```

由 top 的输出可见，第一个进程占用了 66.5%的 CPU，近似于 2/3；第二个进程占用了 33.1%的 CPU，近似于 1/3。

21.2 架构

21.2.1 设计原则

在没有看到控制组原始设计文档的情况下，作者试着根据代码复原一下控制组的设计原则：

（1）以进程为控制单位

同一个用户运行的进程可能是计算任务进程，可能是网络传输进程，也可能是文件读写操作进程。如果以用户或用户组为单位，就很难根据进程的实际功能进行控制。

（2）集中式管理

集中式管理的对立面是分散式管理。文件的属性管理就是一种分散式管理。用户可以很容易地查看一个文件的属主是谁，但是要想查出某个用户拥有的所有文件，就必须遍历整个文件系统！控制组的集中式管理是指管理员可以很容易地了解到控制组中所有的进程的相关情况。

（3）功能模块化

计算机系统的资源有很多种。资源控制模块也必然不止一种。首先应该允许用户使用部分资源控制模块；其次应该让开发者能够在现有的控制组框架下轻松地增加新资源控制模块，而不是为了引入新的功能控制而另外发明新的控制架构。

（4）动态调配

管理员可以在运行时修改控制组参数，也可以将进程动态分配给控制组。比如系统中有 4 个控制组：web 控制组、ftp 控制组、优质客户控制组、普通客户控制组。管理员可以调低 web 控制组可用资源，调高 ftp 控制组可用资源，也可以将某个客户的进程组从普通客户控制组升级到优质客户控制组。

（5）层级结构

控制组应该支持层级结构。比如，系统有 2 个控制组：web 控制组、ftp 控制组，web 控制组分得网络带宽的 70%，ftp 控制组分得网络带宽的 30%。进一步，管理员又可以在 web 控制组下创建两个控制组：虚拟站点控制组 1、虚拟站点控制组 2，虚拟站点控制组 1 的网络带宽占比为 60%，虚拟站点控制组 2 的网络带宽占比为 40%。于是虚拟站点控制组 1 实际分得网络带宽为 42%，虚拟站点控制组 2 实际分得网络带宽 28%。

（6）多对多映射

一个进程可以加入多个控制组，一个控制组可以包含多个进程。由于资源的多样性，用一种控制方案往往难度很大。考虑下面这个应用场景。一个大学的服务器，有三类客户：管理员、教职工、学生；有三类网络服务：www、NFS、其他。如果一定要用一种控制方案控制所有资源，那就会产生 3×3=9 个控制组。如果分开，cpu 和 memory 使用一个，network 使用一个，那就只有 6 个控制组，结构也清晰很多，如图 21-1 所示。假设某个学生启动了一个 firefox 进程，此进程就会被加入"student"和"www"两个控制组中。

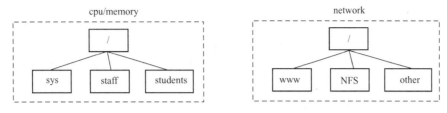

图 21-1　一所大学服务器的 cgroup 配置

21.2.2　代码分析

先看一下控制组在代码中的定义：

```
include/linux/cgroup.h
struct cgroup {
…
  struct list_head sibling;        /* my parent's children */
  struct list_head children;       /* my children */
  struct cgroup *parent;           /* my parent */

  struct list_head files;          /* my files */
  struct dentry *dentry;           /* cgroup fs entry, RCU protected */
  struct cgroupfs_root *root;

  struct cgroup_subsys_state __rcu *subsys[CGROUP_SUBSYS_COUNT];
  struct list_head cset_links;
  …
};
```

上述代码并不是 cgroup 在代码中原本的样子。作者对 cgroup 的定义进行了简化，删除了一些涉及细节的成员，调整了一些成员的位置。调整后的代码大致可以分为四部分：第一部分涉及 cgroup 的层级结构，包括三个成员：sibling、children、parent；第二部分涉及 cgroup 和名为 cgroup 的文件系统的关系，包括三个成员：files、dentry、root；第三部分涉及控制组子系统，成员为 subsys；第四部分涉及 cgroup 和进程的关系，成员为 cset_links。

1. 控制组的层级结构

假设存在这样一棵"控制组树"。根节点有两个儿子，第一个儿子又有两个儿子。那么 cgroup 机构中相关成员的关系就如图 21-2 所示。

2. cgroup 文件系统

内核控制组子系统创造了名为 cgroup 的伪文件系统。每个 cgroup 都和此文件系统中的一个目录相联系。结构 cgroup 中的成员 dentry 指向与之相关联的目录，成员 files 指向目录下的文件，成员 root 指向 cgroup 文件系统的根节点。

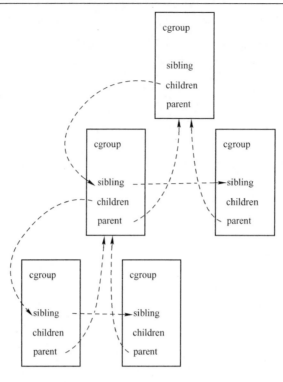

图 21-2   cgroup 层次结构

下面看一下结构 cgroupfs_root:

```
include/linux/cgroup.h
struct cgroupfs_root {
…
  struct super_block *sb;
  unsigned long subsys_mask;
  struct cgroup top_cgroup;
  int number_of_cgroups;
…
};
```

结构中最重要的成员是 sb 和 top_cgroup。sb 指向文件系统的超级块，top_cgroup 是一棵
cgroup 树的顶级节点。其他成员中，subsys_mask 表示这个 cgroup 文件系统挂载中包含的控制
组子系统，number_of_cgroups 表示这个 cgroup 文件系统中包含的 cgroup 的数量。

控制组定义了一个新的文件系统，名字为 cgroup:

```
kernel/cgroup.c
static struct file_system_type cgroup_fs_type = {
  .name = "cgroup",
  .mount = cgroup_mount,
  .kill_sb = cgroup_kill_sb,
};
```

下面看一个例子：

```
    root@ubuntu-desktop:~/git/linux-2.6# mount -t cgroup cgroup -o cpu
/sys/fs/cgroup/cpu
    root@ubuntu-desktop:~/git/linux-2.6# mount -t cgroup cgroup -o memory
/sys/fs/cgroup/memory
```

上述命令挂载了两个 cgroup 文件系统，一个使用 CPU 子系统，一个使用 memory 子系统。内核中的数据结构如图 21-3 所示。

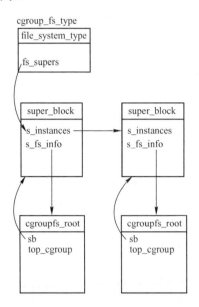

图 21-3　cgroup 文件系统例子

3. 控制组的子系统

控制组子系统相关的数据结构为：

```
include/linux/cgroup.h
struct cgroup_subsys_state {
  struct cgroup *cgroup;
  struct cgroup_subsys *ss;
…
}
…
struct cgroup_subsys {
    struct cgroup_subsys_state *(*css_alloc)(struct cgroup_subsys_state
*parent_css);
    int (*css_online)(struct cgroup_subsys_state *css);
    void (*css_offline)(struct cgroup_subsys_state *css);
    void (*css_free)(struct cgroup_subsys_state *css);
    int (*can_attach)(struct cgroup_subsys_state *css,struct cgroup_taskset
*tset);
    void   (*cancel_attach)(struct   cgroup_subsys_state   *css,   struct
```

```
cgroup_taskset *tset);
    void (*attach)(struct cgroup_subsys_state *css, struct cgroup_taskset
*tset);
    void (*fork)(struct task_struct *task);
    void (*exit)(struct cgroup_subsys_state *css, struct cgroup_subsys_state
*old_css,
                    struct task_struct *task);
    void (*bind)(struct cgroup_subsys_state *root_css);
    …
    struct list_head cftsets;
    struct cftype *base_cftypes;
    struct cftype_set base_cftset;
    …
};
```

结构 cgroup_subsys_state 是一个"中介",介于结构 cgroup 和结构 cgroup_subsys 之间。结构 cgroup_subsys 的成员分两大类,一类是一系列函数指针,另一类关联 cgroup 文件——cftype 实例。

不同的控制组子系统关联的文件各有不同,还是看 CPU 子系统的例子:

kernel/sched/core.c
```
static struct cftype cpu_files[] = {
#ifdef CONFIG_FAIR_GROUP_SCHED
        {
                .name = "shares",
                .read_u64 = cpu_shares_read_u64,
                .write_u64 = cpu_shares_write_u64,
        },
#endif
#ifdef CONFIG_CFS_BANDWIDTH
        {
                .name = "cfs_quota_us",
                .read_s64 = cpu_cfs_quota_read_s64,
                .write_s64 = cpu_cfs_quota_write_s64,
        },
        {
                .name = "cfs_period_us",
                .read_u64 = cpu_cfs_period_read_u64,
                .write_u64 = cpu_cfs_period_write_u64,
        },
        {
                .name = "stat",
                .seq_show = cpu_stats_show,
        },
#endif
#ifdef CONFIG_RT_GROUP_SCHED
```

```
        {
                .name = "rt_runtime_us",
                .read_s64 = cpu_rt_runtime_read,
                .write_s64 = cpu_rt_runtime_write,
        },
        {
                .name = "rt_period_us",
                .read_u64 = cpu_rt_period_read_uint,
                .write_u64 = cpu_rt_period_write_uint,
        },
#endif
        { }     /* terminate */
    };
```

目前 Linux 内核（3.14-rc4）中包含下面这些 cgroup 子系统：
- cpuset
- debug
- cpu_cgroup
- cpuacct
- mem_cgroup
- devices
- freezer
- net_cls
- blkio
- perf
- net_prio
- hugetlb

4. 控制组与进程的关系

控制组和进程的关系是多对多映射。一个控制组中可以有多个进程，一个进程也可以加入多个控制组。

假设有 3 个进程，4 个控制组，进程 1 用到控制组 1 和 3，进程 2 用到控制组 2 和 4，进程 3 用到控制组 2 和 4。从进程的角度看，如图 21-4 所示。从控制组的角度看，如图 21-5 所示。

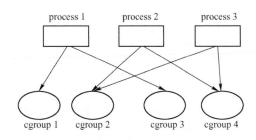

图 21-4　控制组和进程关系（从进程的角度看）

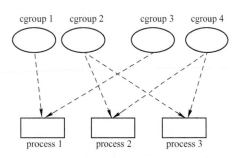

图 21-5　控制组和进程关系（从控制组的角度看）

为了表达这种多对多映射关系，控制组系统引入了一个数据结构 css_set：

```
include/linux/cgroup.h
struct css_set {
…
        struct list_head tasks;
        struct list_head cgrp_links;
…
};
```

在进程控制结构 task_struct 中，引入了：

```
include/linux/sched.h
struct task_struct {
…
#ifdef CONFIG_CGROUPS
        /* Control Group info protected by css_set_lock */
        struct css_set __rcu *cgroups;
        /* cg_list protected by css_set_lock and tsk->alloc_lock */
        struct list_head cg_list;
#endif
…
}
```

在结构 cgroup 中有：

```
include/linux/cgroup.h
struct cgroup {
…
struct list_head cset_links;
…
}
```

结构 cgroup 的成员 cset_links 和另一个结构 cgrp_cset_link 关联：

```
kernel/cgroup.c
struct cgrp_cset_link {
        /* the cgroup and css_set this link associates */
        struct cgroup          *cgrp;
        struct css_set         *cset;

        /* list of cgrp_cset_links anchored at cgrp->cset_links */
        struct list_head        cset_link;

        /* list of cgrp_cset_links anchored at css_set->cgrp_links */
        struct list_head        cgrp_link;
};
```

联系在一起，还是上面那个例子，内核中的数据结构如图 21-6 所示。

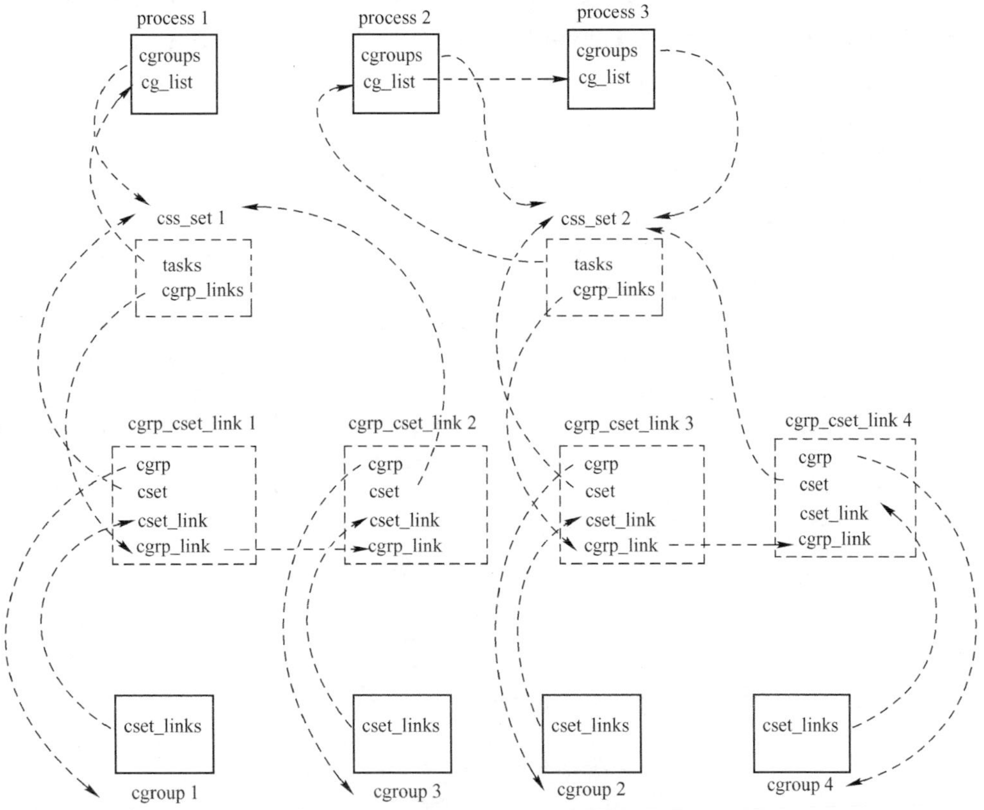

图 21-6　控制组和进程关系（联系在一起）

为了画图方便，作者将 cgroup2 和 cgroup3 的位置互换了一下。

21.3　伪文件系统

作为内核中的一员，控制组子系统需要提供接口给用户态。有两个选择，一个是提供系统调用，另一个是提供伪文件系统。控制组选择了后者，它提供了一种新的名为 cgroup 的文件系统。

和所有文件系统一样，cgroup 文件系统需要先挂载。用户通过 mount 命令的"-o"选项告诉内核这次挂载的 cgroup 文件系统包含哪些子系统。例如：

```
mount -t cgroup -ocpu cgroup /sys/fs/cgroup/cpu/
```

上述命令表示挂载一个包含 CPU 子系统的 cgroup 文件系统。用户还可以用","分隔多个子系统。例如：

```
mount -t cgroup -ocpuset,devices cgroup /sys/fs/cgroup/cpuset-dev
```

上述命令表示用户挂载一个包含 cpuset 和 devices 的 cgroup 文件系统。

　　cgroup 文件系统的一个特点是用户可以同时挂载多个 cgroup 文件系统，但是要保证每个 cgroup 文件系统用到的子系统没有重叠。也就是说，如果已经有一个 cgroup 文件系统的挂载包含了某一个子系统，那么就不能再有 cgroup 文件系统的挂载包含这个子系统。下面是在 Ubuntu 14.04 上的 cgroup 文件系统挂载情况：

```
zhi@zhi-ubuntu:~$ mount
cgroup on /sys/fs/cgroup/cpuset type cgroup (rw,relatime,cpuset)
cgroup on /sys/fs/cgroup/cpu type cgroup (rw,relatime,cpu)
cgroup on /sys/fs/cgroup/cpuacct type cgroup (rw,relatime,cpuacct)
cgroup on /sys/fs/cgroup/memory type cgroup (rw,relatime,memory)
cgroup on /sys/fs/cgroup/devices type cgroup (rw,relatime,devices)
cgroup on /sys/fs/cgroup/freezer type cgroup (rw,relatime,freezer)
cgroup on /sys/fs/cgroup/blkio type cgroup (rw,relatime,blkio)
cgroup on /sys/fs/cgroup/perf_event type cgroup (rw,relatime,perf_event)
cgroup on /sys/fs/cgroup/hugetlb type cgroup (rw,relatime,hugetlb)
```

　　Ubuntu 的做法是每一个 cgroup 文件系统的挂载只包含一个子系统。

　　假设执行下列命令挂载了包含 CPU 子系统的 cgroup 文件系统：

```
mount -t cgroup -ocpu cgroup /sys/fs/cgroup/cpu/
```

　　下面看一下挂载在/sys/fs/cgroup/cpu 下的 cgroup 文件系统中的内容：

```
zhi@zhi-ubuntu:~$ ls -l /sys/fs/cgroup/cpu
total 0
-rw-r--r-- 1 root root 0 Jan 25 08:15 cgroup.clone_children
-rw-r--r-- 1 root root 0 Jan 25 08:15 cgroup.procs
-r--r--r-- 1 root root 0 Jan 25 08:15 cgroup.sane_behavior
-rw-r--r-- 1 root root 0 Jan 25 08:15 cpu.cfs_period_us
-rw-r--r-- 1 root root 0 Jan 25 08:15 cpu.cfs_quota_us
-rw-r--r-- 1 root root 0 Jan 25 08:15 cpu.shares
-r--r--r-- 1 root root 0 Jan 25 08:15 cpu.stat
drwxr-xr-x1 root root 0 Jan 25 10:53 machine
-rw-r--r-- 1 root root 0 Jan 25 08:15 notify_on_release
-rw-r--r-- 1 root root 0 Jan 25 08:15 release_agent
-rw-r--r-- 1 root root 0 Jan 25 08:15 tasks
drwxr-xr-x1 root root 0 Jan 25 08:15 user
```

　　上述内容可以粗略分为三类：第一类是目录，在 cgroup 文件系统中目录对应一个具体的控制组。第二类是以 "cgroup." 为前缀的文件和三个无前缀文件：notify_on_release、release_agent、tasks，这些文件是通用文件，每个 cgroup 文件系统挂载中都会出现，无论挂载选项指定使用哪个或哪些子系统。第三类是子系统专有文件，这些文件是配置子系统的接口，子系统不同，文件也不同。在上面的例子中，控制组 CPU 子系统的专有文件以 "cpu." 为前缀。

　　在 cgroup 文件系统中创建一个目录就是创建一个控制组，删除一个目录就是删除一个控制组。创建目录后，目录下会自动产生许多文件。在 cgroup 文件系统的根目录下（在上面的例子中是/sys/fs/cgroup/cpu）的大多数文件都会出现在 cgroup 文件系统的下级目录中，除了少数在代码实现中标记为只在根目录中出现的文件，例如 cgroup.sane_behavior。

各个子系统的专有文件比较琐碎，这里就不介绍了。下面介绍一下 cgroup 文件系统的通用文件。

（1）cgroup.procs

此文件的内容和控制组中所有进程的进程号关联。这里的进程号实际上是线程组号（thread group ID）。向这个文件写入一个线程组号，就会把整个线程组中的线程都加入此文件所属的控制组。

（2）cgroup.clone_children

这个文件和一个标志关联，而此标志只被 cpuset 子系统使用。当此标志为 1 时，创建新的有关 cpuset 的 cgroup 时，子 cgroup 从父 cgroup 中复制 cpuset 配置。

（3）cgroup.sane_behavior

显示 cgroup 文件系统的 sane_behavior 的状态。随着内核控制组子系统的开发，一些旧的做法不再合适，但是为了兼容旧的应用又不好完全清除。于是开发者提供了一个选项 "__DEVEL__sane_behavior"，供挂载时使用。如果有这个挂载选项，老旧的不合适的代码逻辑就不会出现，tasks、notify_on_release、release_agent 这三个文件也不会出现。

（4）tasks

旧机制，尽量不要使用。此文件关联控制组中所有线程的线程号。

（5）notify_on_release

旧机制，尽量不要使用。通过它来存取 notify_on_release 标志。当此标志为 1 时，在 cgroup 退出时，内核要通知用户态。所谓退出是指此 cgroup 不再有进程，也不再有子 cgroup。

（6）release_agent

旧机制，尽量不要使用。此文件中存有一个路径，当内核需要通知用户态 cgroup 退出事件时，内核运行此路径所指的可执行文件。

21.4 总结

控制组的组指的是一组进程。如果不做干预，进程创建的子进程会被自动加入到进程所在的控制组之中。控制组的优点是可以针对一组数量不定的进程进行控制和统计。

其实在控制组出现之前内核就有一些机制用于资源控制，如"资源限制"，又如与控制组 cpuset 子系统功能类似的系统调用 sched_setaffinity 和 sched_getaffinity。

控制组没有增加新的系统调用，而是实现了一种新的文件系统 cgroup。有了 cgroup 文件系统，创建和删除控制组就转化为创建和删除目录，查看资源使用情况和调整参数就转化为读写文件。相比系统调用，操作文件无疑更加方便。

下面简单介绍一下现存的各个 cgroup 子系统：

（1）cpuset 子系统用来管理控制组中的进程可以使用的 CPU 和内存。大型计算机系统有很多 CPU 和内存节点，配置进程使用哪些 CPU 和内存节点对效率有很大影响。

（2）debug 子系统用来调试控制组系统本身。在 cgroup 文件系统中，debug 子系统放置了若干伪文件，通过这些伪文件，用户可以查看进程中和控制组相关的数据。

（3）cpu 子系统涉及进程调度，用来调整进程可获得的 CPU 时间。

（4）cpuacct 子系统用来统计进程已经使用的 CPU 时间。

（5）mem 子系统涉及内存管理。mem 子系统兼顾了管理和统计两项功能。在 cgroup 文件系统中，mem 子系统放置了若干文件，有些用来显示控制组中进程的内存使用情况，有些用来控制进程的内存使用上限。

（6）devices 子系统涉及设备的访问控制。用户通过它可以规定进程组中进程可以使用哪些设备，不可以使用哪些设备。

（7）freezer 子系统用于暂停（freeze）和恢复（thaw）进程。

（8）net_cls 子系统用于给进程所产生的套接字赋予标签。net_cls 并不涉及使用标签，标签的使用由其他内核子系统如 netfilter 规定。

（9）blkio 子系统涉及块设备输入输出限制，它可以设置进程的块设备 I/O 调度优先级。

（10）perf_event 子系统与内核子系统 perf 相关。perf 子系统用来设置进程的性能监测。在 perf_event 的作用下，perf 子系统可以针对控制组进行性能监测。

（11）net_prio 子系统用来设置进程的网络优先级。

（12）hugetlb 子系统用来设置 hugeTLB 参数，查看 hugeTLB 使用状况。TLB 是 Translation Lookaside Buffer 的缩写，是内存管理硬件用来提高虚拟内存地址翻译速度的缓存。

21.5 参考资料

读者可参考以下资料：

Documentation/cgroups/cgroups.txt

第 22 章　seccomp

22.1　简介

seccomp 是"secure computing mode"的简称。最初的 seccomp 用于在网格计算（grid computing）中运行不可信的计算任务。2005 年 3 月，seccomp 很幸运地被 Linux 2.6.12 主线接纳。在随后的岁月里，似乎 seccomp 这个内核特性的唯一使用者是 Andrea Arcangeli 发起并维护的 cpushare（一个网格计算应用）。Linus Torvalds 在 2009 年 2 月向 Linux 邮件列表中发出一封邮件询问是否真的还有人使用 seccomp。令人意外的是，Google 的工程师回复说 Google 正在用 seccomp 构建 Chrome 沙箱。

seccomp 是内核的一个安全特性。它的原理是限制用户态进程可以使用的系统调用。seccomp 最初的版本提供机制让用户态进程"单向地"进入限制模式，所谓单向是指进入了限制模式就不能再返回正常模式。在限制模式里进程只能调用 4 个系统调用：read、write、exit、sigreturn。没有 open，意味着进程只能操作已有的文件描述符，除了读写之外，进程能做的就只剩下退出了。这么看，倒是挺适合网格计算的，通过 read 获取指令，计算，通过 write 写回结果。

最初的只能使用 4 个系统调用的方式被称为 seccomp 的 strict 模式。后来 seccomp 扩展了一种 filter 模式，在此模式下，用户态进程可以配置可用的系统调用，既可以配置哪些系统调用可以被调用，还可以配置在调用系统调用时有什么样的参数是允许的。

前面提到 seccomp 被用于构建沙箱。沙箱是什么呢？在计算机领域，沙箱是用来隔离未经检验的软件或者不可信的软件的机制。沙箱提供有限资源给沙箱中的软件，对沙箱中的软件实施隔离，防止它对沙箱外产生影响。seccomp 是实现沙箱的一个可选手段，它并不等同于沙箱。打个比方，沙箱就好比监狱。怎么让犯人不能逃出监狱呢？手段可以是给犯人戴上脚镣，限制他的运动能力，还可以给犯人戴上眼罩，限制他的视觉能力……seccomp 限制进程可以调用的系统调用，本质上也是限制进程的能力。但是，限制了某些能力就能杜绝犯人逃出监狱吗？未必。

22.2　架构

22.2.1　进程数据结构

内核以进程/线程为单位实施 seccomp 控制，所以在进程的核心数据结构 task_struct 中加入了一个数据成员 seccomp：

```
include/linux/sched.h
struct task_struct {
    ...
    struct seccomp seccomp;
    ...
```

```
        }
```

seccomp 的定义很简单：

```
include/linux/seccomp.h
struct seccomp {
        int mode;
        struct seccomp_filter *filter;
};
```

22.2.2　模式

在 seccomp 结构体中的 mode 的取值有三个：SECCOMP_MODE_DISABLED、SECCOMP_
MODE_STRICT、SECCOMP_MODE_FILTER。SECCOMP_MODE_DISABLED 的意思是
seccomp 不起作用，进程可以无限制地调用系统调用。在 SECCOMP_MODE_STRICT 模式下，
进程只能使用 4 个系统调用：read、write、exit、sigreturn。在 SECCOMP_MODE_FILTER 模式
下，对系统调用的限制被存入 seccomp 结构体的第二个成员 filter 之中，根据 filter 决定系统调
用可否被使用。

22.2.3　内核中的虚拟机

secomp 的 strict 模式的优点是简单，限制得也很彻底。它的缺点是：

（1）允许的系统调用太少。

（2）不能对系统调用的参数进行限制，比如只允许 write 标准输出而不允许 write 其他文件。

在 seccomp 的后续开发中，出现了几个扩展方案。在多个扩展方案中，BPF 方案胜出。BPF
是 Berkeley Packet Filter 的缩写。此方案增加了一个模式：SECCOMP_MODE_FILTER，并在结
构体 seccomp 中增加了一个类型为 seccomp_filter 的成员 filter。

下面看一下 seccomp_filter：

```
kernel/seccomp.c
struct seccomp_filter {
        atomic_t usage;
        struct seccomp_filter *prev;
        unsigned short len;  /* Instruction count */
        struct sock_filter insns[];
};
```

usage 是一个引用计数。prev 用于将 filter 串成链表。len 表示后边数组 insns 的长度。数组
insns 存储的是 filter 指令。因为 seccomp 规定 filter 一旦建立就不允许修改，包括添加新的 filter
指令，所以后续要增加新的 filter 指令时，就要建立一个新的类型为 seccomp_filter 的 filter 实例，
用其成员 prev 将旧的 filter 串起来。

关键的数据结构是 sock_filter，用于网络系统的过滤。在引入 seccomp 的 filter 模式之前，内核中
已经有用于网络包过滤的 sock_filter，seccomp 的 filter 模式利用了现成的机制：

```
include/uapi/linux/filter.h
```

```
struct sock_filter {    /* Filter block */
  __u16   code;   /* Actual filter code */
  __u8    jt;     /* Jump true */
  __u8    jf;     /* Jump false */
  __u32   k;      /* Generic multiuse field */
};
```

sock_filter 规定了一种指令结构，有代码、跳转和立即数。这种指令运行在一个虚拟的计算机上，称为 BPF 虚拟机。这个 BPF 虚拟机有一个累加器（accumulator），一个索引寄存器（index register），大小为 16×32bit 的内存（Scratch Memory Store）和一个不可见的程序计数器（program counter）。说它是虚拟机，不如说它是伪机（Pseudo Machine），因为它的某些指令要取网络包头或者系统调用号之类的数据，这些东西不在它那可怜的 16×32bit 内存中。不管怎么说，这种指令系统十分简单，通过它可以比较容易地定义过滤条件。下面介绍一下指令系统。

（1）加载指令

将数据加载到累加器或索引寄存器。数据来源可以是立即数（sock_filter 结构体中的 k）、网络包、网络包长度、内存（Scratch Memory Store）、系统调用号、系统调用的参数等。

（2）存储指令

将累加器或索引寄存器中的数据存入内存（Scratch Memory Store）。

（3）算术和逻辑指令

对累加器中的数据执行算术或逻辑运算，运算结果存回累加器，运算参数来自索引寄存器或立即数。

（4）跳转指令

基于累加器中数值和索引寄存器中数值的比较结果，或者基于累加器中数值和立即数的比较结果，改变指令控制流。

（5）返回指令

结束处理，返回状态。

（6）其他指令

目前包含两条指令，一条用于将索引寄存器的值存入累加器，另一条用于将累加器的值存入索引寄存器。

内核执行 BPF 指令的代码在 net/core/filter.c 的 sk_run_filter 函数中。它是解释执行的，读一条指令，根据语义执行相应的操作。有趣的是，内核开发者引入了 JIT（Just In Time）编译器，将 BPF 指令编译为本机指令，提高运行速度。网络包过滤的相关代码提供了使用 JIT 编译后指令的逻辑，在本书参考的内核版本 3.14-rc4 中，seccomp 没有这样，还是老老实实地调用解释执行的 sk_run_filter 函数。

另外，为了生成 BPF 指令，也有些用户态工具提供编译和汇编功能，例如 netsniff-ng⊖软件包中的 bpfc。

22.2.4　工作原理

现在大致介绍一下 seccomp 的工作原理。在内核系统调用的入口，例如 x86 平台下入口在

⊖ 见 http://netsniff-ng.org。

arch/x86/kernel/entry_64.S，会调用 syscall_trace_enter。syscall_trace_enter 也是一个平台相关的函数，例如 x86 平台下此函数在 arch/x86/kernel/ptrace.c 中。syscall_trace_enter 会调用 secure_computing，secure_computing 调用__secure_computing，后者调用 seccomp_run_filters，seccomp_run_filters 会遍历当前进程的所有 filter（filter 之间用 prev 串成一个链表），调用 sk_run_filter 解释执行每个 filter 之中存储的 BPF 指令。

概括为，在系统调用入口有钩子，钩子最终会执行进程关联的 BPF 指令，系统调用入口会根据钩子返回值决定是否继续执行。

22.3　内核接口

22.3.1　系统调用

seccomp 没有引入新的系统调用，它利用系统调用 prctl：

```
    int prctl(int option, unsigned long arg2, unsigned long arg3, unsigned long
arg4, unsigned long arg5);
```

seccomp 在 prctl 的第一个参数 option 扩展了两个值：PR_GET_SECCOMP 和 PR_SET_SECCOMP。调用时，分别为：

```
    prctl(PR_GET_SECCOMP, 0, 0, 0, 0)
    prctl(PR_SET_SECCOMP, mode, filter, 0, 0)
```

当 prctl 的 option 参数取值为 PR_GET_SECCOMP 时，prctl 的其余几个参数没有用，prctl 的返回值为当前进程的 seccomp 模式，即以下三个值之一：SECCOMP_MODE_DISABLED、SECCOMP_MODE_STRICT 或 SECCOMP_MODE_ FILTER。当 prctl 的 option 参数取值为 PR_SET_SECCOMP 时，arg2 表示模式，如果 arg2 取值为 SECCOMP_ MODE_FILTER，则 arg3 是指向 sock_filter 数组的指针，在其他模式下，arg3 没有用。

22.3.2　伪文件

在 proc 伪文件系统中的[pid]/status 文件会显示进程的 seccomp 状态。

```
    $ cat /proc/self/status
    Name:   cat
    State:  R (running)
    Tgid:   4903
    Ngid:   0
    ...
    CapInh: 0000000000000000
    CapPrm: 0000000000000000
    CapEff: 0000000000000000
    CapBnd: 0000001ffffffffff
    Seccomp:        0
    ...
```

22.4　总结

用户态和内核态之间最主要的接口是系统调用。seccomp 通过限制系统调用的方式来限制用户态进程的行为。它常被用来实现沙箱，但需要注意的是它不等同于沙箱。seccomp 有两种工作模式，一个简单而粗暴地只允许进程使用 4 个系统调用；另一个则优雅和灵活许多，它允许进程自定义对系统调用的限制，不仅可以限制系统调用号，还可以限制系统调用的参数。后一种的实现重用了 BPF 机制，而有趣的是 BPF 是一个内核中的"虚拟机"。

22.5　参考资料

读者可参考以下资料：

https://blog.jtlebi.fr/2014/05/29/introduction-to-seccomp-bpf-linux-syscall-filter/

https://code.google.com/p/seccompsandbox/wiki/overview

Documentation/prctl/seccomp_filter.txt

Documentation/networking/filter.txt

http://www.tcpdump.org/papers/bpf-usenix93.pdf

第 23 章 ASLR

23.1 简介

ASLR 是 "Address Space Layout Randomization" 的缩写，意思是地址空间布局随机化。ASLR 的目标是让用户态进程空间的地址出现某种随机化，从而提高针对地址发动攻击的难度。内核地址空间的随机化，KASLR，也已实现。详情可以参考 https://lwn.net/Articles/569635/。

图 23-1 概念性地示意了一个进程的地址空间布局。

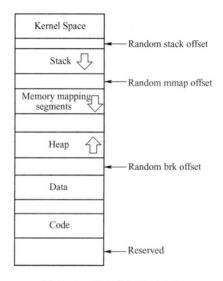

图 23-1　进程虚拟地址布局

图中所示是进程的虚拟地址（Virtual Address），不是物理地址。图的上部是高地址空间，也就是地址数值大的部分，下部是低地址空间，也就是地址小的部分。最上部是内核地址，用户态无法访问。用户态可以访问的地址，从上向下依次为：

（1）stack

进程的栈空间。一般情况下是向地址小的方向生长，但在某些架构下，比如 pa-risc 和 ia64，是向地址大的方向生长。ASLR 可以控制栈的起点。

（2）mmap

进程调用系统调用 mmap 将文件的内容映射到进程的 mmap 地址空间。进程所使用的共享库一般是由系统加载程序（loader）通过 mmap 映射到进程地址空间的。这部分地址空间也是向地址小的方向生长，内核分配地址时先使用高地址，再使用低地址。ASLR 可以控制 mmap 的起点。

（3）heap

进程的堆。这部分地址空间向地址大的方向生长。堆的终点由系统调用 brk 设定，ASLR 可以控制堆的起点。起点和终点之间是进程的堆，进程可以对这部分内存执行读写操作。一般情况下这部分内存由 C 库管理。应用在调用申请内存的库函数时（例如 malloc），C 库会在堆中分配一块内存。当然，应用也可以抛开 C 库直接管理自己的堆。

系统调用 brk 的名字来自 break，意思是设置 program break。改变 program break 的意义是改变了进程中程序部分（program）的终点。何为程序部分？把代码、数据、堆三者合一看作程序就好了。

应用一般不会调用 brk，而会调用 malloc，在 C 库的 malloc 实现中，C 库在堆空间不足时会调用 brk。但是在某些情况下，C 库也可能会调用 mmap 申请一块匿名地址映射供进程使用。所以应用通过 malloc 申请的空间有可能不在 heap 地址空间。

（4）data

进程的数据段（data segment）。ASLR 不会影响这部分的地址[⊖]。

（5）code

进程的代码段，ELF 的标准术语是"text"。ASLR 不会影响这部分的地址。

23.2　内存布局

操作系统的内存管理是十分复杂的，本章无法详细介绍。为了能把概念讲清楚，本节具体分析几个进程实例。

23.2.1　伪文件/proc/[pid]/maps

首先介绍一个 proc 文件系统的伪文件/proc/[pid]/maps。它列出了一个进程的虚拟内存布局。看一个例子：

```
zhi@zhi-ubuntu:/git_repo/linux$ cat /proc/self/maps
00400000-0040b000 r-xp 00000000 fc:00 12976245                /bin/cat
0060a000-0060b000 r--p 0000a000 fc:00 12976245                /bin/cat
0060b000-0060c000 rw-p 0000b000 fc:00 12976245                /bin/cat
00e33000-00e54000 rw-p 00000000 00:00 0                       [heap]
7fd0d0387000-7fd0d0542000 r-xp 00000000 fc:00 19533659 /lib/x86_64- linux-gnu/libc-2.19.so
7fd0d0542000-7fd0d0741000 ---p 001bb000 fc:00 19533659 /lib/x86_64- linux-gnu/libc-2.19.so
7fd0d0741000-7fd0d0745000 r--p 001ba000 fc:00 19533659 /lib/x86_64- linux-gnu/libc-2.19.so
7fd0d0745000-7fd0d0747000 rw-p 001be000 fc:00 19533659 /lib/x86_64- linux-gnu/libc-2.19.so
7fd0d0747000-7fd0d074c000 rw-p 00000000 00:00 0
7fd0d074c000-7fd0d076f000 r-xp 00000000 fc:00 19533655  /lib/x86_64- linux-gnu/ld-2.19.so
7fd0d07bb000-7fd0d0944000 r--p 00000000 fc:00 42729792  /usr/lib/locale/locale-archive
7fd0d0944000-7fd0d0947000 rw-p 00000000 00:00 0
7fd0d096c000-7fd0d096e000 rw-p 00000000 00:00 0
7fd0d096e000-7fd0d096f000 r--p 00022000 fc:00 19533655 /lib/x86_64- linux-gnu/ld-2.19.so
7fd0d096f000-7fd0d0970000 rw-p 00023000 fc:00 19533655 /lib/x86_64- linux-gnu/ld-2.19.so
7fd0d0970000-7fd0d0971000 rw-p 00000000 00:00 0
7fff10b2b000-7fff10b4c000 rw-p 00000000 00:00 0               [stack]
7fff10bd0000-7fff10bd2000 r-xp 00000000 00:00 0               [vdso]
ffffffffff600000-ffffffffff601000 r-xp 00000000 00:00 0       [vsyscall]
```

⊖ 在后面介绍的 pie 格式下，data 和 code 被分配到进程的 mmap 地址段，在此情况下，ASLR 可以影响到它们的地址。

第一列是地址，格式是"起点-终点"。第二列是权限，前三个字符对应读、写和执行。第四个字符有"p"和"s"两个值，取值"p"表示对这部分内存的修改不会让其他映射了同样文件的进程看到，也不会写到所映射的文件中；取值"s"表示对这部分内存的修改会被其他映射同样文件的进程看到，并且会写入所映射的文件。第三列是一个十六进制整数，表示文件偏移，意思是自偏移开始映射文件内容到内存。第四列是设备号，格式为"主设备号：从设备号"。第五列是十进制无符号整数表示的 inode 号。第六列是映射文件的文件名，有两种情况没有对应的映射文件，一种是特殊的地址段，如 heap，另一种是匿名地址映射。

上例中，有两段特殊地址前面没有介绍，一个是 vdso，另一个是 vsyscall。它们两个的作用一样，都用来提高用户态进程调用某些不需要特权的系统调用的速度。什么是不需要特权的系统调用？一个经典的例子是系统调用 gettimeofday。它所需要做的就是读一块存有时间数据的内核内存。而只要允许用户态进程以只读方式访问这块内存，就可以避免耗费资源的用户态和内核态转换。vsyscall 地址区包含一些数据和指令，用来实现虚拟的系统调用，免去用户态和内核态切换的开销。vsyscall 出现得早，它的局限之一是地址固定，不能做随机化。vdso 克服了这个局限，可以随机化。在 x86 架构下，vdso 区域的地址在 stack 之上。

23.2.2 ELF 文件格式

ELF 是 Executable and Linkable Format 的简称。它是一种针对可执行文件、目标文件、共享库文件和核心转储（core dump）文件的格式标准，它被包括 Linux 在内的类 UNIX 操作系统使用。ELF 十分复杂，本章只对涉及进程执行的可执行文件格式和共享库文件格式的部分内容做介绍。在这两种格式中有段的概念，段又是通过"Program Header"描述的，举个例子：

```
zhi@zhi-ubuntu:/git_repo/linux$ readelf -l /bin/cat

Elf file type is EXEC (Executable file)
Entry point 0x402602
There are 9 program headers, starting at offset 64

Program Headers:
  Type           Offset             VirtAddr           PhysAddr
                 FileSiz            MemSiz             Flags  Align
  PHDR           0x0000000000000040 0x0000000000400040 0x0000000000400040
                 0x00000000000001f8 0x00000000000001f8  R E    8
  INTERP         0x0000000000000238 0x0000000000400238 0x0000000000400238
                 0x000000000000001c 0x000000000000001c  R      1
      [Requesting program interpreter: /lib64/ld-linux-x86-64.so.2]
  LOAD           0x0000000000000000 0x0000000000400000 0x0000000000400000
                 0x000000000000adc4 0x000000000000adc4  R E    200000
  LOAD           0x000000000000ae10 0x000000000060ae10 0x000000000060ae10
                 0x0000000000000504 0x0000000000000ed8  RW     200000
  DYNAMIC        0x000000000000ae28 0x000000000060ae28 0x000000000060ae28
                 0x00000000000001d0 0x00000000000001d0  RW     8
  NOTE           0x0000000000000254 0x0000000000400254 0x0000000000400254
                 0x0000000000000044 0x0000000000000044  R      4
  GNU_EH_FRAME   0x0000000000009af4 0x0000000000409af4 0x0000000000409af4
```

```
                  0x000000000000030c 0x000000000000030c  R      4
     GNU_STACK    0x0000000000000000 0x0000000000000000 0x0000000000000000
                  0x0000000000000000 0x0000000000000000  RW     10
     GNU_RELRO    0x000000000000ae10 0x000000000060ae10 0x000000000060ae10
                  0x00000000000001f0 0x00000000000001f0  R      1
...
```

首先要关注的是

```
Elf file type is EXEC (Executable file)
```

这表明此文件是一个可执行文件。其次是类型为"INTERP"的段，这个段只包含一个字符串，通过这个字符串规定了加载器（loader）。然后是类型为"LOAD"的段，一般编译器会生成两个"LOAD"段，一个放代码，一个放数据。其他的信息内核基本就不关心了，用户态的加载器会使用它们。内核要做的事情主要是将两个 LOAD 段数据映射到进程内存，一个对应代码区，一个对应数据区，建立栈区，然后将加载器映射到 mmap 区。将进程的代码执行点设置为加载器的起始执行地址，启动进程。加载器会在用户态首先被执行，它会将其他的共享库加载到进程的 mmap 区。

以上说得比较简单，下面分三种情况举例说明进程的虚拟地址布局：动态链接的可执行文件、静态链接的可执行文件、位置无关的可执行文件。

23.2.3　动态链接的可执行文件

下面这个小程序，读出/proc/self/maps 内容，写到标准输出之中。

```c
#include <unistd.h>
#include <sys/types.h>
#include <sys/stat.h>
#include <fcntl.h>
#include <stdlib.h>

int main()
{
  int count, fd = open("/proc/self/maps", O_RDONLY);
  char *buf = malloc(2048);

  if (fd<0) exit(1);

  if (!buf) exit(2);

  if ( (count = read(fd, buf, 2048)) < 0 ) exit(3);

  if ( write(1, buf, count) < 0 ) exit(2);

  free(buf);
  close(fd);
  return 0;
```

```
    }
```

将它编译为使用动态链接库的可执行文件：

```
gcc -o mem_layout mem_layout.c
```

运行的结果是：

```
zhi@zhi-ubuntu:/tmp$ ./mem_layout
00400000-00401000 r-xp 00000000 fc:00 19973780  /home/zhi/tmp/mem_layout
00600000-00601000 r--p 00000000 fc:00 19973780  /home/zhi/tmp/mem_layout
00601000-00602000 rw-p 00001000 fc:00 19973780  /home/zhi/tmp/mem_layout
007b8000-007d9000 rw-p 00000000 00:00 0                        [heap]
7f78c3ebd000-7f78c4078000 r-xp 00000000 fc:00 19533659 /lib/x86_64-linux-gnu/libc-2.19.so
7f78c4078000-7f78c4277000 ---p 001bb000 fc:00 19533659 /lib/x86_64-linux-gnu/libc-2.19.so
7f78c4277000-7f78c427b000 r--p 001ba000 fc:00 19533659 /lib/x86_64-linux-gnu/libc-2.19.so
7f78c427b000-7f78c427d000 rw-p 001be000 fc:00 19533659 /lib/x86_64-linux-gnu/libc-2.19.so
7f78c427d000-7f78c4282000 rw-p 00000000 00:00 0
7f78c4282000-7f78c42a5000 r-xp 00000000 fc:00 19533655 /lib/x86_64-linux-gnu/ld-2.19.so
7f78c447a000-7f78c447d000 rw-p 00000000 00:00 0
7f78c44a2000-7f78c44a4000 rw-p 00000000 00:00 0
7f78c44a4000-7f78c44a5000 r--p 00022000 fc:00 19533655 /lib/x86_64-linux-gnu/ld-2.19.so
7f78c44a5000-7f78c44a6000 rw-p 00023000 fc:00 19533655 /lib/x86_64-linux-gnu/ld-2.19.so
7f78c44a6000-7f78c44a7000 rw-p 00000000 00:00 0
7fffcdebc000-7fffcdedd000 rw-p 00000000 00:00 0                 [stack]
7fffcdfd2000-7fffcdfd4000 r-xp 00000000 00:00 0                 [vdso]
ffffffffff600000-ffffffffff601000 r-xp 00000000 00:00 0        [vsyscall]
```

开始的三个地址区，对应被执行文件 mem_layout，没有被随机化处理。无论运行多少遍，地址都是一样的。这三个地址区中，第一个是代码，第二个和第三个是数据。其后的地址区，依次是堆、mmap 区、栈、vdso 和 vsyscall。除了最后一个 vsyscall 外，地址都被内核做了随机化处理。

结合 ELF 文件格式，我们再看：

```
zhi@zhi-ubuntu:/tmp$ readelf -l mem_layout

Elf file type is EXEC (Executable file)
Entry point 0x4005f0
There are 9 program headers, starting at offset 64

Program Headers:
  Type           Offset             VirtAddr           PhysAddr
                 FileSiz            MemSiz              Flags  Align
  PHDR           0x0000000000000040 0x0000000000400040 0x0000000000400040
                 0x00000000000001f8 0x00000000000001f8  R E    8
  INTERP         0x0000000000000238 0x0000000000400238 0x0000000000400238
                 0x000000000000001c 0x000000000000001c  R      1
```

```
      [Requesting program interpreter: /lib64/ld-linux-x86-64.so.2]
  LOAD            0x0000000000000000 0x0000000000400000 0x0000000000400000
                  0x000000000000095c 0x000000000000095c  R E    200000
  LOAD            0x0000000000000e10 0x0000000000600e10 0x0000000000600e10
                  0x0000000000000260 0x0000000000000268  RW     200000
  ...
```

mem_layout 的 ELF 文件类型是可执行文件（EXEC），并且有一个"INTERP"段。这两条是动态链接的可执行文件的特征。它有两个"LOAD"段，第一个对应代码，规定加载入进程的虚拟地址起始于 0x400000，这个和前面运行程序的输出一致。第二个对应数据，规定数据起始于文件的偏移 0xe10，在文件中长度为 0x260，加载入进程的虚拟地址起始于 0x600e10，在进程中长度为 0x268。这里有两个问题，首先是由于内核内存管理要页对齐，Linux 内核在 x86 架构下一页是 4096B，即 0x1000。0xe10 向上对齐页面地址得到的地址值为 0，所以内核将起始于文件偏移 0 的两页数据映射入进程的虚拟地址空间，在进程中起始地址为 0x600000。其次，文件的长度和进程中内存的长度不一致，一个是 0x260，一个是 0x268。多出的部分就是所谓的 bss[⊖]，对应一些初始值为 0 的变量，没有必要在文件中占用空间，内核初始化内存时自动将这部分对应内存清为 0。ELF 文件中规定的两个虚拟地址，一个是 0x400000，一个是 0x600e10，页对齐后为 0x600000，由此可见，内核对动态链接的可执行文件的 code 区和 data 区没有做地址随机化处理。

还有一个问题，ELF 文件中有两个 LOAD 段，而在进程中有三个地址区和 ELF 文件对应，一个代码，两个数据。这是为什么呢？这是加载程序（loader）做的手脚，内核准备好内存后，就将运行控制交给了用户态的加载程序，在本例中就是/lib64/ld-linux-x86-64.so.2。在这个时候 data 区还只有一个，而且是可读可写。加载程序修改了一个或几个数据后，通过系统调用 mprotect 将一部分 data 区标记为只读。内核响应请求就将 data 区一分为二，一部分只读，一部分可读可写。

23.2.4　静态链接的可执行文件

使用命令

```
gcc -static -o mem_layout-static mem_layout.c
```

将源程序编译为静态链接的可执行文件。运行的结果为：

```
zhi@zhi-ubuntu:/tmp$ ./mem_layout-static
00400000-004bf000 r-xp 00000000 fc:00 19973787 /home/zhi/tmp/ mem_layout-static
006be000-006c1000 rw-p 000be000 fc:00 19973787 /home/zhi/tmp/ mem_layout-static
006c1000-006c4000 rw-p 00000000 00:00 0
020b8000-020db000 rw-p 00000000 00:00 0                        [heap]
7fff8b261000-7fff8b282000 rw-p 00000000 00:00 0                [stack]
7fff8b2f8000-7fff8b2fa000 r-xp 00000000 00:00 0                [vdso]
ffffffffff600000-ffffffffff601000 r-xp 00000000 00:00 0        [vsyscall]
```

和动态链接相比，静态链接的可执行文件没有 mmap 区，因为没有加载程序（loader），data

⊖ bss 是 Block Started by Symbol 的缩写。

区也只有一个。其他的一样。再看看 ELF 文件：

```
zhi@zhi-ubuntu:/tmp$ readelf -l mem_layout-static

Elf file type is EXEC (Executable file)
Entry point 0x400f4e
There are 6 program headers, starting at offset 64

Program Headers:
  Type           Offset             VirtAddr           PhysAddr
                 FileSiz            MemSiz              Flags  Align
  LOAD           0x0000000000000000 0x0000000000400000 0x0000000000400000
                 0x00000000000bee41 0x00000000000bee41 R E    200000
  LOAD           0x00000000000beeb0 0x00000000006beeb0 0x00000000006beeb0
                 0x0000000000001d80 0x00000000000042d8 RW     200000
  ...
```

ELF 文件类型是可执行文件（EXEC），没有"INTERP"类型的段。

23.2.5 位置无关的可执行文件

最后一个是位置无关的可执行文件。编译命令：

```
gcc -fPIC -pie -o mem_layout-pie mem_layout.c
```

运行结果是：

```
zhi@zhi-ubuntu:/tmp$ ./mem_layout-pie
7fb620770000-7fb62092b000    r-xp    00000000    fc:00    19533659
/lib/x86_64-linux-gnu/libc-2.19.so
    7fb62092b000-7fb620b2a000  ---p  001bb000  fc:00  19533659   /lib/x86_64-
linux-gnu/libc-2.19.so
    7fb620b2a000-7fb620b2e000  r--p  001ba000  fc:00  19533659   /lib/x86_64-
linux-gnu/libc-2.19.so
    7fb620b2e000-7fb620b30000  rw-p  001be000  fc:00  19533659   /lib/x86_64-
linux-gnu/libc-2.19.so
    7fb620b30000-7fb620b35000 rw-p 00000000 00:00 0
    7fb620b35000-7fb620b58000  r-xp  00000000  fc:00  19533655   /lib/x86_64-
linux-gnu/ld-2.19.so
    7fb620d2d000-7fb620d30000 rw-p 00000000 00:00 0
    7fb620d55000-7fb620d57000 rw-p 00000000 00:00 0
    7fb620d57000-7fb620d58000  r--p  00022000  fc:00  19533655   /lib/x86_64-
linux-gnu/ld-2.19.so
    7fb620d58000-7fb620d59000  rw-p  00023000  fc:00  19533655   /lib/x86_64-
linux-gnu/ld-2.19.so
    7fb620d59000-7fb620d5a000 rw-p 00000000 00:00 0
    7fb620d5a000-7fb620d5b000  r-xp  00000000  fc:00  19973789   /home/zhi/tmp/
mem_layout-pie
```

```
    7fb620f5a000-7fb620f5b000  r--p  00000000  fc:00  19973789   /home/zhi/tmp/
mem_layout-pie
    7fb620f5b000-7fb620f5c000  rw-p  00001000  fc:00  19973789   /home/zhi/tmp/
mem_layout-pie
    7fb621c9e000-7fb621cbf000 rw-p 00000000 00:00 0                      [heap]
    7fff22ece000-7fff22eef000 rw-p 00000000 00:00 0                     [stack]
    7fff22fd6000-7fff22fd8000 r-xp 00000000 00:00 0                      [vdso]
    ffffffffff600000-ffffffffff601000 r-xp 00000000 00:00 0          [vsyscall]
```

可执行文件的代码和数据被映射到了 mmap 区，堆（heap）也被放在了 mmap 区。除了 vsyscall 区外，其余各区的地址都被随机化了。再看 ELF 文件格式：

```
zhi@zhi-ubuntu:/tmp$ readelf -l mem_layout-pie

Elf file type is DYN (Shared object file)
Entry point 0x810
There are 9 program headers, starting at offset 64

Program Headers:
  Type           Offset             VirtAddr           PhysAddr
                 FileSiz            MemSiz             Flags Align
  PHDR           0x0000000000000040 0x0000000000000040 0x0000000000000040
                 0x00000000000001f8 0x00000000000001f8  R E    8
  INTERP         0x0000000000000238 0x0000000000000238 0x0000000000000238
                 0x000000000000001c 0x000000000000001c  R      1
      [Requesting program interpreter: /lib64/ld-linux-x86-64.so.2]
  LOAD           0x0000000000000000 0x0000000000000000 0x0000000000000000
                 0x0000000000000bac 0x0000000000000bac  R E    200000
  LOAD           0x0000000000000df0 0x0000000000200df0 0x0000000000200df0
                 0x0000000000000288 0x0000000000000290  RW     200000
```

这类文件的 ELF 类型是共享目标文件（DYN）。这很有趣，从 ELF 文件格式的角度看，它是一个共享库！

23.3　工作原理

总结一下，ASLR 可以对栈（stack）、堆（heap）、内存映射（mmap）、vdso 的地址做随机化处理。所谓随机化，就是内存区域的起点在一定范围内浮动，而浮动的依据是内核随机数设备产生的随机数，所以有人批评 ASLR 会占用内核的随机数资源。这个起点对于向下生长的栈和向下生长的内存映射就是最高地址，对于向上生长的堆就是最低地址。实现代码比较简单，有兴趣的读者可以查看 stack_maxrandom_size、arch_randomize_brk、mmap_rnd、vdso_addr 等几个函数。

Linux 内核中有一个全局变量 randomize_va_space，它有 3 个取值：

0：ASLR 不起作用。不做地址随机化处理。

1：对栈、内存映射、vdso 做地址随机化处理。

2：对栈、内存映射、vdso 和堆做地址随机化处理。

上面这个变量是针对全系统的。在进程的 task_struct 中有一个变量 personality，它有一个比特位 ADDR_NO_RANDOMIZE，如果此位被置为 1，则这个进程不做地址随机化。

23.4　内核接口

与 randomize_va_space 对应的内核接口是伪文件/proc/sys/kernel/randomize_va_space。通过此文件可以查看或修改当前内核中 randomize_va_space 的值。

一个不常用的系统调用 personality 可以修改进程的 task_struct 中的变量 personality。这个系统调用本来是用来让 Linux 系统运行在其他类 UNIX 系统上编译的可执行文件的，这个目标显然没有达到。

23.5　总结

ASLR 的实现是简单而有效的。它显著增大了攻击的难度。漏洞利用和攻击的步骤一般都是首先攻克 ASLR，而攻克的方式往往是想办法得到一个地址，再从这个地址推出同区域内别的地址。所以有些对内核地址随机化（KASLR）的批评就是说内核有很多地址必须固定。从这些地址出发就可以推导出其他地址。

要把 ASLR 讲清楚，绕不开虚拟内存的布局，本章花费了许多笔墨介绍了虚拟内存。

本章简单介绍了三种可执行文件的内存布局。静态链接的地址随机化最差，事实上运行这种文件的进程很难抵御 ROP 攻击。动态链接的要好些，但是非库的代码区域和数据区域的地址仍然没有随机化。随机化最好的是位置无关的可执行文件，除了 vsyscall 区，其余区域都做了地址随机化。vsyscall 不能做随机化是因为它本身是 Linux 内核 ABI 的一部分。如果不考虑兼容老旧应用，可以在编译内核时把对 vsyscall 的支持去掉。

23.6　参考资料

读者可参考以下资料：

http://pax.grsecurity.net/docs/aslr.txt

https://lwn.net/Articles/446528/

http://man7.org/linux/man-pages/man7/vdso.7.html

附　录

LSM（Linux Security Module）的存在使得在 Linux 内核代码中多个相互独立的内核安全模块可以共存。不但行使强制访问控制功能的 SELinux、SMACK、Tomoyo、AppArmor 和 Yama 是 LSM 架构中的安全模块，而且属于自主访问控制范畴的能力（Capabilities）也依附于 LSM 架构。LSM 架构如图 A-1 所示。

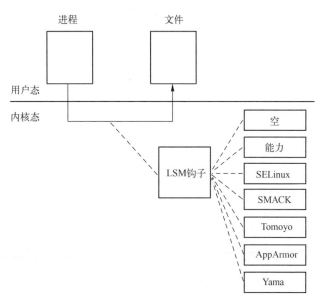

图 A-1　Linux 安全模块架构

下面以系统调用 open 为例分析一下 LSM 钩子函数。在内核的系统调用 open 的实现代码中会判断文件的操作许可，这个判断是在函数 __inode_permission 中实现的：

```
fs/namei.c
int __inode_permission(struct inode *inode, int mask)
{
  int retval;

  if (unlikely(mask & MAY_WRITE)) {
    /*
     * Nobody gets write access to an immutable file.
     */
    if (IS_IMMUTABLE(inode))
      return -EACCES;
  }

  retval = do_inode_permission(inode, mask);
```

```
  if (retval)
    return retval;

  retval = devcgroup_inode_permission(inode, mask);
  if (retval)
    return retval;

  return security_inode_permission(inode, mask);
}
```

security_inode_permission 的函数定义有两处。第一处是：

```
include/linux/security.h
#ifdef CONFIG_SECURITY
…
int (*inode_permission) (struct inode *inode, int mask);
…
#else /* CONFIG_SECURITY */
…
static inline int security_inode_permission(struct inode *inode, int mask)
{
return 0;
}
…
#endif  /* CONFIG_SECURITY */
```

第二处是：

```
security/security.c
int security_inode_permission(struct inode *inode, int mask)
{
  if (unlikely(IS_PRIVATE(inode)))
    return 0;
  return security_ops->inode_permission(inode, mask);
}
```

当用户选择不要内核安全模块时，CONFIG_SECURITY 就没有定义，这时所有的 LSM 钩子函数就是空函数。反之，钩子函数的实现中会试图调用 security_ops 中的函数指针。下面看看 security_ops 的值是怎么来的。

```
security/security.c
int __init security_init(void)
{
  printk(KERN_INFO "Security Framework initialized\n");

  security_fixup_ops(&default_security_ops);
  security_ops = &default_security_ops;
  do_security_initcalls();
```

```
        return 0;
    }
```

函数 security_init 首先填充 default_security_ops，然后将 default_security_ops 赋值给 security_ops。

```
security/capability.c
#define set_to_cap_if_null(ops, function)                    \
  do {                                                       \
    if (!ops->function) {                                    \
      ops->function = cap_##function;                        \
      pr_debug("Had to override the " #function              \
            " security operation with the default.\n");      \
    }                                                        \
  } while (0)

void __init security_fixup_ops(struct security_operations *ops)
{
  set_to_cap_if_null(ops, ptrace_access_check);
  set_to_cap_if_null(ops, ptrace_traceme);
  set_to_cap_if_null(ops, capget);
  set_to_cap_if_null(ops, capset);
  set_to_cap_if_null(ops, capable);
  set_to_cap_if_null(ops, quotactl);
  set_to_cap_if_null(ops, quota_on);
  …
}
```

security_fixup_ops 函数就是将能力相关的函数填充到结构体 security_operations 中。所以 default_security_ops 中的函数指针都是和能力相关的。当 Linux 的 5 个安全模块都没有生效时，LSM 钩子函数会调用能力机制所定义的函数。

下面看看 do_security_initcalls 函数：

```
security/security.c
static void __init do_security_initcalls(void)
{
  initcall_t *call;
  call = __security_initcall_start;
  while (call < __security_initcall_end) {
    (*call) ();
    call++;
  }
}
```

下面看看 __security_initcall_start 和 __security_initcall_end 的定义：

```
include/asm-generic/vmlinux.lds.h
#define SECURITY_INIT                                        \
```

```
.security_initcall.init : AT(ADDR(.security_initcall.init) - LOAD_OFFSET) { \
    VMLINUX_SYMBOL(__security_initcall_start) = .;          \
    *(.security_initcall.init)                              \
    VMLINUX_SYMBOL(__security_initcall_end) = .;            \
}
```

__security_initcall_start 是 .security_initcall.init 区 的 起 始 地 址 ， __security_initcall_end 是.security_initcall.init 区的结束地址。.security_initcall.init 区的内容是被下面这个宏填充的。

```
include/linux/init.h
#define security_initcall(fn) \
        static initcall_t __initcall_##fn \
        __used __section(.security_initcall.init) = fn
```

下面以 SELinux 为例看看对 security_initcall 的调用：

```
security/selinux/hooks.c
security_initcall(selinux_init);
```

SELinux 将 selinux_init 函数地址放入了.security_initcall.init 区。selinux_init 的函数定义是：

```
security/selinux/hooks.c
static __init int selinux_init(void)
{
  if (!security_module_enable(&selinux_ops)) {
    selinux_enabled = 0;
    return 0;
  }

  if (!selinux_enabled) {
    printk(KERN_INFO "SELinux:  Disabled at boot.\n");
    return 0;
  }

  printk(KERN_INFO "SELinux:  Initializing.\n");
…
  if (register_security(&selinux_ops))
    panic("SELinux: Unable to register with kernel.\n");
…
}
```

SELinux 调用函数 security_module_enable 和 register_security。先看 security_ module_enable：

```
security/security.c
static __initdata char chosen_lsm[SECURITY_NAME_MAX + 1] =
        CONFIG_DEFAULT_SECURITY;
…
static int __init choose_lsm(char *str)
```

```
{
  strncpy(chosen_lsm, str, SECURITY_NAME_MAX);
  return 1;
}
__setup("security=", choose_lsm);
…
int __init security_module_enable(struct security_operations *ops)
{
  return !strcmp(ops->name, chosen_lsm);
}
```

security_module_enable 函数判断本模块是不是 Linux 默认的或启动时选择的模块。
register_security 很简单，就是将本模块赋值给 security_ops：

security/security.c
```
int __init register_security(struct security_operations *ops)
{
…

  security_ops = ops;

  return 0;
}
```

由此可见，起作用的只能是一个模块。多个模块可以共存于内核，但是只能有一个处于工作状态。不过 Yama 是一个特例，它可以和其他模块共存，原因是在 LSM 钩子函数中为 Yama 做了一些调整：

security/security.c
```
int security_ptrace_access_check(struct task_struct *child, unsigned int mode)
{
#ifdef CONFIG_SECURITY_YAMA_STACKED
  int rc;
  rc = yama_ptrace_access_check(child, mode);
  if (rc)
    return rc;
#endif
  return security_ops->ptrace_access_check(child, mode);
}
```